레이저 가공의 실무 II

CO_2 및 파이버 레이저 가공의 핵심기술

Kanaoka Masaru 지음

김종도, 서 정, 박인덕, 이수진

최우현, 김종신, 신민효, 이창제 옮김

도서출판 GS인터비전

옮긴이

김종도 : 한국해양대학교 기관공학부 교수(jdkim@kmou.ac.kr)
서 정 : 한국기계연구원 부산레이저기술지원센터장(jsuh@kimm.re.kr)
박인덕 : 한국기계연구원 부산레이저기술지원센터 선임연구원(parkid@kimm.re.kr)
이수진 : 한국기계연구원 부산레이저기술지원센터 선임연구원(leesj@kimm.re.kr)
최우현 : 글로벌에너지 전무(dispaul@hanmail.net)
김종신 : 바이스트로닉코리아(주) 이사(yagkim@naver.com)
신민효 : 현대제철(주) 용접 · 접합 연구개발팀 과장(shinmh@hyundia-steel.com)
이창제 : 베스트에프에이(주) 기술연구소 수석연구원(lab@bestfa.co.kr)

□■□ 옮긴이 서문

고출력 레이저 열원을 이용한 레이저 가공기술의 종류에는 용접, 절단, 표면처리, 피닝, 천공 등이 있으며, 산업 현장에서 다양한 목적으로 적용되고 있다. 우리나라의 경우 고출력 레이저 산업에서 가장 범용적으로 많이 사용되고 있는 레이저 적용분야는 절단이며, 뒤이어 용접과 표면처리 등이 경쟁적으로 그 활용 범위를 넓혀가고 있다.

산업 현장에서의 고출력 레이저 열원의 도입이 늦은 우리나라에서는 레이저 가공기술과 관련한 서적으로써 해외의 기 출판된 것을 번역 출판한 것이 대부분이며, 이 또한 비전문가가 번역하였거나 전문적인 용어가 체계화되지 않은 상태에서 번역이 이루어져 현장 실무자들이 이해하는데 많은 어려움이 있었다.

오랜 경험과 다양한 노하우를 바탕으로 집필되어야 하는 레이저 가공기술과 관련한 전문교재는 국내에서의 관련자료 부재와 노력이 부족하여 그 출판은 극히 제한적이었으며, 더구나 해외 번역본은 국내의 산업 여건과 많은 차이가 있어 보급이 용이하지 못하였다. 이에 이 교재의 번역 집필자들은 다양한 해외 전문서적을 검토하고 검증한 끝에 국내 레이저 산업에서 큰 비중을 차지하고 있는, 레이저 절단 기술에 대한 노하우와 이론적 배경을 기술하고 있는 전문서인 "絵とき レーザ加工の実務, CO_2 & ファイバレーザ 作業の 勘どころ"을 번역하게 되었으며, 국내 독자들에게 널려 읽혀져서 애용되었으면 한다.

수많은 해외출판물 중에 Kanaoka Masaru 씨가 일본어판으로 저술한 서적을 번역 출판하게 된 것은, 레이저 절단 기술의 실무적인 내용뿐만 아니라 절단 메커니즘에 대한 이론적인 지식을 함께 설명하고 있어서 독자들의 이해를 돕는데 매우 유용하게 집필되었기 때문이다. 이 교재의 세부내용에는 레이저 절단기로 가장 많이 보급된 CO_2 레이저뿐만 아니라 최근 각광을 받고 있는 파이버 레이저를 이용한 절단 가공시의 핵심 기술을 현장 실무자의 눈높이에서 알기 쉬우면서도 간결하게 구성되어 있는 것이 특징이다.

이 전문서는 앞서 언급하였듯이 원저자의 오랜 산업체 경험을 바탕으로 하여 실무적인 관점에서 서술되었다. 따라서 교재 전반에 걸쳐서 학술적인 전문용어가 아닌 산업체 현장에서 주로 사용하는 구어체형 용어가 다수 혼용되어 순수한 우리말로 옮기는데 적지 않은 노력이 필요하였다. 또한 내용의 전개에 있어서도 저자의 세련됨보다는 약간은 무질서한 소박함이 묻어 있어서 그것을 제대로 옮기고자 함에 있어서는 많은 고민을 할 수 밖에 없었다. 본 교재의 번역에 참여한 저자들이 세세한 부분까지 상호 비교 검토하며 원저자가 표현하고자 하는 내용을 가능하면 그대로 전달하고자 노력하였으나, 미처 완역되지 못한 부족한 부분은 지속적으로 수정보완해 나갈 예정이다.

이 책을 통하여 산업체 현장 실무자 및 관리자뿐만 아니라 학교 및 연구소의 연구원들에게 레이저 가공기술에 대한 실질적인 도움이 될 수 있기를 기대하며, 이 책이 나오기까지 많은 노고를 아끼지 않은 많은 관계자 여러분께 깊은 감사를 드린다.

2017년 5월

저자 일동

□■□ 머릿말

먼저 이 책에서 다루고 있는 레이저가공은 금속가공에서 용도가 가장 많은 "레이저 절단"에 중점을 둔 내용임을 밝혀 둡니다. 처음에는 다른 가공분야를 포함하는 것도 검토했지만, 분야를 한정함으로써 보다 기술의 깊이를 더하기 위해 "절단"으로 한정하여 정리하였습니다.

고에너지 밀도의 미세 스폿에 집광된 레이저광을, 가공에 적용하는 레이저 가공법은 다른 가공법에 비하여 제각기 다른 다양한 가공특성을 얻을 수 있는 장점을 가지고 있습니다. 이 장점을 살려 레이저가공을 적용하는 분야에는 절단, 천공, 용접, 열처리 등이 있습니다. 이들 가공은 피가공물의 표면에 레이저광의 에너지 밀도나 보조가스의 조건 등을 변경하는 것만으로도 비교적 간단하게 수행할 수 있습니다.

1999년에 일간공업신문사(日刊工業新聞社)가 「기계가공 현장진단시리즈7, 레이저가공」을 출판해주심으로 해서, 레이저가공을 하고 있는 현장에 계신 분들이 가공하는데 필요한 정보를 소개하였습니다. 그 이후 독자들로부터 글보다는 그림을 활용한 해설에 대한 요구가 있었으며, 정보를 더 응용하기 위해 기초현상에 관한 설명에 대해서도 많은 요청이 있었습니다. 이러한 요구들은 가공의 문제가 발생한 경우에 일반적인 해설서나 메이커에서 제공하는 구체적인 가공 데이터의 교시만으로는 유사현상에 응용되지 못하는데 따른 사안들입니다. 바로 이와 같은 지적에 대응하여 2007년에 일간공업신문사의 奥村功씨와 신일본편집기획의 飯嶋光雄氏씨의 지원으로 "CO_2 레이저 가공기의 가공기술에 관한 그림으로 설명하는 시리즈"를 집필했습니다. 그러나 그 후 파이버 레이저의 보급이 이루어지게 됨에 따라서 CO_2 레이저 절단기술과는 다른 가공현상에 관한 질문이 많아졌습니다. 그래서 이 책에서는 "그림으로 설명하는 시리즈"의 해설내용을 CO_2 레이저와 파이버 레이저에 관한 가공현상으로

구분하여 보다 유효한 지침서가 되도록 개정하였습니다.

이 책에서는 제가 가공기술에 종사한 약 30년간에 걸친 경험을 바탕으로 레이저 절단현상과 그 현상을 일으키는 메커니즘에 대하여 설명하였습니다. 가공 메커니즘의 해설은 제 개인적인 식견에 의한 부분도 다수 있어서 이 분야에서 많은 경험을 가진 분들에게는 이견도 있을 것으로 생각됩니다. 이와 같은 가공현상에 관하여 논의하는 자리도 점점 감소해 왔으므로 이 책의 발행을 기회로 꼭 의견을 보내주십시오. 기다리고 있겠습니다.

이 책에서 설명하고 있는 내용은 레이저 가공기를 사용하고 계신 여러 분들이 주신 많은 질문 중에서 선정하였습니다. 질문의 표현은 가능한 한 문의 받은 내용에 맞추어 충실하게 기재하도록 유념했으며, 그 질문에 답하는 형식으로 정리하였습니다.

각 설명에서는 그림재주가 없는 자신을 원망하면서도 가능한 한 많은 그림을 사용하여 해설하고자 하였습니다. 다소 이해하기 어려운 그림설명이 있더라도 부디 이해를 부탁드립니다. 해설문은 간결하게 기술하기 위하여 가능하면 개조식 스타일로 하였기 때문에 일부 내용은 이해하기 어려울 수도 있습니다. 그림에서 설명하는 내용과 맞추어 판독을 부탁드립니다.

본서가, 절단 현상을 보다 깊이 이해하고 싶은 분이나 평소 다양한 가공에 도전하고 싶다고 생각하시는 여러 분에게 유익한 해설서가 되었으면 하는 바램입니다.

마지막으로 이 책을 정리함에 있어서 가공 데이터의 수집에 도움을 주신 미쓰비시전기 레이저 제조부의 여러분에게 심심한 사의를 표합니다.

2013년 5월

카나오카 마사루(金岡 優)

□■□목 차

제1장 가공 현상의 기초

제2장 레이저 가공기의 기초

제3장 연강재료의 절단

제4장 스테인리스강의 절단

제5장 알루미늄재료의 절단

제6장 동의 절단

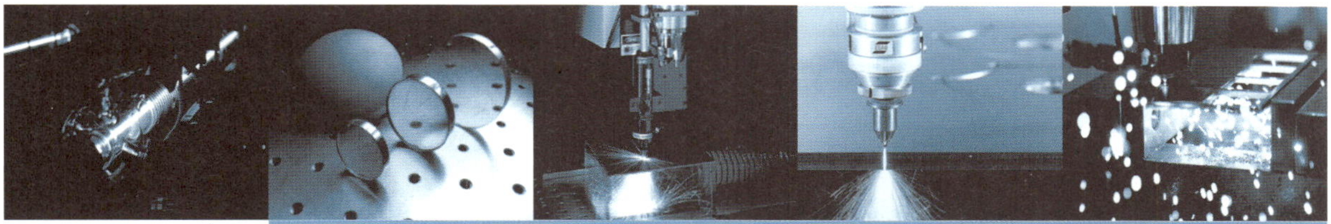

CHAPTER 1 가공 현상의 기초

레이저(laser) 절단의 기술적인 내용을 알기 위해서는 먼저, 가공에 관한 전문적인 용어와 기본적인 가공의 현상을 이해할 필요가 있다.
레이저광에 의해 금속이 용융하는 것, 산소가스로 철이 연소하는 것, 보조가스가 용융된 금속을 절단홈으로부터 배출하는 것 등, 레이저 절단 현상을 잘 파악하는 것이 중요하다.

1.1 레이저 가공성에 영향을 미치는 요인

가공 성능의 향상에는 그림 1.1.1과 그림 1.1.2의 각종 요인의 최적화가 필요하다.

(1) 레이저광에 관련된 요인

출력현상에는 레이저광을 연속하여 출력하는 연속발진(CW발진 : continuous wave)과 펄스(pulse)발진 등이 있다. 레이저의 발진매질에 의해 결정되는 파장은 가공대상의 빔 흡수특성에 영향을 준다. 출력은 에너지의 많고 적음, 듀티(duty)는 펄스출력의 경우에 1펄스 시간당의 빔온(beam on) 시간의 비율, 주파수는 1초 동안에 발진하는 횟수, 빔모드(beam mode)는 에너지(energy)의 강도분포를 나타낸다.

(2) 가공렌즈에 관련된 요인

초점거리는 렌즈(lens)위치에서 초점위치까지의 거리를 나타내고 초점위치에서의 스폿(spot)직경과 초점심도에 영향을 준다. 가공렌즈의 종류에는 수차의 발생을 억제하는 메니스커스 렌즈 (meniscus lens)와 일반적인 평볼록 렌즈가 있다.

(3) 초점스폿에 관련된 요인

스폿의 직경은 렌즈의 사양에 의하여 결정되며, 단초점 렌즈일수록 직경이 작아진다. 초점위치는 초점스폿의 피가공물 표면에 대한 상대위치를 나타내고 위쪽 방향을 플러스(+), 아래쪽 방향을 마이너스(-)로 정의하고 있다. 초점심도는 초점근방에서 스폿직경에 가까운 직경이 얻어지는 범위를 나타낸다.

(4) 노즐에 관련된 요인

노즐의 직경은 용융이나 연소범위 제한 및 가공부에 제공되는 보조가스의 유량을 결정한다. 노즐앞쪽 끝부분 형상은 모든 방향을 가공하기 위하여 원형이며 노즐과 피가공재 표면의 위치관계는 가능한 좁게 설정하도록 요구되고 있다.

(5) 보조가스에 관련된 요인

보조가스의 압력은 절단홈 내부에서 레이저광에 의해 용융된 금속이 배출하는 작용에 영향을 끼친다. 가스의 종류는 가공품질이나 가공성능에 영향을 주고, 절단에서는 산소가스의 연소작용, 용접이나 열처리에서는 가공부의 실드특성이 요구되므로 사용하는 노즐에 따라 최적의 가스 유량이 존재한다.

(6) 피가공물에 관련된 요인

광 에너지의 소비에 영향을 주는 피가공물의 재질 및 판두께, 안정된 빔흡수를 위한 표면상태, 열 집중의 영향을 받기 쉬운 가공형상이 피가공물에 관련된 요인이다.

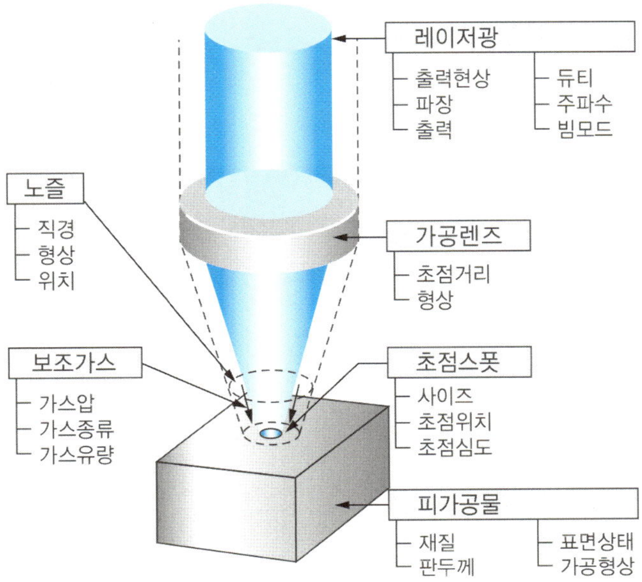

그림 1.1.1 레이저 가공성능에 영향을 미치는 요인

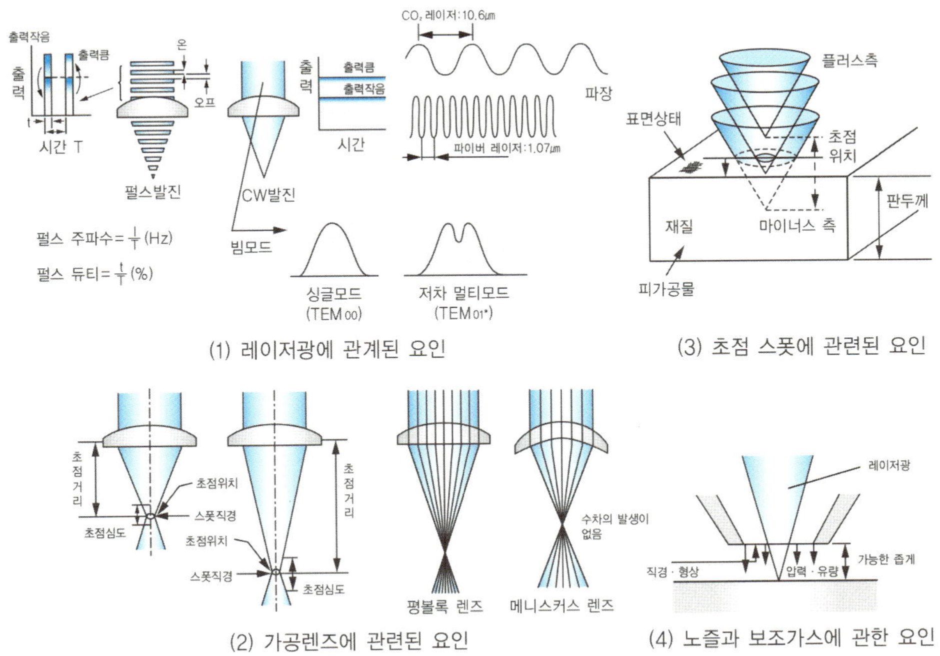

그림 1.1.2 각종 요인의 상세 내용

1.2 산화반응에 의한 연소 작용

현상과 원리

레이저 절단을 이해하는기 위해서는 철의 산화반응에 대한 지식이 필요하다. 철의 연소시 연소반응에 의해 생성되는 산화철 현상에는 3가지가 있으며, 각각의 연소방정식은 아래와 같다.

$$Fe + \frac{1}{2}O_2 = FeO + 64\ kcal$$

$$2Fe + 1\frac{1}{2}O_2 = Fe_2O_3 + 190.7\ kcal$$

$$3Fe + 2O_2 = Fe_3O_4 + 266.9\ kcal$$

위 식으로 철 1 g당 계산된 발열량은 표 1.2.1과 같다. 즉, 그림 1.2.1과 같이 철은 연소작용에 의해 열을 발생한다.

레이저 절단에서 이러한 산화철의 발생비율을 FeO : 20%, Fe_2O_3 : 45 %, Fe_3O_4 : 35%로 가정하면 1 g당 발열량은 1.538 kcal가 된다. 이 발열량은 철 1 g을 용융시키기 위하여 필요한 열량 (약 0.23 kcal)의 약 5배 정도가 된다. 이러한 발생열량의 일부분은 열전도로 달아나지만 대부분은 절단에 사용된다.

그림 1.2.2는 연강재료에 대하여 1 kW의 동일출력 CO_2 레이저를 이용하여 가공되는 절단능력과 용접능력을 비교하여 나타낸다[1]. 용접용 보조가스인 아르곤가스의 압력조건이 0.01 MPa이하로 설정되어 있기 때문에 용접비드표면의 산화방지 작용만 하고 있으며 가공능력 (용융깊이)을 높이는 데에는 사용되지 않는다. 산소가스를 사용하는 절단에서는 약 5배의 연소발열량에 상당하는 가공능력이 얻어진다.

예를 들어 1 m/min의 가공속도에서 용접의 용입깊이는 1.5 mm가 얻어지는 것에 반하여 절단시에는 약 7 mm 판두께를 가공할 수 있다. 또한, 용접시 용입깊이 1.5 mm에서 용접속도는 1 m/min이지만 판두께 1.5 mm의 절단에서는 절단속도가 5 m/min으로 약 5배가 된다. 이와 같이 용접과 비교하여 절단가공능력이 증가된 것은 산소가스에 의한 연소의 열량이 약 5배에 상응하는 것과 거의 일치하고 있다.

표 1.2.1 철의 발열량

	1g당 발열량 (kcal)
FeO	1.14
Fe_2O_3	1.69
Fe_3O_4	1.57

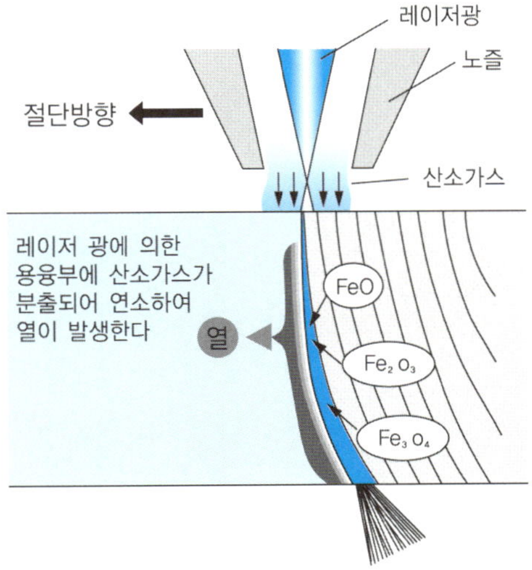

그림 1.2.1 철의 연소

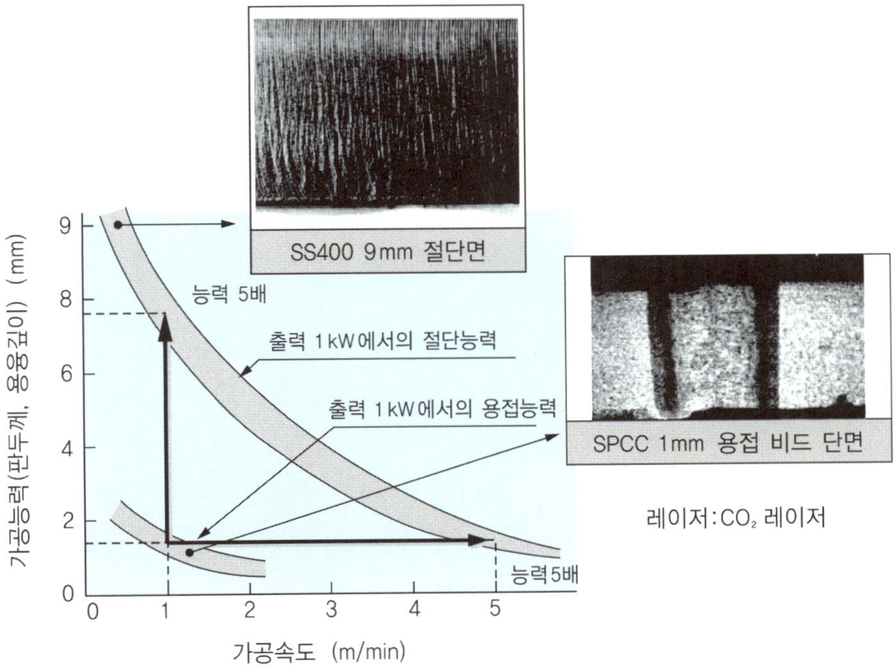

그림 1.2.2 연강재료에서의 레이저 용접과 절단의 가공능력비교

1.3 산화반응열의 진행과 절단속도와의 관계

현 상

출력 4 kW 급 발진기를 이용하고 보조가스로 산소가스를 사용하는 박판의 고속도 절단에서는 절단속도를 10 m/min이상으로 설정하는 것이 가능하다. 하지만 판 두께가 두꺼워질수록 속도는 낮아지고 두께 19 mm를 넘는 판재에서는 1 m/min 이하의 속도까지 저하된다. 절단하는 형상에 엣지(edge)부가 있는 경우, 그 끝단은 그림 1.3.1과 같이 가공 중에 용융손실이 일어나기 쉬워져서 그 각도가 작을수록 선단온도가 상승하여 용융손실이 증가한다.

원 리

용융손실의 발생은 그림 1.3.2와 같이 엣지부를 레이저광이 통과하기 직전에 이미 엣지부가 고온상태가 되므로 그 부분에 이상연소가 일어나기 때문이다. 이러한 현상의 대책으로는 열의 진행속도보다도 레이저 절단속도를 빠르게 하여 엣지부를 절단하면 냉각된 상태로 가공이 가능하다.

(1) 고속절단

이곳에서의 가공실험에 의하면 레이저절단속도 2 m/min이상으로 조건설정을 하는 경우 엣지부의 용융손실이 감소했다. 그림 1.3.3은 판두께 6 mm에서 각도 60° 엣지를 절단한 사진이다. 절단조건은 출력 3 kW, 절단속도 3 m/min이며, 이 조건에서는 엣지부의 용융손실이 발생하지 않았다. 연강재료에 관련하여 판 두께에 따라 2 m/min이상의 속도로 절단할 수 있는 CO_2 레이저의 발진기 출력을 표 1.3.1에 나열하였다. 판 두께가 두꺼워 지면 고출력 발진기가 필요하므로 런닝 코스트(running cost) 등의 효율을 확인하여 선정해야 한다.

(2) 펄스절단

저출력 발진기를 사용하는 경우에 절단속도를 고속으로 설정하지 못하기 때문에 펄스조건으로 용융손실을 방지한다. 그림 1.3.4는 저속조건에서의 펄스조건 파라미터(parameter)와 엣지부 용융손실의 관계를 보여준다. 일정한 평균출력에서는 펄스피크의 출력을 높게 하고 펄스주파수를 짧게 설정할수록 1펄스당 빔오프 시간의 비율이 증가하여 냉각시간이 길어지므로 엣지선단의 용융손실은 적어지게 된다. 절단속도와 균형을 맞추어 가며 펄스 피크출력과 펄스 주파수의 최적치를 결정해야 한다.

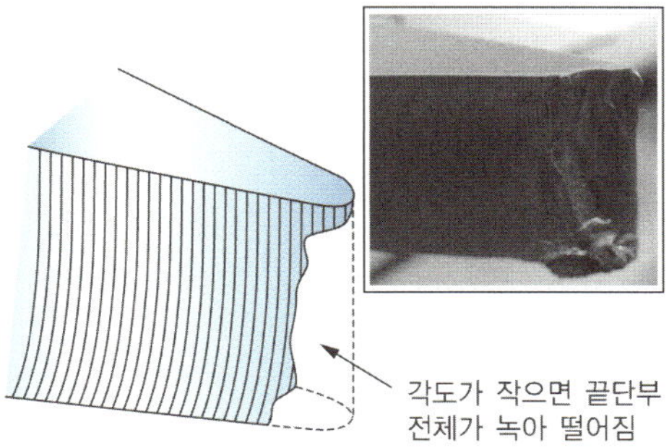

그림 1.3.1 연강 19mm 엣지 절단

표 1.3.1 연강의 고속절단에 필요한 발진출력

판두께[mm]	필요출력[kw]
4.5	2
6	3
9	4
12	6
16	7

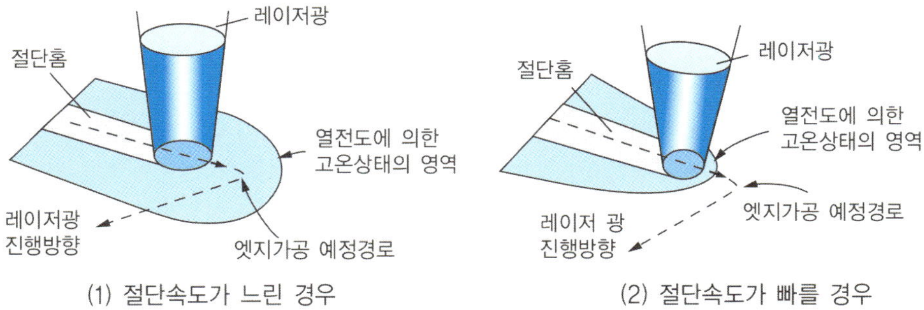

그림 1.3.2 레이저 절단속도와 열의 진행속도와의 관계

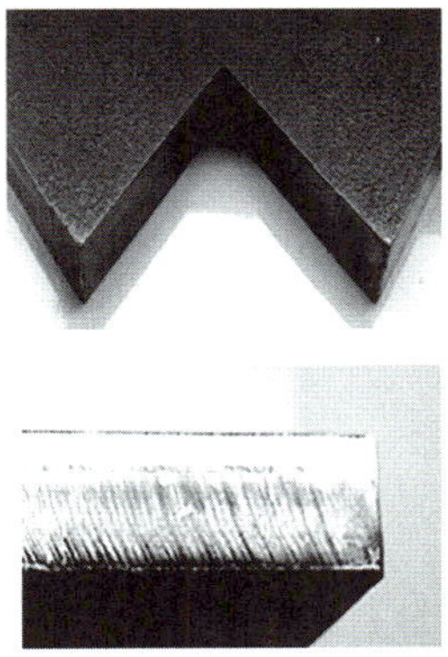
재질 : SS400 두께 : 6mm
그림 1.3.3 연강의 엣지 절단(고속절단)

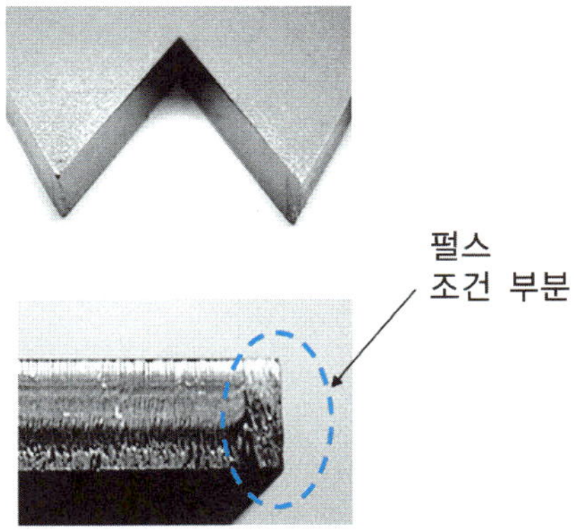

재질 : SS400 두께 : 6mm
그림 1.3.4 연강의 엣지절단(펄스절단)

1.4 용융금속의 거동

현 상

레이저 절단은 가공헤드 내부의 렌즈에 의하여 집광된 레이저광의 조사와 노즐에서의 보조가스 분출에 의해 가공이 진행된다. 레이저광의 조사에 의하여 피가공물은 단숨에 용융되며 증발이 일어나는 온도까지 가열되고, 그 부분에 고순도의 산소가 분사되어 연소하고 더불어 산화반응열이 발생하여 가공을 촉진시킨다. 보조가스는 연소하여 생성된 물질과 용융금속을 절단홈 내부로부터 배출하는 작용도 완수한다. 이렇게 절단홈의 전면에서 레이저광과 산화반응열로 피가공물을 용융하고 생성물을 보조가스로 배출하는 작용을 연속적으로 진행하여 절단홈이 형성됨으로써 절단이 진행된다.

원 리

레이저 절단이 진행된 절단면에는 그 절단원리를 나타내는 흔적이 남는다. 그림 1.4.1, 1.4.2의 절단면 상부에는 레이저광에 의한 용융이 지배적인 피치가 미세한 드래그라인(dragline)이 규칙적으로 정렬된 층이 있으며, 이를 상부 드래그라인이라고 정의한다. 상부 드래그라인의 하단부는 상부에서 생성된 용융금속이 아래쪽으로 이동하면서 산소가스와의 연소작용에 의한 용융이 지배적인 영역이며 이를 하부 드래그라인이라고 정의한다[1]. 하부 드래그라인의 연소는 상부 드래그라인과 비교하여 더디게 진행되므로 절단속도가 빠르거나 판 두께가 두꺼울수록 드래그라인은 절단 방향의 뒤쪽으로 더디게 진행된다.

그림 1.4.3은 판 두께 9 mm 연강절단시 절단전면의 가공 상태를 나타낸다. 하부 드래그라인에 상응하는 드래그라인은 절단 진행방향에 대하여 처지게 진행되며 이러한 처진 정도는 절단홈 폭에 의해서도 영향을 받는다. 초점위치가 재료표면에 있는 Z = ±0 에서는 상부의 절단홈이 가장 적게 형성되고 하부 절단홈 내부는 연소에 충분한 산소가스가 공급되지 않은 상태에서 용융금속을 누르는 가스압이 부족하기 때문에 드래그라인이 절단 방향의 뒤쪽으로 처지게 된다.

초점위치를 플러스 비초점 조건으로 하여 절단홈 폭을 넓게 한 경우에는 드래그라인의 처짐이 최소화 되는 적절한 절단홈 폭 영역이 형성된다.

이 영역에서는 용융금속이 절단홈에서 부드럽게 배출되므로 피가공물로의 입열도 적어진다. 더불어 비초점 정도를 플러스 방향으로 더욱 증가시키면 에너지 밀도가 낮아져 용융능력이 떨어지므로 드래그라인이 절단방향에 대하여 더욱 더 뒤쪽으로 처지게 된다.

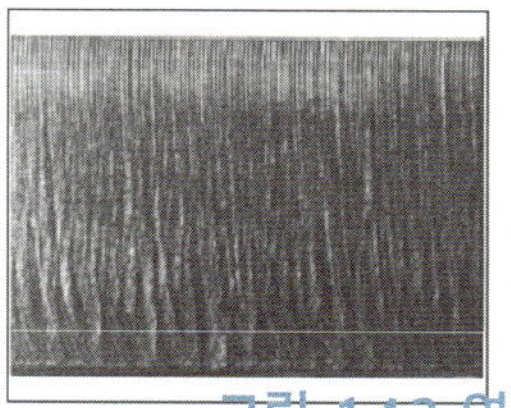

그림 1.4.2 연강의 절단면

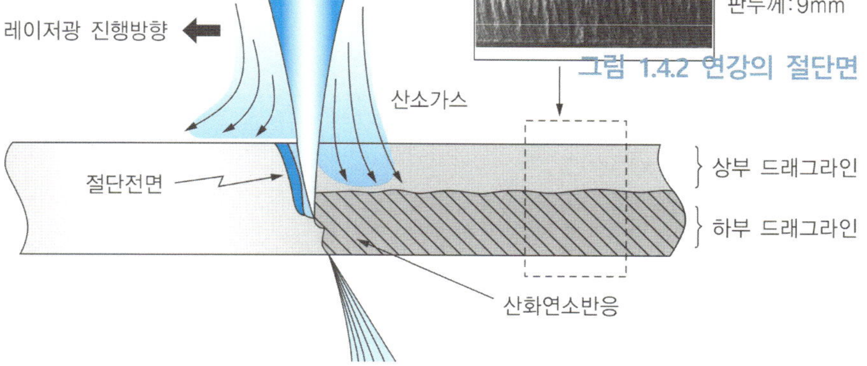

그림 1.4.1 절단 메커니즘

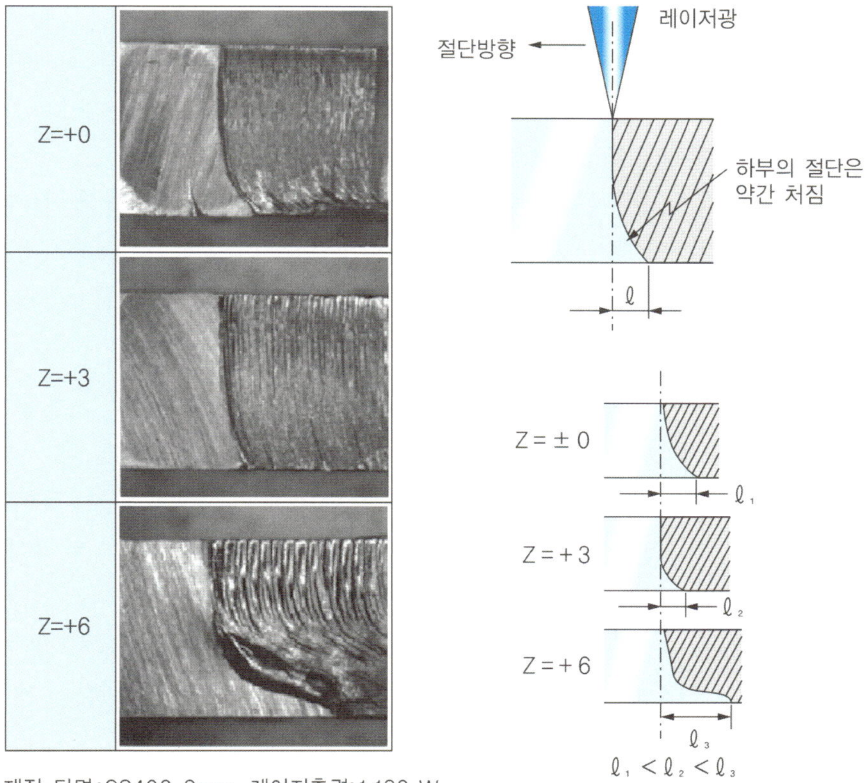

재질·단면:SS400·9mm 레이저출력:1,130 W
속 도:1m/min 가 공 렌 즈:f7.5pA

Z = + 3 에서의 처짐 정도 ℓ_2 가 가장 적음

그림 1.4.3 초점위치와 절단부 전면의 관계

1.5 드래그라인의 형성

현상과 원리

(1) 상부 드래그라인 영역에서의 드래그라인

그림 1.5.1은 연강재료 절단시의 레이저광과 가공의 진행을 개략도로 나타낸 것이다. 절단홈 전면 A점에서 레이저광의 진행속도를 V_a, 산화반응속도를 R_a로 한다. 판 두께가 두꺼울수록 절단속도는 저하하고, 절단속도 V_a는 산화반응속도 R_a보다 작아진다. 레이저광이 A점에 접촉하면 V_a보다 큰 산화반응속도 R_a로 인하여 연소가 레이저광의 위치보다 앞에서 진행하지만, 서서히 온도가 낮아져 연소는 A_2점에서 정지한다. 그 정지된 위치에서 레이저광이 V_a에 도달하면 다시 산화반응속도 R_a의 연소가 진행하는 사이클이 반복된다.

한편, 절단홈의 폭 방향에도 A점에서 산화반응속도 R_a로 C점까지 연소가 진행되지만 온도가 낮아져 반응이 정지한다. 레이저광이 A_2점에 도달하면 절단홈 폭 방향의 C_2점까지 연소하는 사이클을 반복한다. 이런 방법으로 드래그라인이 형성된다.

R_a와 거의 같은 속도까지 V_a가 향상되면, 항상 레이저광이 A점에 접촉된 상태가 된다. 절단홈 폭방향이 넓어지는 A점과 C점의 거리도 작아지고 이와 동시에 드래그라인의 간격이 작아진다.

(2) 하부 드래그라인 영역에서의 드래그라인

그림 1.5.2에 나타낸 것처럼 판 두께 방향에 A점과 B점을 설정했다. A점에서는 산소순도나 보조가스의 운동량이 높게 되어 있으므로, $V_a = R_a$ 가 성립되어 매우 매끄럽고 수직인 드래그라인이 생성된다. B점에서는 산소순도나 보조가스 운동량이 저하되기 때문에 V_b보다 R_b가 작아지므로 절단전면이 뒤쪽 방향으로 처지게 되는 현상이 나타난다.

판 두께가 두꺼워질수록 모재로 전달되는 열량이 증가하기 때문에 용융금속의 온도가 낮아져 용융금속의 표면장력이나 응고층의 두께가 커지게 되므로 절단면의 조도가 악화된다.

이러한 현상은 질소가스나 에어에 의한 금속절단에서도 발생하며, 판이 두꺼울수록 절단면이 거칠어지지만 산화연소반응이 없기 때문에 산소가스에 의한 후판절단과 같은 정도로 악화되지는 않는다.

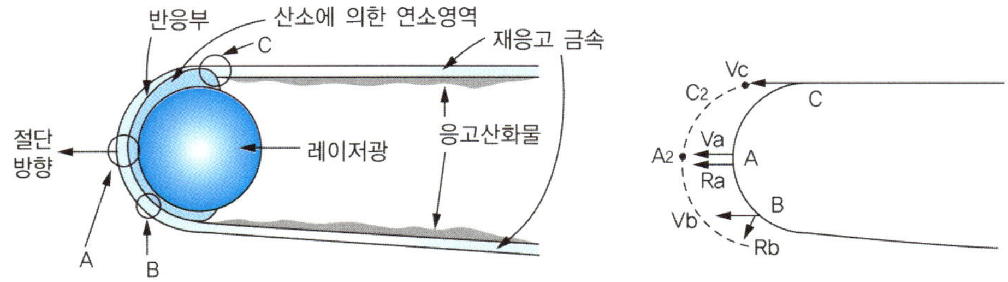

(1) 절단면 조도의 형성 (2) 절단속도와 반응속도

그림 1.5.1 절단

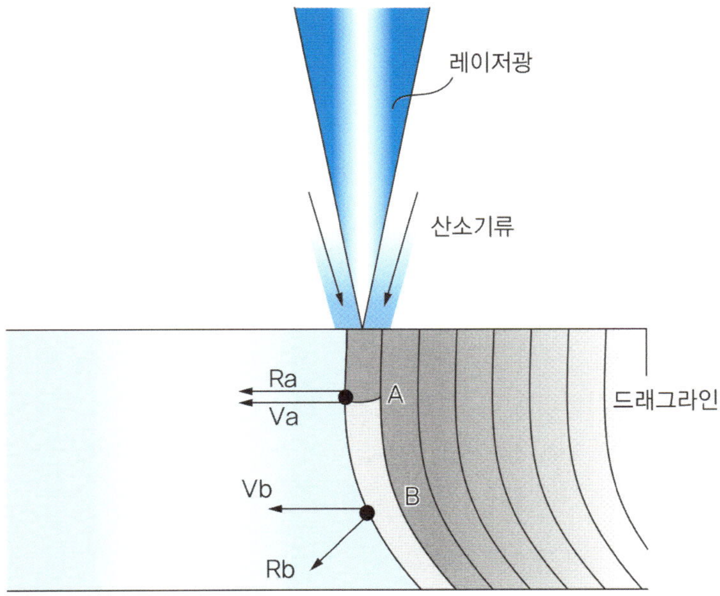

그림 1.5.2 드래그라인의 형성

1.6 절단홈의 테이퍼

현상과 원리

(1) 금속 절단

피가공물 표면에서의 레이저광의 집광특성이나 초점의 설정정도에 따라서 절단홈(kerf:커프)의 폭이 변화한다. 그림 1.6.1은 CO_2 레이저에 의한 가공렌즈의 초점거리와 테이퍼의 관계를 나타낸다[2)]. 가공은 CW조건과 펄스조건에서 진행하였으며 절단홈의 상부폭(U)와 하부폭(L) 및 테이퍼(T)를 표시한다. 단초점 렌즈일수록 집광스폿의 직경이 작아지고 상부홈의 폭과 테이퍼도 작아진다. 파이버 레이저에 의한 절단에서는 그림 1.6.2와 같이 집광스폿 직경을 보다 작게 집광할 수 있기 때문에 상부폭(U)이 하부폭(L)보다 작아질 수 있다.

그림 1.6.3은 초점위치와 테이퍼의 관계를 나타낸다. 초점위치 Z를 피가공물의 표면에서 Z = 0로 하고, 비초점거리(h)를 미리[mm]단위로 표시하고 상부방향을 플러스(+)로 하부방향을 마이너스(-)로 표시했다. 초점위치를 피가공물 표면(Z=0)으로 설정하면 상부 절단홈의 너비와 테이퍼가 가장 작아지고, 그 전후로 초점위치를 이동하면 테이퍼가 확대된다. 이러한 테이퍼 확대 원리는 그림 1.6.4에 나타낸 것처럼 초점위치가 피가공물의 표면으로부터 어긋날수록 표면에서의 빔 직경이 확대되어 용융범위가 넓어지기 때문이다.

(2) 비금속 절단

비금속 절단은 파장이 긴 CO_2 레이저로 절단하는 것이 일반적이다. 그림 1.6.4 (2)는 비금속 절단시 절단홈 내부에서의 레이저광 전파특성을 나타낸다. 절단홈 벽면에서 레이저광 반사는 거의 없으며 초점위치에서 아래쪽 방향으로의 빔확산 각도에 맞추어 홈 내부의 폭이 넓어지고 판두께 방향으로 서서히 출력이 감쇠하여 홈의 폭이 다시 좁아진다. 테이퍼를 작게 하려면 초점위치를 조정하여 빔의 확산각도와 에너지 밀도가 균형을 가지게 할 필요가 있다. 그림 1.6.5는 판 두께 30 mm 아크릴 가공시 절단홈의 상부폭(U), 중앙부 폭(M), 하부폭(L)과 초점위치의 관계를 나타낸다. 초점위치 Z = +4 ~ 8 mm에서 테이퍼가 가장 작아진다. 그림 1.6.6에서는 빔 확산각도가 평행빔에 근접한 경우의 가공특성을 나타낸다. 판두께 20 mm 아크릴판 상부에 1.2 mm 슬릿 금속을 겹쳐서 슬릿 내벽에서 빔을 반사시켰다. 확산각이 작은 빔은 출력의 감쇠에만 영향을 받아 절단홈이 상부, 중앙부, 하부의 측인 두께 방향으로 서서히 좁아진다. 이는 테이퍼를 작게 하기 위해서는 조사빔의 적정한 확산각도가 필요하다는 것을 나타낸다.

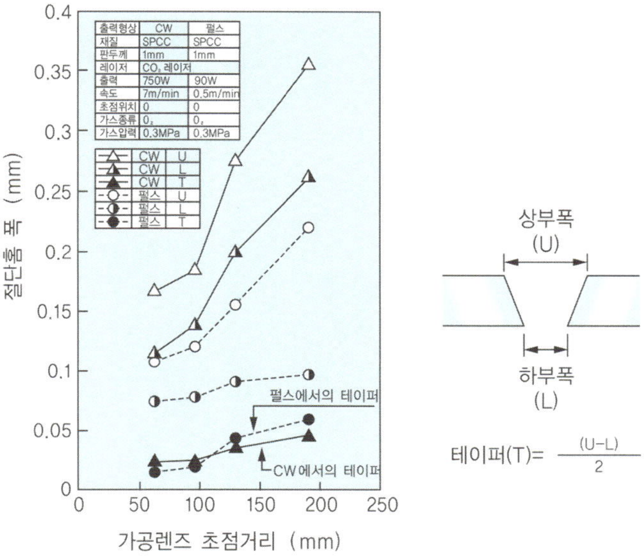

그림 1.6.1 절단홈 치수에 미치는 가공렌즈 초점거리의 영향

	파이버 레이저	CO_2 레이저
단면사진		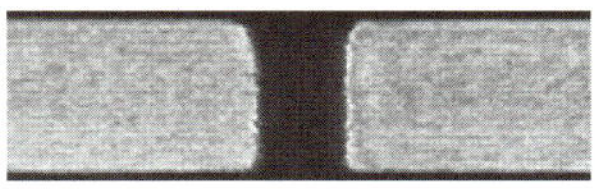
상부폭(U) 하부폭(L)	0.19mm 0.31mm	0.42mm 0.30mm

그림 1.6.2 절단폭의 비교

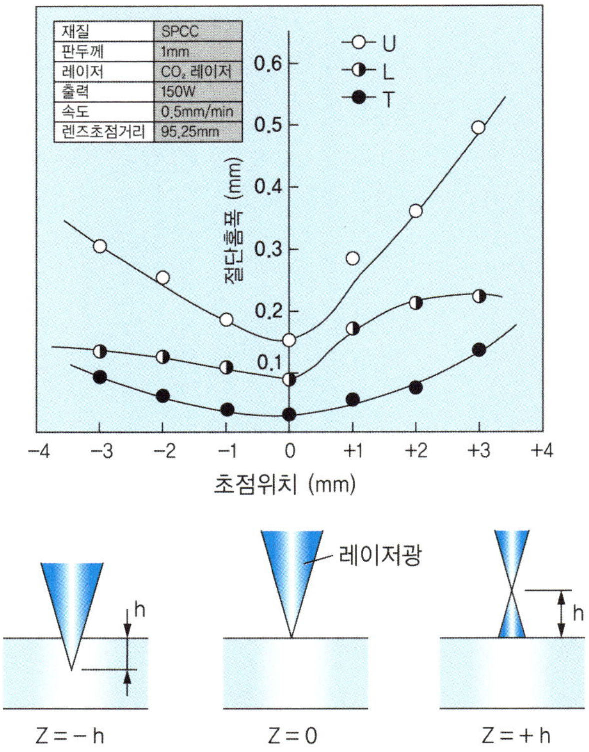

그림 1.6.3 절단홈 치수에 미치는 초점위치의 영향

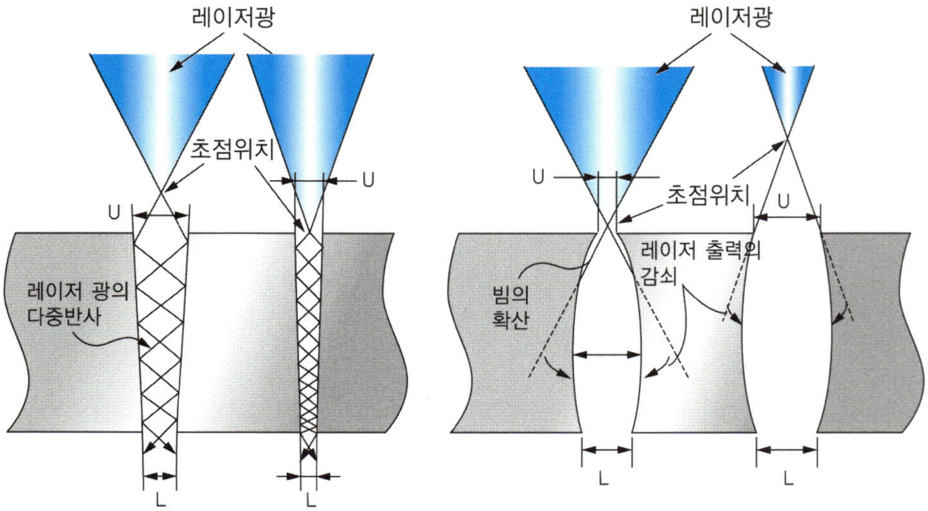

(1) 금속 절단

(2) 비금속 절단

그림 1.6.4 절단홈의 형성 메커니즘

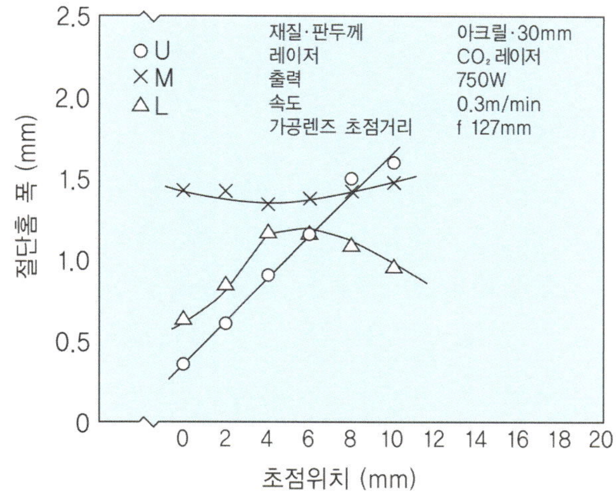

그림 1.6.5 비금속 절단에서의 초점위치와 절단홈 폭의 관계

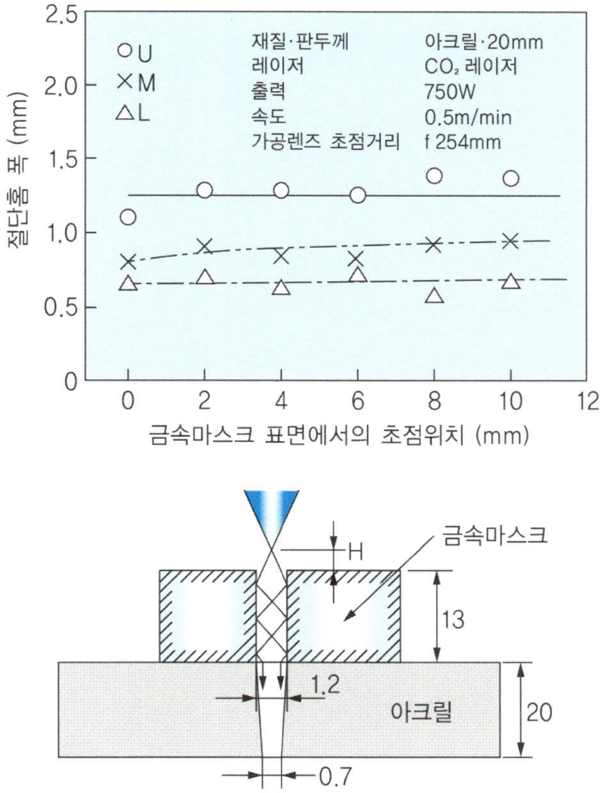

그림 1.6.6 퍼짐각도가 작은 빔에 의한 절단

1.7 피어싱

현상과 원리

피어싱은 홀(hole)이 관통될 때 까지 가공중인 용융금속을 피가공물의 표면측으로 분출시켜 홀 주변에 퇴적시킨다. 피어싱 조건으로는 그림 1.7.1에 나타낸 것처럼 (1) 펄스조건과 (2) CW(연속)조건의 설정이 있다.

(1) 펄스 조건

레이저광을 조사한 직후부터 피가공물 표면이 가열되는 과정인 (a)부터 서서히 진행되는 가열과 홀 발생 작용이 진행되는 (b)~(d) 및 최종적으로 관통되는 (e)까지 연속하여 발생한다. 이러한 방법으로는 판 두께가 9 mm이상이 되면 홀형성까지의 시간이 급격하게 증가하지만, 피어싱 홀 직경은 0.4 mm이하가 되고 절단홈 폭보다 작으며 주변의 열영향도 적은 품질이 얻어진다.

홀 형성시간을 단축시키기 위해 출력을 한번에 증대시키는 가공조건으로 설정하면 대량으로 발생하는 용융금속이 작은 지름의 홀 상부로 배출되지 않고 버닝을 발생시키게 된다.

(2) CW(연속) 조건

초점위치를 피가공물 표면보다 조금 위에 두고 피어싱 가공 홀의 직경을 넓혀서 한번에 가열하는 방법이다. 용융금속이 대량으로 발생하여 피가공물 표면으로 비산되지만 가공시간을 크게 단축시킨다.

(3) 피어싱 능력의 향상

피어싱 홀의 벽면에서도 레이저광의 흡수가 일어난다. 그림 1.7.2는 피어싱 후 홀 내부에서 판의 하부까지 전달하여 투과하는 레이저 광을 측정한 결과이다[3]. 각종 판 두께별로 피어싱 홀을 제작한 후 그 홀의 아래에 출력검침기를 배치하고 레이저광을 레이저 천공으로 조사하였다. 판이 얇을수록 피어싱 홀을 투과하는 레이저 출력이 커지고 판이 두꺼울수록 투과하는 레이저 출력이 감소한다. 이러한 결과는 그림 1.7.1에서 나타냈듯이 조사한 레이저광이 피어싱 홀의 내벽에서 아랫방향을 향하여 다중반사되어 흡수되면서 전해지는 것을 나타낸다. 피어싱 시간을 단축시키기 위해서는 구멍 벽면에서 흡수되어 감쇠되는 출력의 보충 즉, 피어싱의 진행에 알맞은 출력의 증가가 필요하다. 또한, 열영향을 감소시키기 위해서는 출력을 증가시켜 단시간에 가공을 종료하여 레이저광의 흡수시간을 단축시켜야 한다.

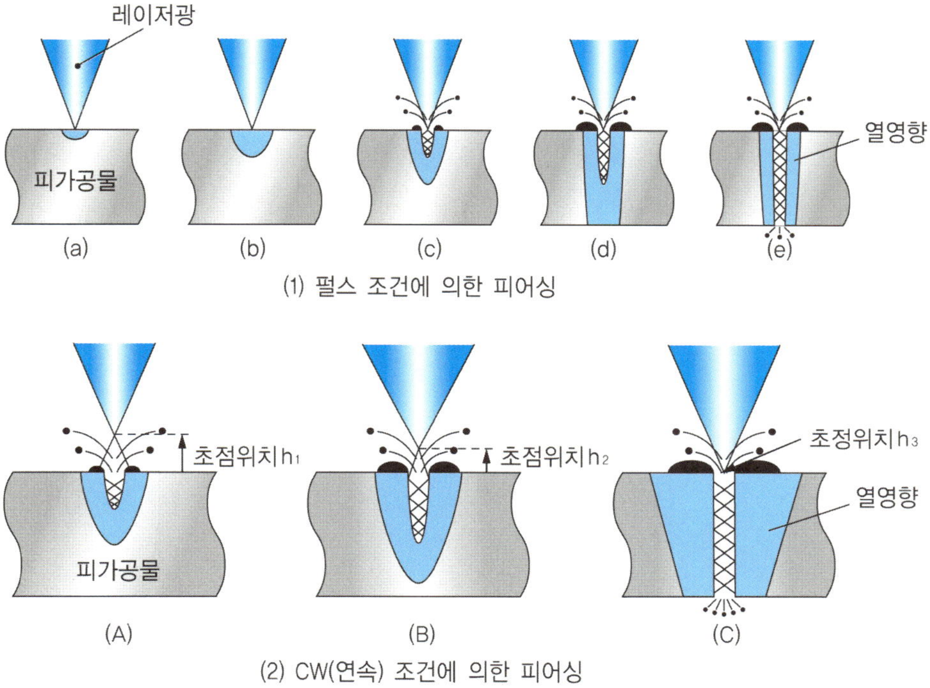

그림 1.7.1 피어싱의 원리

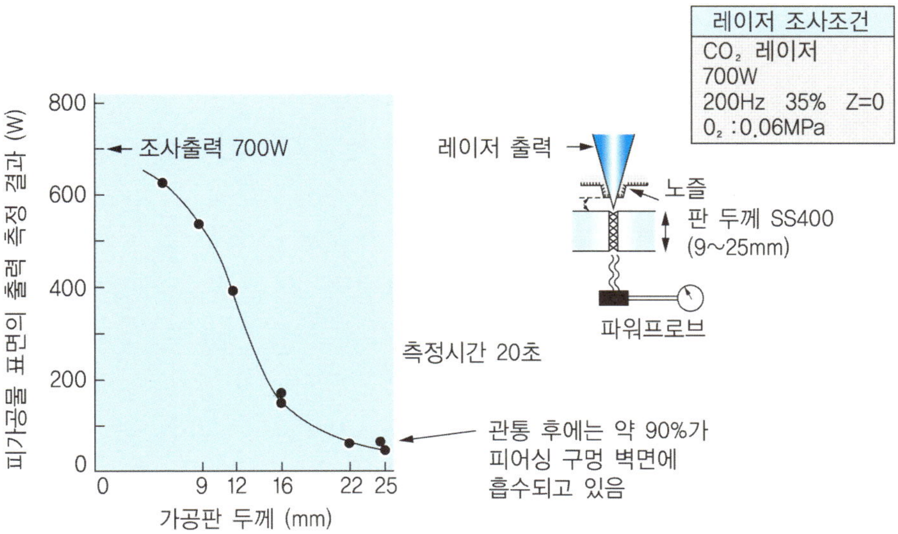

그림 1.7.2 피어싱 구멍을 투과하는 출력의 측정

1.8 초점위치와 절단의 관계

현 상

가공품질이나 가공능력을 좌우하는 중요한 요인 중에서 가장 영향이 큰 초점위치에 대하여 구체적인 관계를 서술한다.

피가공물 표면에 레이저 광을 집광한 초점의 설정위치를 초점위치라고 부르며, 절단홈의 폭이나 테이퍼, 절단면 거칠기, 드로스의 부착상태, 절단속도 등 거의 모든 가공성능에 영향을 준다. 이는 초점위치에 따라서 피가공물 표면에서의 빔 스폿 직경이나 피가공물에서 레이저광의 입사각도가 변화하고, 그 결과로 절단홈의 형성상태나 홈 내부에서의 빔 다중반사 상태에 영향을 미치기 때문이다. 더불어 이러한 절단현상은 절단홈 내부에서의 보조가스나 용융금속의 흐름상태에도 영향을 준다.

원 리

그림 1.8.1은 초점위치 Z와 피가공물 상부에서의 절단홈 폭 W의 관계를 표시한다. 피가공물 표면에 초점이 있는 상태를 Z = 0 「제로」로 하고, 초점위치를 상부로 비초점을 준 경우를 「+」, 아랫방향으로 비초점을 준 경우를 「-」로 표시하고, 비초점 양을 mm 단위로 나타낸다. 초점위치 Z = 0에서 상부홈 폭 W는 최소가 되고, 초점이 위 또는 아래 어느 쪽으로 비초점이 되어도 상부홈 폭 W는 넓어진다. 이러한 변화는 다른 초점거리의 가공렌즈를 사용한 경우에서도 같은 경향을 나타낸다. 하지만 초점위치에서의 스폿 직경과 초점심도가 작은 단초점 렌즈일수록 초점위치 변화에 따른 상부 절단홈의 변화가 커진다.

그림 1.8.2는 가공대상과 가공에 최적한 초점위치와의 관계를 나타낸다. (a)의 피가공물 표면에서 가장 작은 빔 스폿 직경이 얻어지는 Z = 0에서는 피가공물 표면에서 가장 높은 에너지 밀도가 얻어지므로 용융하는 범위가 좁아져 가공특성에 영향을 미친다.

(b)의 초점위치가 「+」인 (Z>0)에서는 피가공물 표면의 폭이 넓어지는 작용을 하고, 절단홈 안에서도 빔은 확산각도를 가지기 때문에 내부 절단홈의 폭을 넓히게 된다.

(c)의 초점위치가 「-」인 (Z<0)에서는 피가공물 표면의 넓이가 넓어지는

지는 작용과 판 내부로 초점위치가 이동할수록 용융능력이 증가하지만, 그 후에는 역테이퍼가 생성되는 작용을 한다.

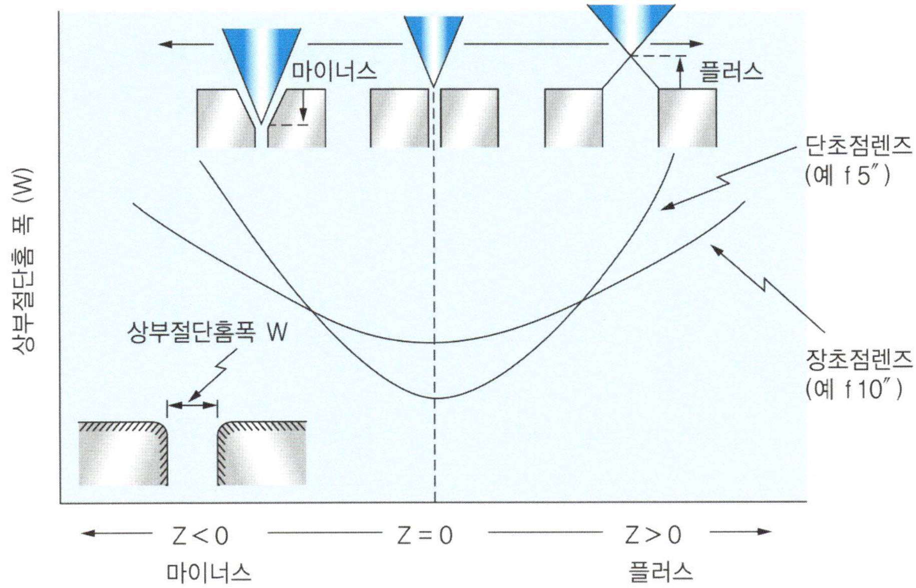

그림 1.8.1 초점위치와 절단홈폭의 관계

표 1.8.2 초점위치와 그 적용예

초점위치	특 징	적 용
(a) $Z = 0$ 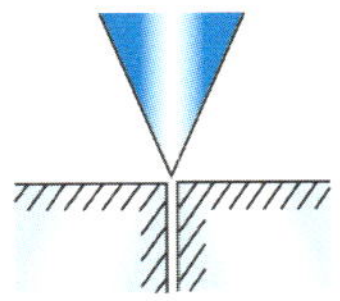	절단홈 폭이 아주 좁고 정밀도가 높은 가공이 가능하다.	• 테이퍼 정도를 작게하는 가공 • 면조도를 양호하게 가공 • 열영향을 적게하는 가공 • 미세가공
(b) $Z > 0$ 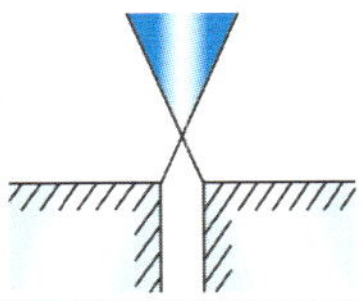	절단홈 하부의 폭을 넓히고 가스의 흐름이나 용융물의 유동성을 좋게한다.	• 후판의 CW, 고주파 펄스가공 • 아크릴 가공 • 다이보드제 가공 • 타일가공
(c) $Z < 0$ 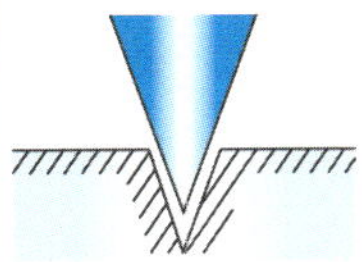	절단홈 상부의 폭을 넓히고 가스의 흐름이나 용융물의 유동성을 좋게한다.	• Al의 에어절단 • Al의 질소절단 • 스테인리스의 에어절단 • 스테인리스의 질소절단 • 아연도금강판의 에어절단

1.9 렌즈의 초점거리와 절단성능의 관계

현 상

가공렌즈의 초점거리에 따라서 레이저광의 초점스폿직경과 초점심도가 달라지기 때문에 각각의 가공특성도 다르다. 일반적으로 가공기에서는 한 종류의 가공헤드(렌즈)가 표준장비로 사용된다. 가공성능을 최대한 이끌어내는 절단을 실행하기 위해서는 그 특성을 충분히 이해하고 여러 종류의 가공헤드를 준비하여 적절하게 사용하도록 한다.

가공렌즈에 의한 빔의 집광특성은 다음의 식으로 나타낼 수 있다.

스폿직경 $d = 4f\lambda M^2/\pi W$

초점심도 $Z_d = \omega_0^2\pi/\lambda M^2$

f : 렌즈의 초점거리, W : 렌즈의 입사빔직경, ω_0 : 스폿직경,

λ : 파장, M^2 : 빔품질을 표시하는 파라미터

그림 1.9.1에 나타낸 것처럼, f가 큰 장초점 렌즈에서는 집광 스폿직경과 초점심도는 커지고 단초점 렌즈에서는 작아진다. CO_2 레이저보다 파장 λ이 짧은 파이버 레이저에서는 스폿 직경 d가 작아지고 동시에 초점심도 Z_d는 깊어진다.

원 리

(1) 박판 절단

절단홈 안에서의 용융금속 흐름에 영향을 주지 않고 가공이 가능한 박판 절단에서는 스폿 직경이 작게 되는 단초점 렌즈가 가장 적합하다. 스폿 직경이 작아지면 에너지 밀도가 높게 되므로 용융능력이 높아져 고속절단으로 그 효과를 발휘한다. 또한 절단폭이 좁아지므로 입열이 적고 미세가공에서 사용이 가능하다.

(2) 후판 절단

후판의 가공에서는 절단홈 안에서의 용융금속 흐름을 적정하게 유지하기 위해서 절단홈 폭을 넓힐 필요가 있다. 그림 1.9.2는 가스압력 0.08 MPa의 조건에서 판 두께 9 mm 연강의 양호한 절단품질이 얻어지는 적정한 절단홈 폭의 범위를 나타낸다[4]. 절단홈 폭이 0.45~0.55 mm의 범위에서 드로스의 발생이 없고 양호한 절단면 조도가 얻어졌다. 이 조건

의 적정한 절단홈 폭은 *f*5″렌즈에서는 Z = +1.3~+2 mm, *f*7.5″렌즈에서는 Z = +1~+2.7 mm의 초점위치에서 얻어진다. 후판 절단에서는 초점의 설정공차가 크고 장초점 렌즈가 유리하다.

무산화 절단에 있어서도 초점심도가 커지는 장초점 렌즈에서의 가공은 절단홈의 테이퍼가 작어지고 보조가스의 운동량을 이용한 용융금속의 배출이 유리하게 된다.

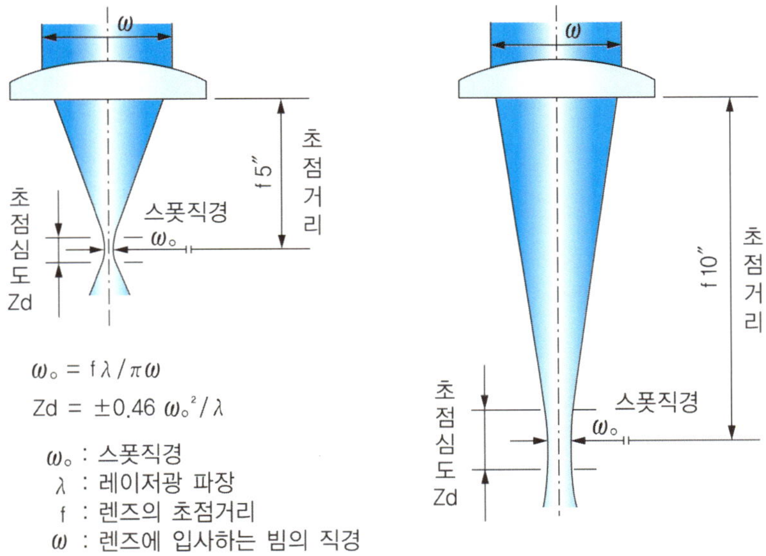

그림 1.9.1 단초점 렌즈와 장초점 렌즈

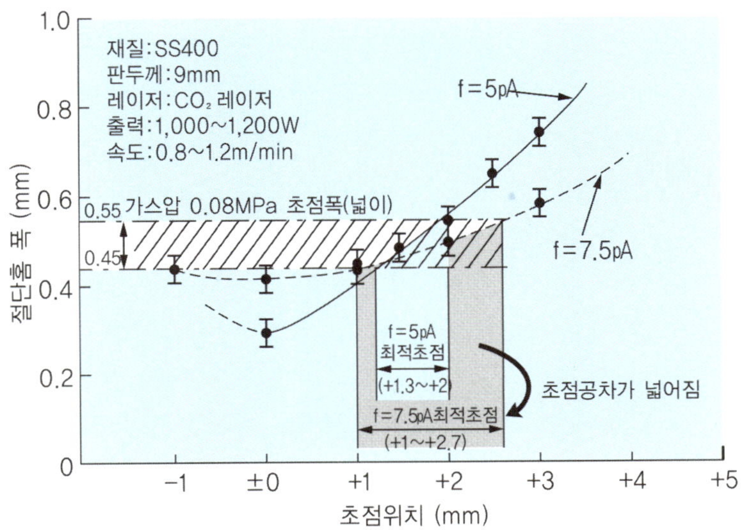

그림 1.9.2 가공렌즈 초점거리와 최적의 초점위치

1.10 레이저 출력, 속도와 절단과의 관계

현 상

레이저 출력은 피가공물의 용융능력에 직접적으로 관련이 있는 파라미터이며, 아래에 서술하는 가공성능 향상을 위해서는 출력을 증가시킬 필요가 있다.

(1) 절단속도를 증가시키는 경우
(2) 가공대상의 판 두께가 두꺼워지는 경우
(3) 알루미늄이나 동 등의 반사율이 높은 재료를 가공하는 경우
(4) 단초점렌즈에서 장초점렌즈로 변경하는 경우
(5) 초점위치를 피 가공물의 표면에서 비초점 조건으로 변경하는 경우

사용하고 있는 가공조건의 출력이 적정한지 아닌지는 가공후의 절단면에 의해 판단하는 것이 가능하다. 그림 1.10.1에서는 연강 후판절단의 예를 나타낸다. 출력이 적정치보다 큰 경우에는 절단홈 주변의 열영향부가 커지고 엣지부의 용융손실이 발생하기도 한다. 또한 절단면의 드래그라인 피치(pitch)는 거칠어지고 동시에 상부에서 하부까지 직선 상태가 된다.

출력이 적정치보다 작은 경우에는 절단면의 하부가 현저하게 거칠어지고 더욱 악화되면 절단홈 하부가 푹 파이게 된다. 더불어 드로스의 부착량이 증가하고 강고하게 부착되어 그 제거가 어려워진다.

출력이 적정치일 경우에는 절단면의 드래그라인 피치는 아주 세밀하고, 하부는 가공의 진행방향 대비 조금 처진 상태가 된다. 절단홈 주변의 열영향부는 가장 적어지며 엣지부에서의 용융손실 발생도 적어진다.

이러한 가공조건의 적정여부를 판명하기 위해서는 가공후의 절단면 품질의 확인뿐만 아니라 가공 중의 불빛을 관찰하는 것으로도 확인할 수 있다. 절단 중에 피가공물의 하부에서 배출되는 불꽃의 상태는 절단홈 안의 용융금속의 흐름이 직접 영향을 미친다. 그림 1.10.2에 제시한 것처럼 피가공물 아래에서 배출되는 불꽃은 ①직선일 것, ②처짐이 적을 것, ③얇을 것 등으로 적정한 가공조건인지를 나타낸다[1)].

출력이 적정치에서 멀어지면 절단중에 피가공물의 하부에서 배출되는 불꽃은 ①넓어짐, ②절단진행의 역방향으로 처짐, ③커짐 등의 현상이 나타난다.

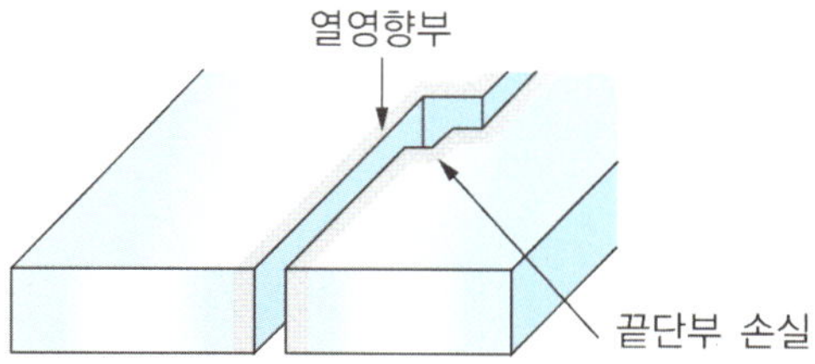

(1) 출력이 과도한 경우

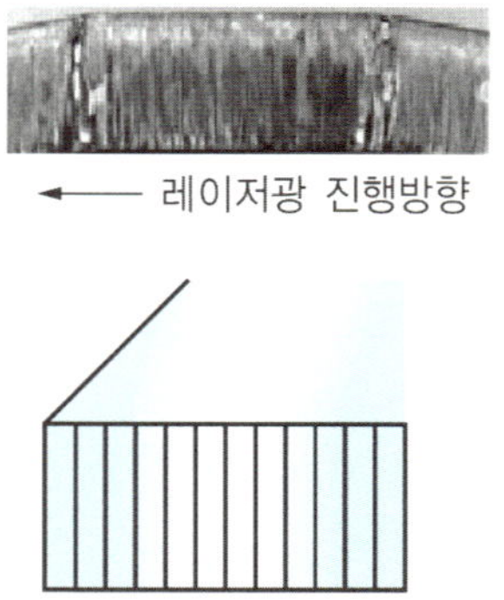

(2) 출력이 부적절한 절단면
드래그라인은 거칠고 직선임

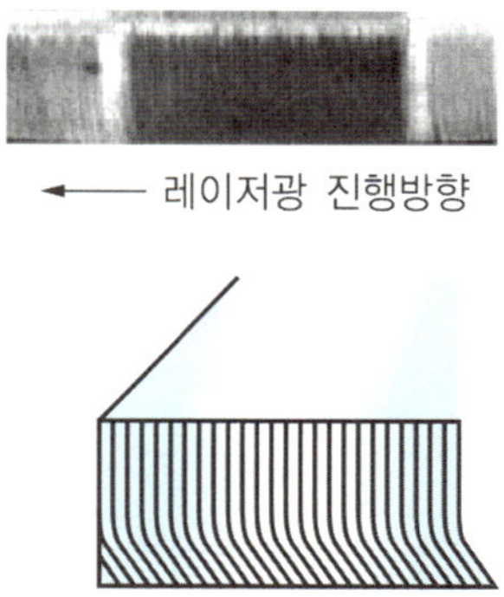

(3) 출력이 적절한 절단면 드래그라인은
세밀하고 조금뒤로 처짐현상이 있음

그림 1.10.1 가공에 미치는 출력의 영향

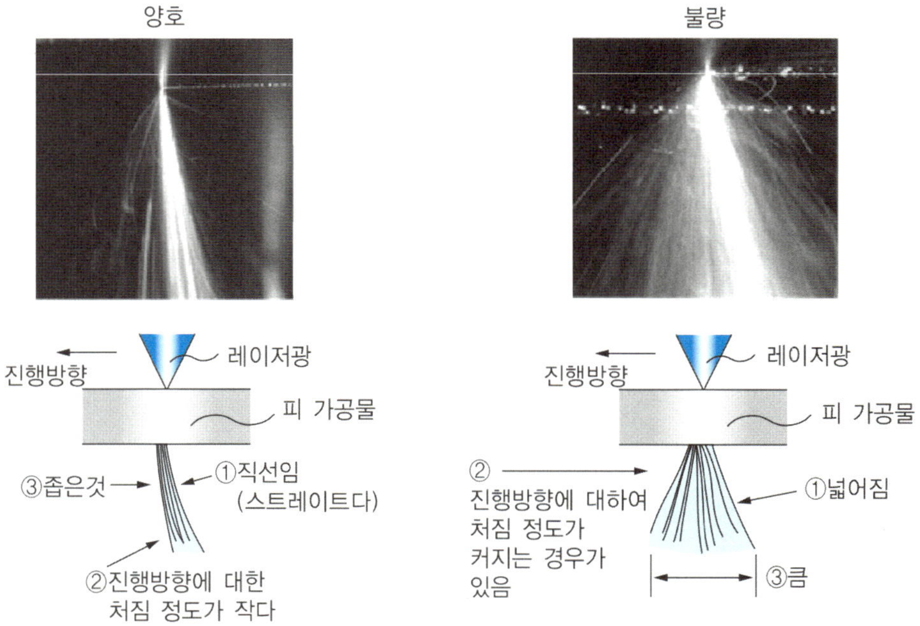

그림 1.10.2 적정조건을 확인하는 방법

1.11 펄스 주파수와 절단과의 관계

현 상

미세 가공에서는 가공부위의 열집중이 용융손실이나 버닝을 발생시킨다. 이러한 가공에서는 냉각을 시키면서 가공할 필요가 있어서 빔의 조사(온:on)와 정지(오프:off)를 반복하는 펄스가공조건을 사용한다.

그림 1.11.1은 펄스 주파수를 변화시켜서 판 두께 5 mm 의 SK3을 절단한 경우의 절단홈 단면과 열영향층 폭을 나타낸다. 열영향이 클수록 입열도 많고 용융손실이나 버닝이 발생하기 쉽게 된다. 열영향은 절단홈의 좌우에 거의 균등하게 생성되며, 상부에서 하부로 갈수록 증가한다. 그림에서는 절단홈의 상부(H_u), 중앙부(H_m), 하부(H_d)의 3개소에서 열영향층 폭의 변화를 측정하였다. 펄스 주파수의 변화에 따라서 상부(H_u)와 중앙부(H_m)의 열영향층 폭의 변화는 작다. 하부(H_d)의 열영향층 폭은 주파수 50 Hz에서는 중앙부(H_m)의 폭과 거의 같으나 주파수를 낮출수록 열영향층의 폭이 감소한다.

원 리

펄스가공조건을 변화시키면 절단가공에 사용되지 않고 가공물의 이면으로 투과하는 레이저광의 양도 변화한다. 그림 1.11.2는 절단중에 가공물의 이면으로 투과하는 레이저출력 P_2를 측정하고, 조사하는 레이저출력 P_1과의 관계에서 피가공물에서 흡수된 이용률 r [$(P_1-P_2)/P_1$]을 계산하여 표시하였다. P_2의 측정에서는 용융금속의 열량을 배제하기 위하여 그림 1.11.2의 (2)에서 나타낸 방법을 사용하고 있다. 저주파수일수록 가공에 사용되지 않고 투과하는 에너지가 증가해 피가공물의 에너지 이용률이 저하되어 저입열가공이 되는 것을 보여준다[5)].

주파수가 낮아지면 1펄스당 에너지의 양이 증가하여 펄스 1회의 가공량이 증가하기 때문에 판 두께 방향으로의 가공성능이 증가한다. 더불어 오프시간도 동시에 증가하므로 버닝이나 용융손실을 억제하는 냉각능력도 증가한다.

역으로 1펄스당 가공시간과 정지시간이 크기 때문에 조사빔의 범위에 용융영역이 증가하여 절단면 거칠기가 악화된다. 또한 주파수를 증가시키면 1펄스당의 판 두께 방향으로의 가공능력이나 냉각능력도 저하되고 버닝이나 용융손실의 억제능력이 저하된다. 더불어 고주파수의 조건에서는 CW의 가공특성에 가까워진다.

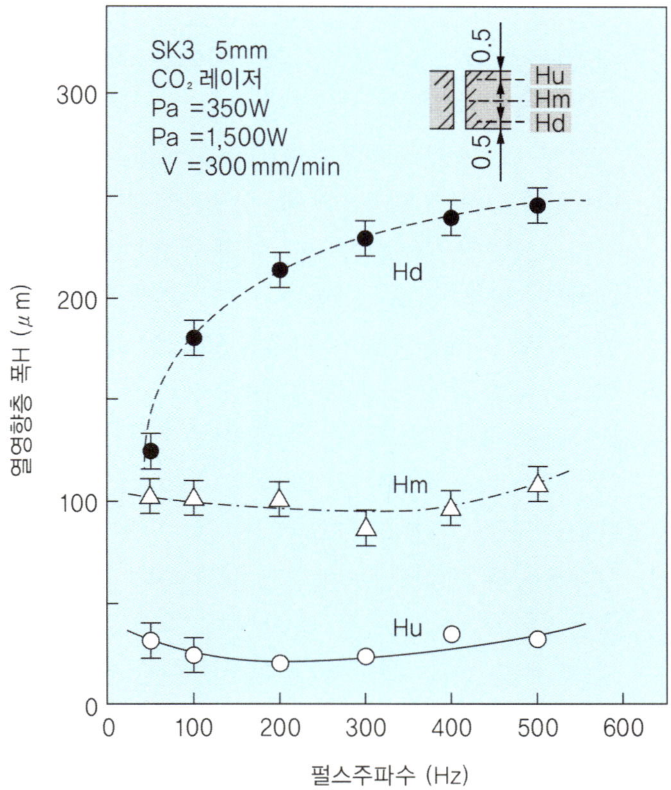

그림 1.11.1 펄스주파수와 열영향층 폭의 관계

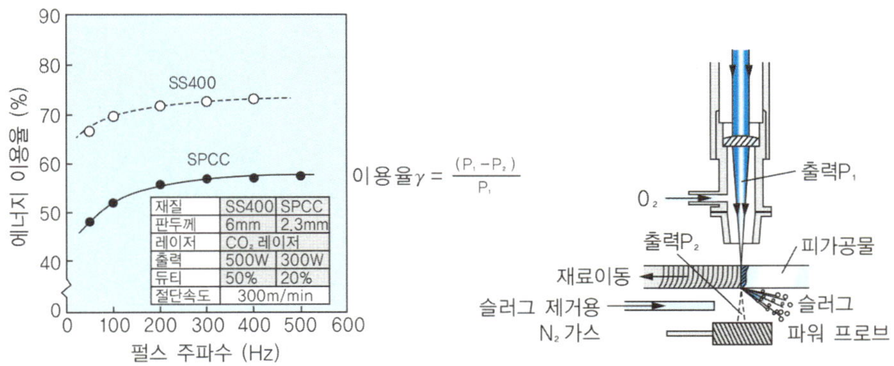

(1) 펄스 주파수와 에너지 이용율의 관계 (2) 피가공물에서 투과하는 출력의 측정방법

그림 1.11.2 절단이 사용되는 에너지의 비교

1.12 펄스 듀티와 절단과의 관계

현 상

펄스 듀티는 1펄스당 빔온 시간의 비율이다. 평균출력(P_a)과 듀티(D)의 관계에서 펄스첨두출력(P_p)은 아래와 같이 계산할 수 있다(그림 1.2 ①).

$$P_p = P_a / D$$

그림 1.12.2는 첨두출력(peak power) P_p와 절단면 조도 R_z의 관계를 나타낸다. 펄스절단조건에 있어서 절단속도 V와 주파수 f_p를 일정하게 한다. 절단면 거칠기는 판 두께 1.2 mm, 3.2 mm, 6 mm의 연강재료에 대하여 상부(R_u)와 하부(R_d)의 두 개소에서 측정하였다. 모든 조건에서 판 두께의 조건에서 상부절단면 조도는 하부절단면 조도보다 양호하며, 펄스피크출력이 클수록 절단면 조도가 향상되고 있다. 그림 1.12.3은 펄스피크출력과 열영향층 폭과의 관계를 나타낸다.

열영향층의 폭(H)은 상부(H_u), 중앙부(H_m), 하부(H_d)의 3개소에서 측정했다. 가장 열영향층의 폭이 큰 것은 하부(H_d)지만 중앙부(H_m)에서부터 상부(H_u)측 방향으로 열영향층의 폭이 감소하고 있다. 펄스피크출력이 클수록 열영향층의 폭은 작아진다. 특히 펄스피크출력에 의한 열영향층 폭의 변화 비율은 절단홈의 하부일수록 펄스특성의 효과를 많이 받고 열영향층 감소의 변화가 커진다.

원 리

평균출력이 일정한 경우 펄스듀티가 작아지고 펄스 피크출력이 커지면 펄스온 시간당 에너지의 양이 증가하여 1펄스당 가공량이 증가하므로 판 두께 방향으로의 가공능력이 증가한다. 또한 펄스오프 시간도 동시에 증가하기 때문에 버닝이나 용융손실을 제어하는 냉각능력도 증가한다. 역으로 펄스듀티를 크게 하면 CW에 가까워지고 판 두께 방향의 가공능력도 저하되므로 저속도 가공에서의 버닝이나 용융손실을 억제하는 능력이 저하된다.

그림 1.12.4에서는 펄스듀티가 작은 고피크펄스와 펄스듀티가 큰 저피크펄스에서의 피어싱 홀가공의 단면비교를 나타내고 있으며 가공에 미치는 펄스특성의 영향이 잘 확인된다.

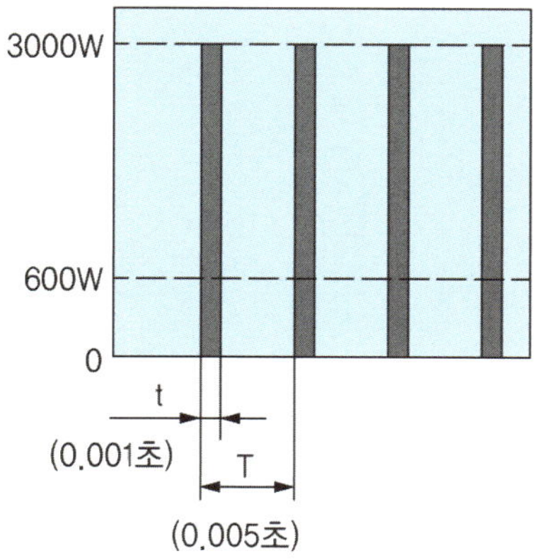

피크출력 3,000W, 평균출력 600W
듀티 20%, 주파수 200Hz

$$1\text{펄스시간}(T) = \frac{1}{\text{주파수}} = \frac{1}{200Hz} = 0.005\text{초}$$

$$\text{펄스온 시간}(t) = 1\text{펄스시간}(T) \times \text{듀티}(D)$$
$$= 0.005\text{초} \times 20\%$$
$$= 0.001\text{초}$$

$$\text{피크 출력}(Pp) = \text{평균출력}(Pa)/\text{듀티}(D)$$
$$= 600\,W/20\%$$
$$= 3{,}000\,W$$

그림 1.12.1 펄스 파라미터의 관계

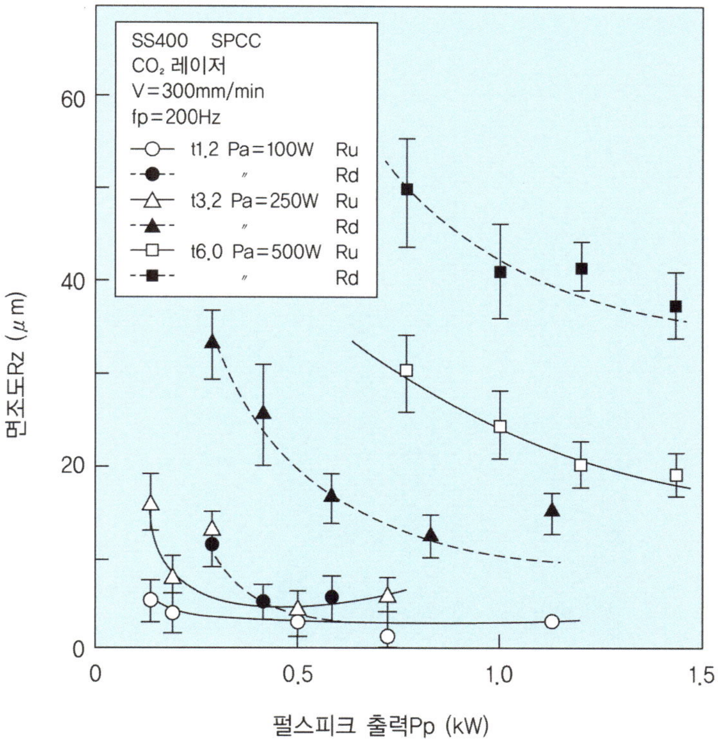

그림 1.12.2 펄스피크 출력과 절단면 조도의 관계

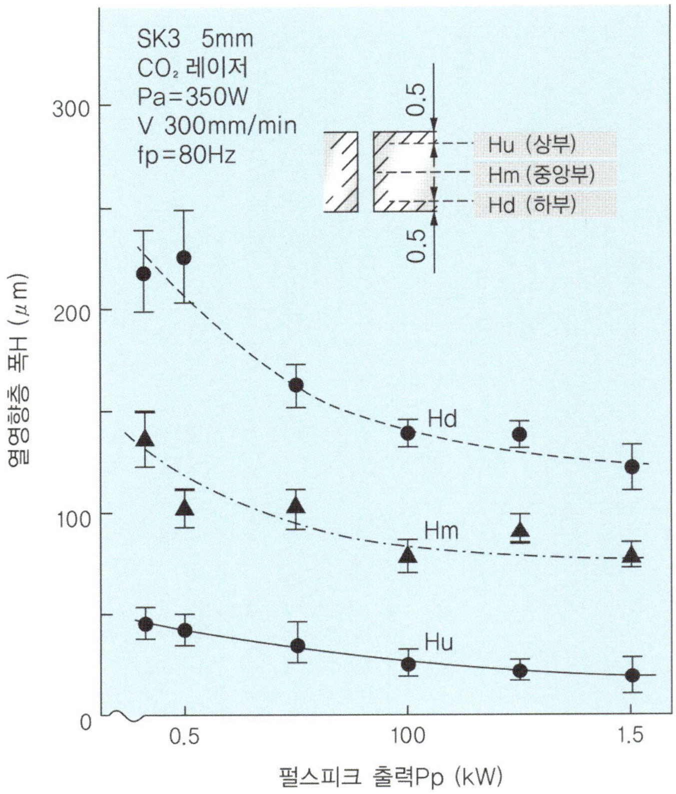

그림 1.12.3 펄스 피크 출력과 열영향층폭의 관계

(1) 듀티가 작은 펄스에 의한 가공

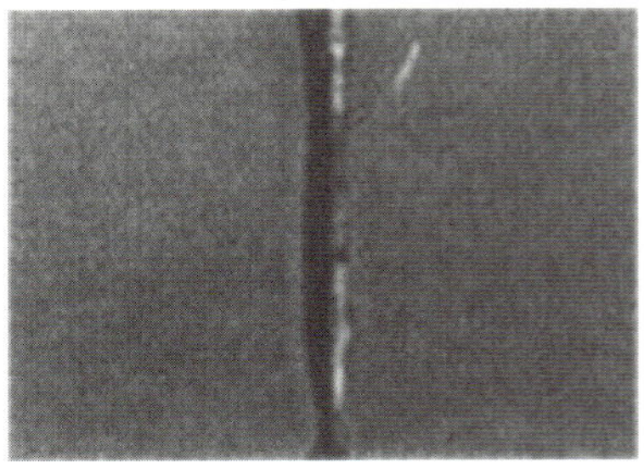

(2) 듀티가 큰 펄스에 의한 가공

재질 : SS400 판두께 : 9mm

그림 1.12.4 피어싱 구멍의 단면

1.13 산소 보조가스의 흐름과 절단성능과의 관계

현 상

금속가공에서 산소보조가스를 이용한 절단에서는 피가공물의 연소효과를 이끌어 내는 것과 용융금속을 좁은 절단홈 내부에서 효율적으로 배출하는 것이 보조가스의 역할이 된다.

연강재료의 후판절단에서는 산소가스에 의한 연소반응열의 발생이 그 절단능력을 큰 폭으로 향상시킨다. 따라서 연소의 효과를 좌우하는 산소가스의 순도는 가공성능에 큰 영향을 끼친다. 연소반응의 가공에 대한 영향은 다른 장의 설명을 참조하도록 한다. 연강의 박판절단에서는 레이저광에 의한 용융작용이 연소반응작용 이상으로 가공에 지배적으로 작용하기 때문에 산소가스순도의 영향이 비교적 작다.

원 리

산화연소반응열에 의한 가공이 지배적인 연강의 후판 절단에 있어서 노즐에서 분출하는 산소가스의 순도와 가공품질의 관계를 그림 1.13.1에 나타낸다. 판 두께 16 mm의 절단에서는 산소가스 순도가 99.61 %보다 낮아지면 절단면의 하부에서 품질의 열화가 시작된다[6]. 당연히 절단속도도 저하된다. 가공영역에 있어서 산소순도의 저하원인으로는 가스봄베에 불순물이 함유되어 있거나, 후판 상부에서 하부까지의 연소에 의해 산소가 소비되는 경우 및 절단홈 내부의 아랫방향에서 공기가 유입되는 경우 등을 들 수 있다. 절단속도가 클수록 그리고 판 두께가 두꺼울수록 드래그라인이 뒤쪽으로 처져 노즐 아래의 산소분위기에서 벗어나는 경우도 산소가스의 순도 저하를 발생시킨다.

이러한 원인의 대책으로는 그림 1.13.2에 나타내는 것처럼 노즐에서 분출되는 고순도의 산소가스가 절단 전면과 판의 두께측 하부까지 실드한다. 그 중 하나로 2중 노즐을 사용하여 가공전면을 실드하는 방법이 있으며 레이저광 조사부의 중심노즐에서 산소가스를 분사하고 그 주변에 산소를 분사하여 판 두께측 하부까지 산소를 공급한다. 그림 1.13.3에서는 단일 노즐과 이중 노즐로 절단한 판 두께 25 mm 연강재료(SS400)의 절단면 사진을 나타낸다.

산소순도	절단면	산소순도	절단면
99.75%	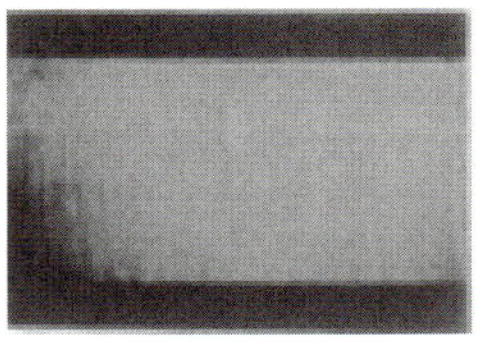	99.54%	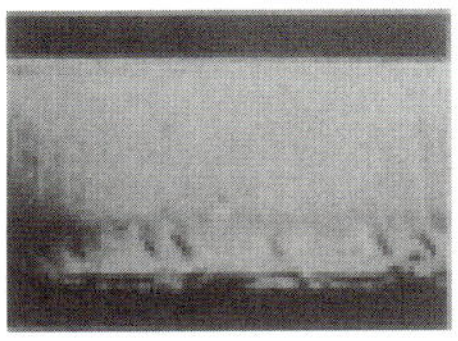
99.68%		99.50%	
99.61%		99.45%	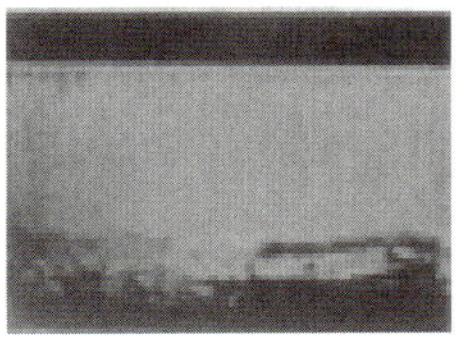
99.57%	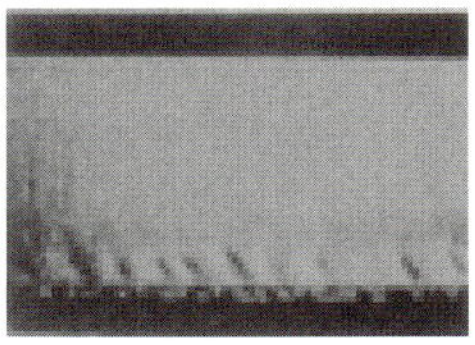	재질 : SS400 두께 : 16mm 레이저 : CO_2 레이저	

그림 1.13.1 산소가스의 순도와 절단성능과의 관계

판의 두께측 상부의 절단면 조도는 차이가 없으나 중앙부에서 하부에 걸쳐서는 2중 노즐의 절단에 의해 생성된 면의 조도가 양호하다.

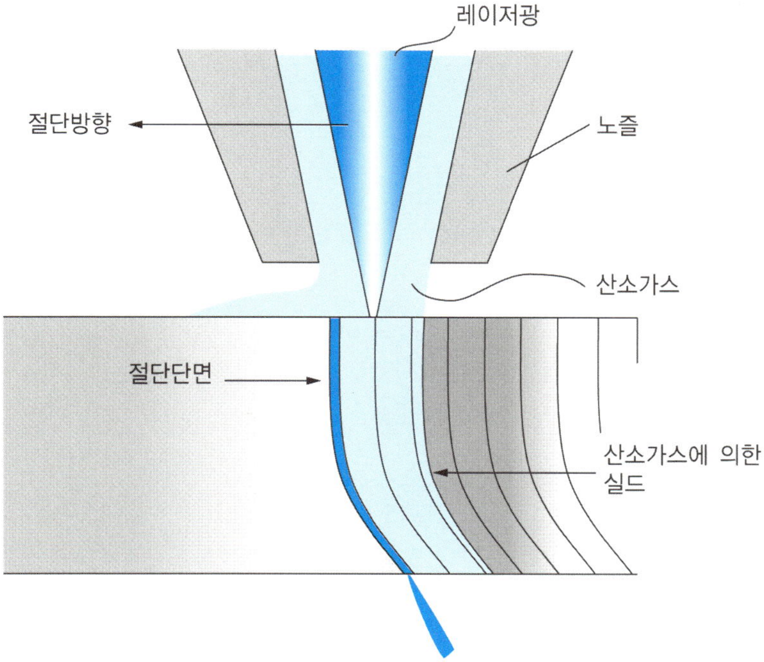

그림 1.13.2 산소 보조가스에 의한 가공부의 실드

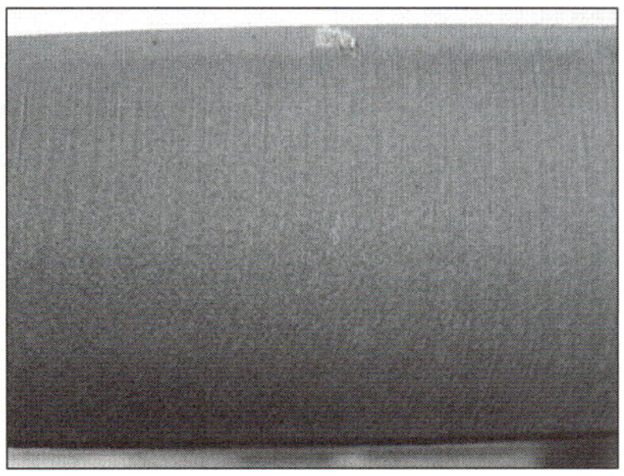

(1) 이중 노즐에 의한 절단

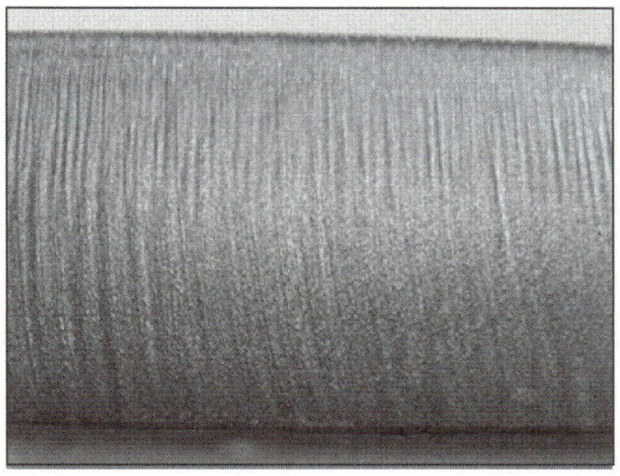

(2) 단일 노즐에 의한 절단

재질 : SS400 판두께 : 25mm 레이저 : CO_2 레이저

그림 1.13.3 절단면의 조도 비교

1.14 질소 및 에어 보조가스의 흐름과 절단성능과의 관계

현 상

질소가스 및 에어에 의한 절단에서 보조가스의 역할은 레이저광에 의해 용융된 금속을 절단홈 내부의 상부에서 하부 측으로 불어내고, 가공부 이면에 용융금속이 드로스로 부착되지 않도록 절단홈으로부터 배출하는 것이다.

노즐에서 분출된 보조가스의 역할을 충분히 발휘시키기 위해서는 절단홈 내부에서 충분한 보조가스 압력을 유지할 필요가 있다. 그림 1.14.1은 판 두께 3, 4, 5, 6 mm의 알루미늄 합금(A5052)을 에어를 보조가스로 사용하여 절단한 경우의 보조가스 압력(P)과 최대 드로스 높이(h)의 관계를 나타낸다. 모든 판 두께에서 보조가스 압력을 높일수록 드로스 높이는 작아진다.

원 리

이러한 드로스의 감소효과를 높이기 위해서는 노즐에서 방출한 보조가스의 압력이 노즐내부 압력과 동등한 압력을 가지는 포텐셜 코어(potential core)의 특성이 중요하게 된다. 노즐 선단에서의 포텐셜 코어가 유지되는 거리는 노즐의 직경에 비례하고 노즐의 직경이 클수록 퍼텐셜 코어가 길어진다.

그러므로 판 두께가 두꺼운 재료일수록 입구의 직경이 큰 노즐을 선택할 필요가 있다. 하지만 입구의 직경이 큰 노즐일수록 보조가스의 소비량도 증가하기 때문에 피가공물의 판 두께에 대응하여 드로스의 발생량이 허용범위 내에서 얻어지는 최소의 노즐 직경을 선택해야 한다.

보조가스가 압력을 유지하면서 절단홈 안의 상부에서 하부까지 관통하기 위해서는 절단홈 형상의 최적화도 필요하다. 절단홈 형상은 피가공물에 조사되는 빔 특성에 의해 결정된다. 그림 1.14.2는 판 두께 5 mm의 알루미늄합금(A5052) 절단에 있어서 초점위치를 판 두께의 내부로 변화시킨 경우의 절단홈 형상과 절단면 상태의 변화를 나타낸다[1]. 마이너스 디포커스량이 커질수록 하부 절단홈 폭이 넓어지고 테이퍼도 커진다.

이러한 실험결과에서는 초점위치를 거의 판 두께 측 이면에 설정하여 양호한 품질을 얻었지만, 이러한 초점위치의 최적치는 집광특성에 의해 달라진다.

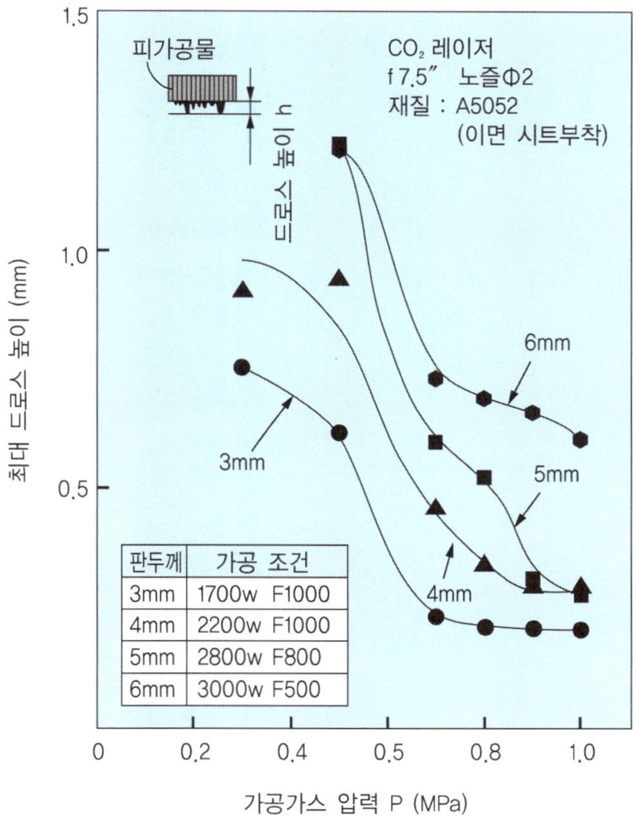

판두께	가공 조건
3mm	1700w F1000
4mm	2200w F1000
5mm	2800w F800
6mm	3000w F500

그림 1.14.1 알루미늄 절단에서의 가공가스 압력과 드로스 높이의 관계

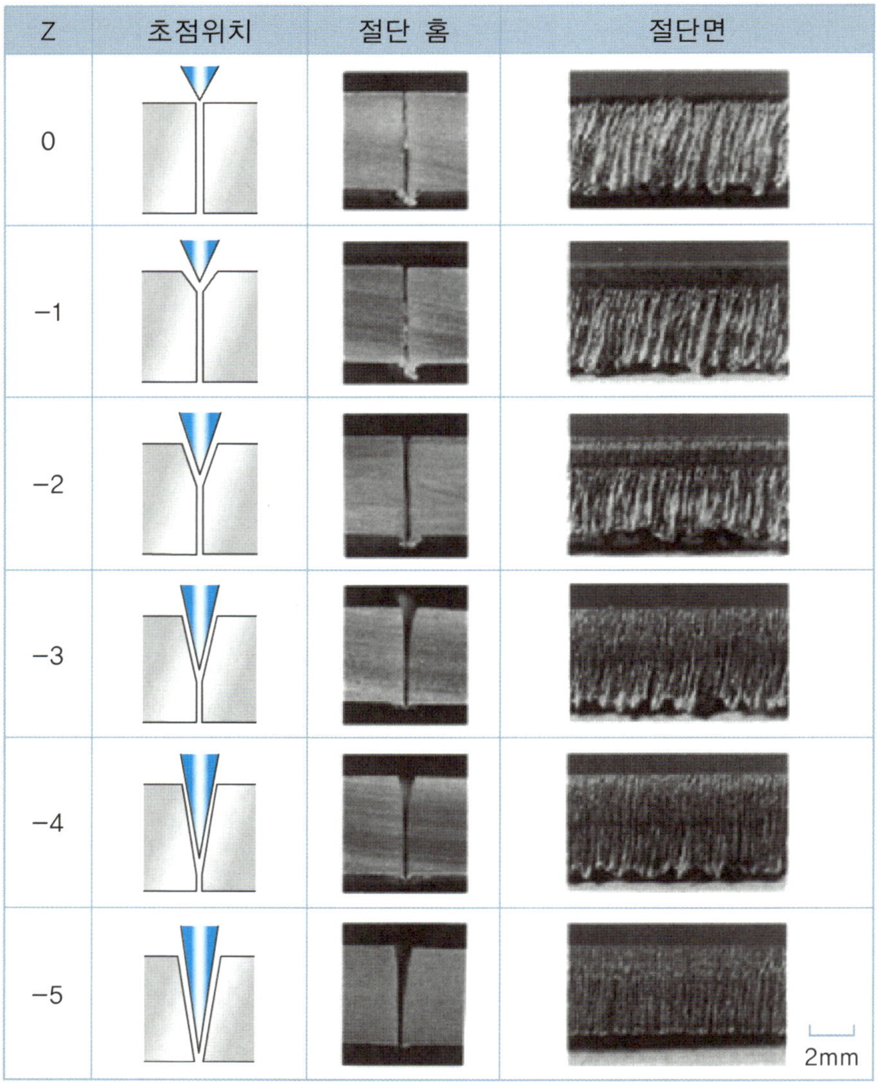

재질 : 알루미늄합금(A5052)
두께 : 5 mm
레이저 : CO_2 레이저
출력 : 2 kW
속도 : 0.8 m/min
보조가스 에어 : −0.8 MPa

그림 1.14.2 알루미늄합금 절단에서 초점위치 변화와 절단품질의 관계

1.15 피가공물의 상태와 절단 가공성능과의 관계

현상과 원리

(1) 피가공물 온도상승의 영향

피어싱 위치가 집중되어있는 절단 라인 주변을 피어싱 하는 경우에는 가공부의 온도가 높아져 피어싱 불량의 원인이 된다. 레이저로 절단 하는 부품이 근접된 경우나 복잡한 경로를 가지는 부품의 가공에서는 피가공물의 온도가 높아져 버닝이 발생하기 쉬워진다.

그림 1.15.1은 판 두께 12 mm의 SS400을 피가공물로 선정하여 재료의 온도를 상온에서 200°C까지 50°C의 간격으로 변화를 주면서 가공불량과 피가공물 온도와의 관계를 조사한 결과이다. 데이터는 각 온도에서 50개의 부품가공을 실시하고 절단 불량이 발생하는 비율을 표시하였다. 온도가 높을수록 불량 발생비율이 증가한다. 대응책으로써는 가공순서를 고려하여 피어싱과 절단을 가능한 냉각이 되는 경로로 진행하고 여러 번 반복하거나 네스팅 프로그램 작성시 개선을 도모할 필요가 있다.

(2) 피가공물 표면의 영향

가공의 원리는 피가공물 표면에 레이저광 에너지가 안정되어 균일하게 흡수되고 열이 발생하여 용융(가공)이 시작된다. 이러한 용융작용을 안정적으로 진행하기 위해서는 피가공물 표면에서의 레이저광 흡수가 어떠한 장소에 대해서도 균일할 필요가 있다. 즉, 재료표면의 상태에 충분히 주의를 기울여야 한다. 절단 전에는 밀 스케일의 조도가 작고 균일한지, 스케일의 박리가 없으며 녹이 발생하지 않았는지, 페인트 등의 오염이 없는지 등을 확인한다.

그림 1.15.2는 여러 강 재료메이커에서 생산한 재료의 표면상태 사진이며 밀 스케일이 크고 표면이 고르지 않다. 그림 1.15.3은 판 두께 19 mm의 SS400에 있어서 밀 스케일 조도 Ra와 CO_2 레이저에 의한 레이저 절단성능과의 관계를 나타낸다.

그림에서 레이저출력과 절단속도의 관계에서 절단품질이 양호한 조건을 ○, 절단면에 결점이나 드로스가 발생하여 절단품질이 불량한 조건을 △, 버닝을 ×로 표시하였다. 밀 스케일 조도가 양호한 재료일수록 가공조건의 공차가 넓고 절단면 거칠기도 양호하다. 국내외를 불문하고 레이저 절단용 연강의 개발이 적극적으로 이루어지고 있어 앞으로의 품질개선에 대한 발전이 기대된다.

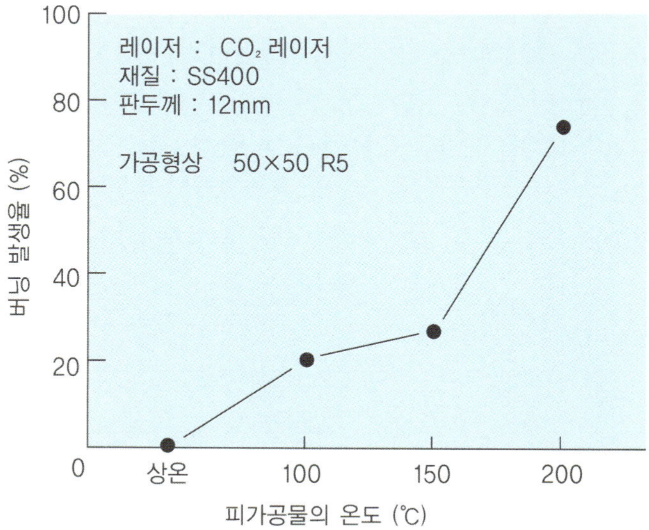

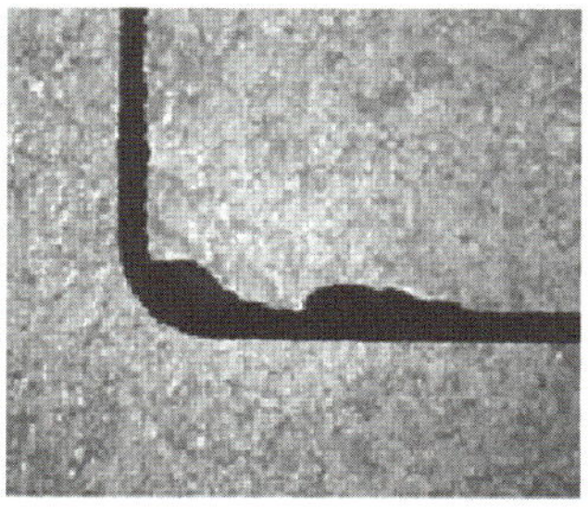

코너 R 부에서의 버닝

그림 1.5.1 피가공물 온도와 가공불량의 관계

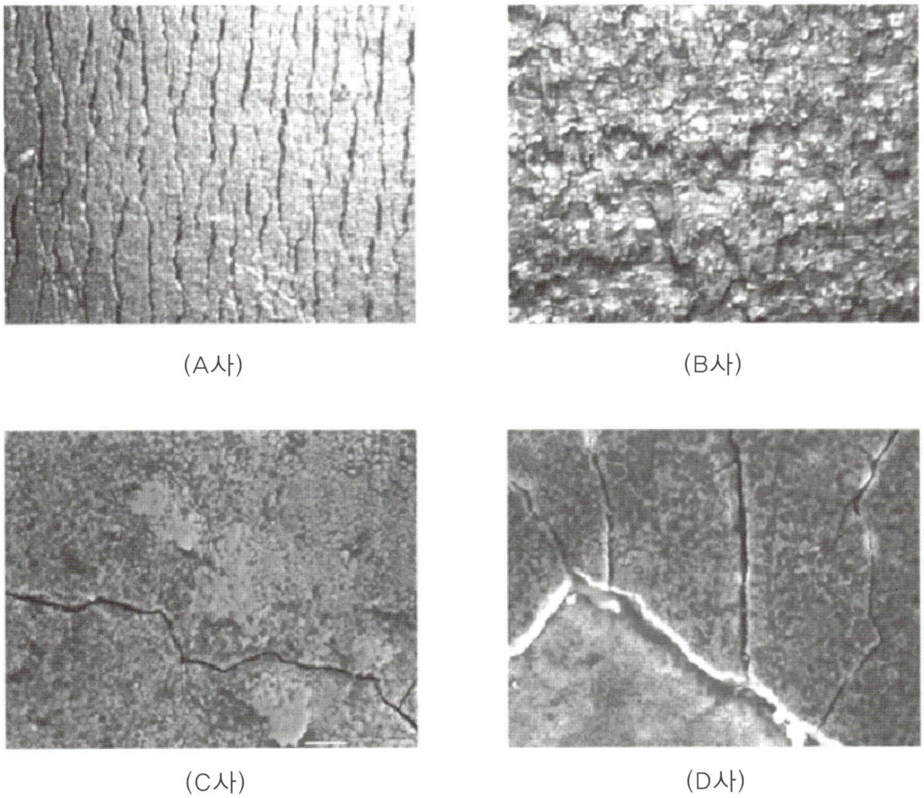

그림 1.15.2 일본내 재료 메이커의 SS400 표면 밀스케일

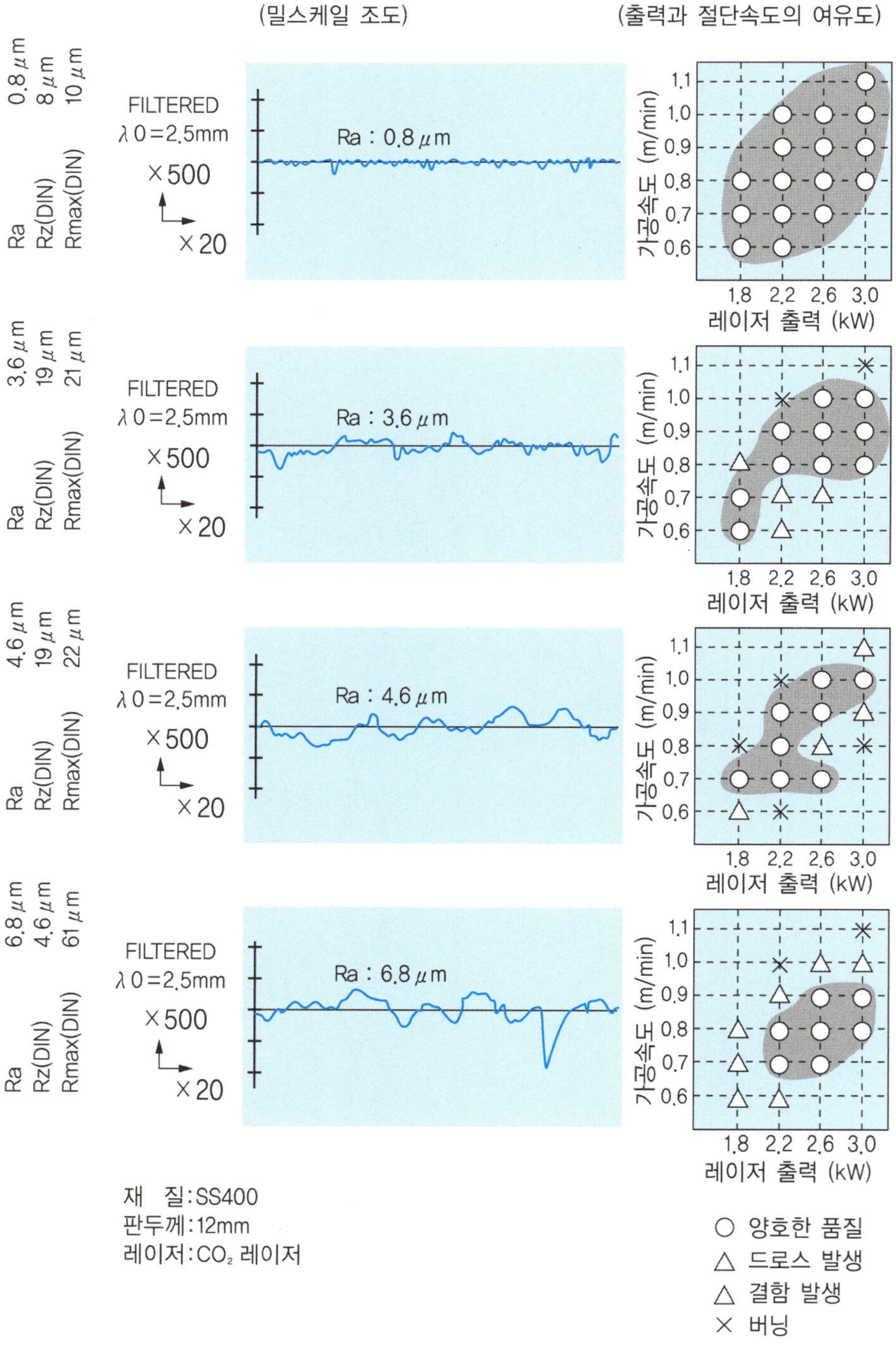

그림 1.15.3 재료표면 밀스케일 조도와 가공조건 여유도의 관계

1.16 파이버 레이저와 CO_2 레이저의 절단성능 비교

파이버 레이저와 CO_2 레이저를 효과적으로 사용하기 위해서는 각각의 레이저가 가공에 미치는 영향을 충분히 이해한 후에 그 목적에 따라 적절히 사용할 필요가 있다.

현 상

(1) 박판 절단

보조가스로 질소가스를 사용하는 무산화 절단에서는 가공작용에 대한 가공부에서의 레이저광의 흡수성과 에너지 밀도가 지배적인 요인이 된다.

따라서 무산화 절단이 일반적인 스테인리스강의 박판 절단에서는 파이버 레이저를 사용함으로써 고속절단이 가능하게 된다.

산소가스를 이용한 절단에서는 피가공물의 재료 두께가 두꺼울수록 가공작용에 대한 레이저광의 요인보다는 산화반응 요인이 지배적으로 작용하게 된다.

따라서 산소 보조가스를 사용한 일반적인 연강의 박판 절단에서는 그림 1.16.1과 같이 파이버와 CO_2 레이저의 성능차이가 작아진다.

알루미늄이나 동과 같은 고반사 재료의 절단에서는 파이버 레이저의 가공성능이 좋아지게 된다. 그 이유는 파이버 레이저가 짧은 파장을 가지고 있기 때문에 반사율이 낮으며 초점부 직경을 작게 만들 수 있어 고 에너지밀도를 얻을 수 있기 때문이다.

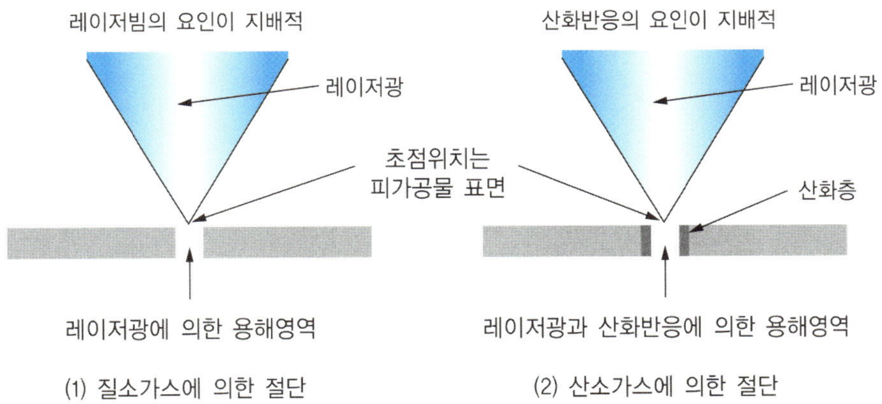

그림 1.16.1 박판 절단의 가공작용

(2) 후판 절단

후판절단에서는 절단홈 내에 용융금속의 배출을 도와주기 위해서는 그림 1.16.2에서 보는 바와 같이 초점위치를 변화시켜 절단홈의 폭을 넓히는 것이 필요하다. 따라서 집광 초점부 직경을 보다 작게 하는 것은 불필요하게 되고 파이버 레이저와 CO_2 레이저의 절단속도에 관한 성능차이는 작아지게 된다. 다만, 고반사 재료인 동(Cu)의 후판절단에 있어서는 초점직경을 작게 하여 용융시키는 능력이 우선시 되기 때문에 파이버 레이저가 CO_2 레이저 보다 유리하다.

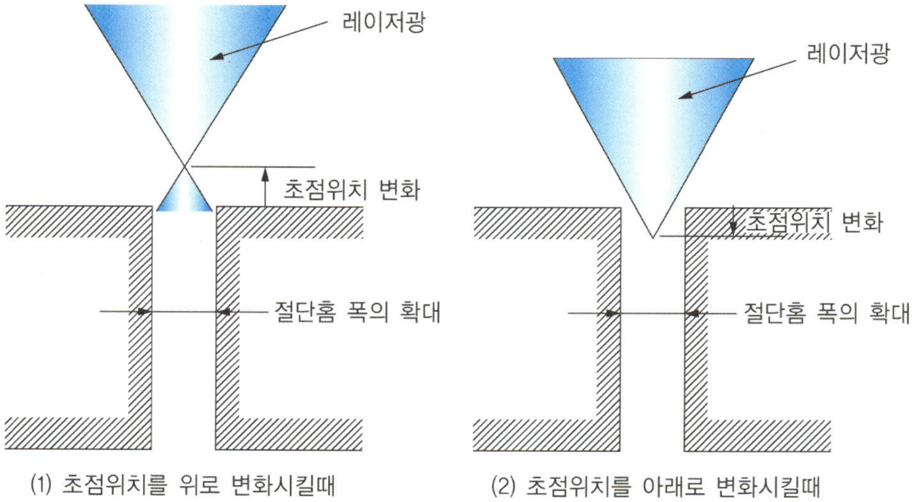

그림 1.16.2 후판절단에서의 가공작용

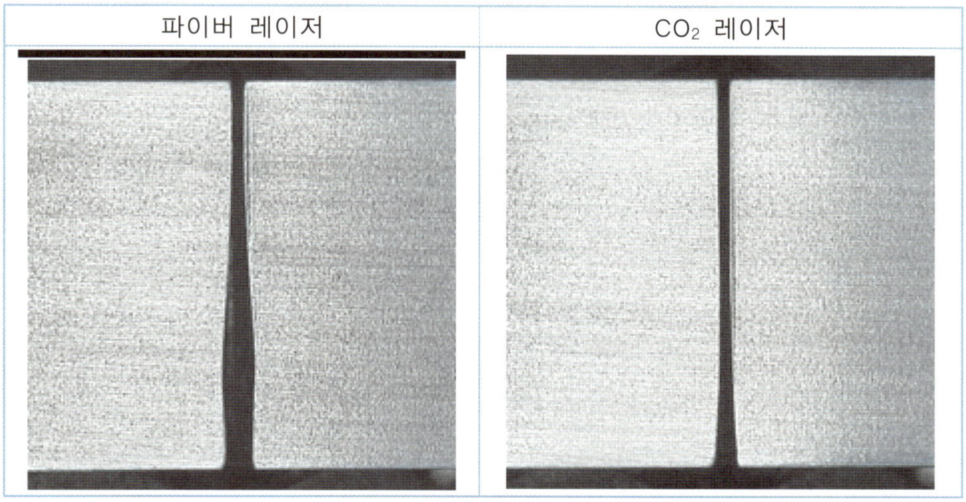

(1) SS400 19mm의 절단형상

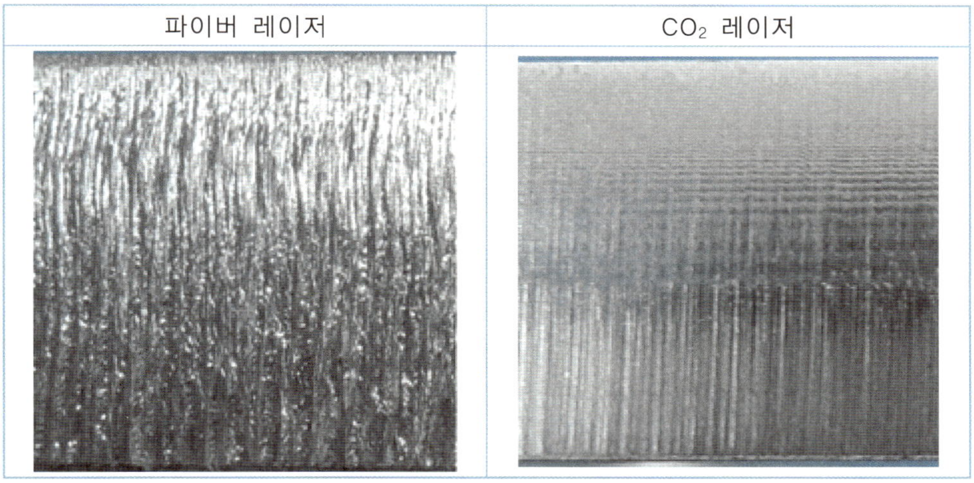

(2) STS304 9mm의 절단면

그림 1.16.3 후판절단의 품질비교

특히 후판절단에 있어서는 절단홈 내에 레이저광의 다중반사로 인하여 절단면에서 레이저광의 흡수량이 증가하기 때문에 파장과 반사율의 관계가 절단품질에 큰 영향을 미친다.

그림1.16.3에 비교한 것처럼 파이버 레이저에서는 연강의 절단홈의 하부 폭은 넓어지며 스테인리스강의 절단면 조도는 거칠게 되는 등 CO_2 레이저보다 가공품질이 좋지 못하다.

원 리

가공에 영향을 미치는 요인으로 다음과 같은 두 가지를 생각할 수 있다.

(1) 파장의 차이

그림1.16.4에서는 레이저광의 파장과 각종 금속재료와의 반사율 관계를 나타내고 있다. 모든 금속에서 파이버 레이저의 반사율이 작다는 것을 알 수 있다.

피가공물의 반사율은 레이저광의 흡수성을 결정하기 때문에 가공성능에 영향을 미친다. 한편 대부분의 비금속재료에서는 CO_2 레이저의 흡수성이 높다.

(2) 집광부의 초점직경 차이

집광부의 초점직경은 이론적으로 레이저 파장에 비례하기 때문에 파장이 짧은 파이버 레이저는 보다 더 작은 초점직경이 만들어진다. 그림1.16.5에서는 출력 1 kW에서 집광부의 초점직경과 에너지 밀도와의 관계를 나타내고 있다. 이 그림에서 초점 직경이 33% 감소하면 에너지밀도는 225% 증가한다는 것을 알 수 있다.

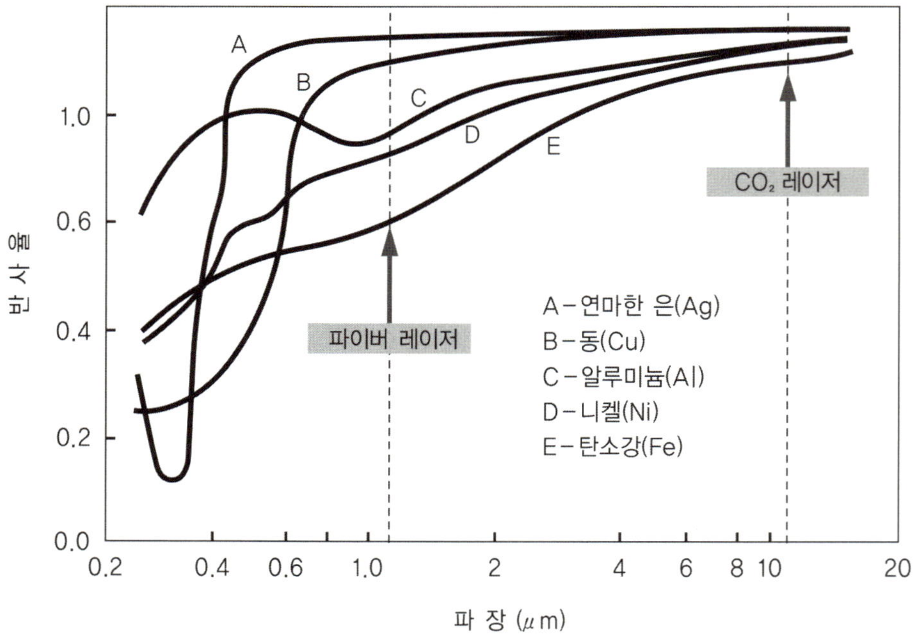

그림 1.16.4 레이저광의 파장과 반사율과의 관계

정 리

이상의 결과로부터 피가공물에 대응한 파이버 레이저와 CO_2 레이저의 적합한 사용범위를 간단히 정리하면 그림1.16.6과 같이 된다.

단지, 이 기준에는 운영비용에 대한 판단은 제외되어 있다.

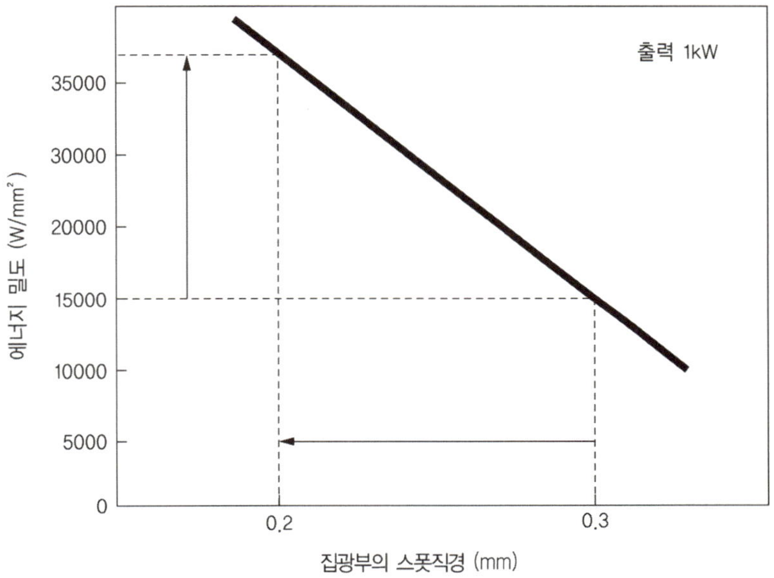

그림 1.16.5 집광부의 초점직경과 에너지 밀도와의 관계

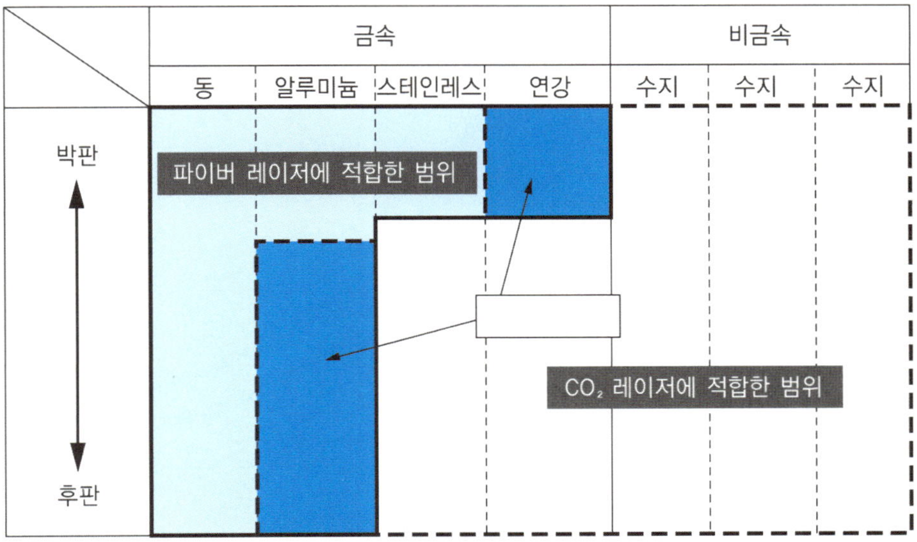

그림 1.16.6 파이버 레이저와 CO_2 레이저의 적합한 사용범위

1.17 각종 재료의 절단속도 비교

현 상

그림 1.17.1은 출력 2.5 kW의 CO_2 레이저로 절단한 각종 재료들의 두께와 절단속도와의 관계를 나타내고 있다. 동 절단에서는 반사율을 낮추기 위하여 보조가스로 산소가스를 사용하였다. 알루미늄 합금(A5052: JIS규격)과 스테인리스강(SUS304: JIS규격) 절단에서는 질소가스를 사용하였다.

각 재료의 소재 두께 1mm에서의 능력을 비교하면 아래와 같다.

동(1m/min)과 비교하여 알루미늄합금(4m/min)은 4배

동(1m/min)과 비교하여 스테인리스강(8m/min)은 8배

그림1.17.2는 출력 2.5 kW의 파이버 레이저로 절단한 각종 재료들의 두께와 절단속도와의 관계를 나타내고 있다. 보조가스는 CO_2 레이저 절단과 같이 동 절단에서는 산소가스를, 알루미늄 합금(A5052)과 스테인리스강(STS304)절단에서는 질소가스를 사용하였다.

각 재료의 소재 두께 1mm에서의 능력을 비교하면 아래와 같다.

동(12 m/min)과 비교하여 알루미늄합금(27 m/min)은 약 2.3배

동(12 m/min)과 비교하여 스테인리스강(33 m/min)은 약 2.8배

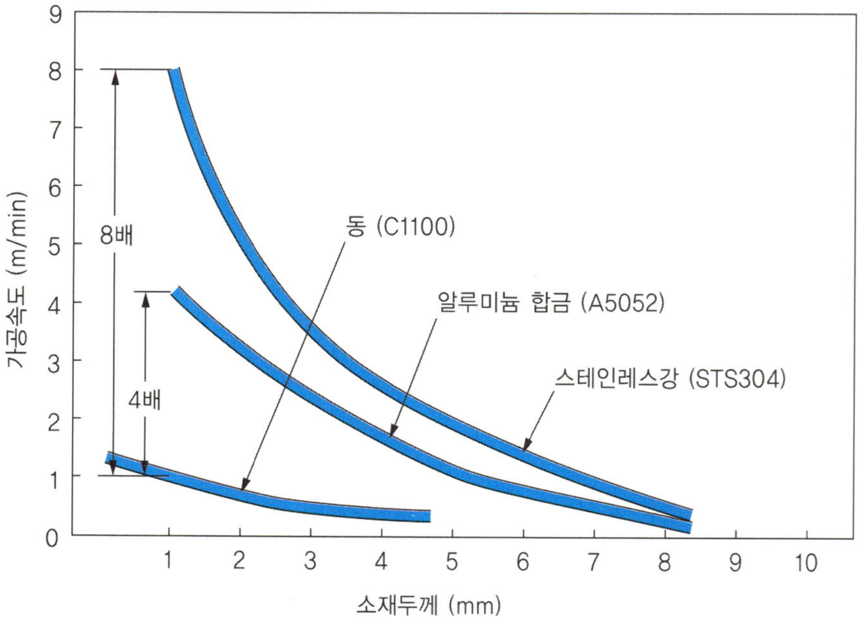

그림 1.17.1 2.5 kW CO_2 레이저에 의한 절단

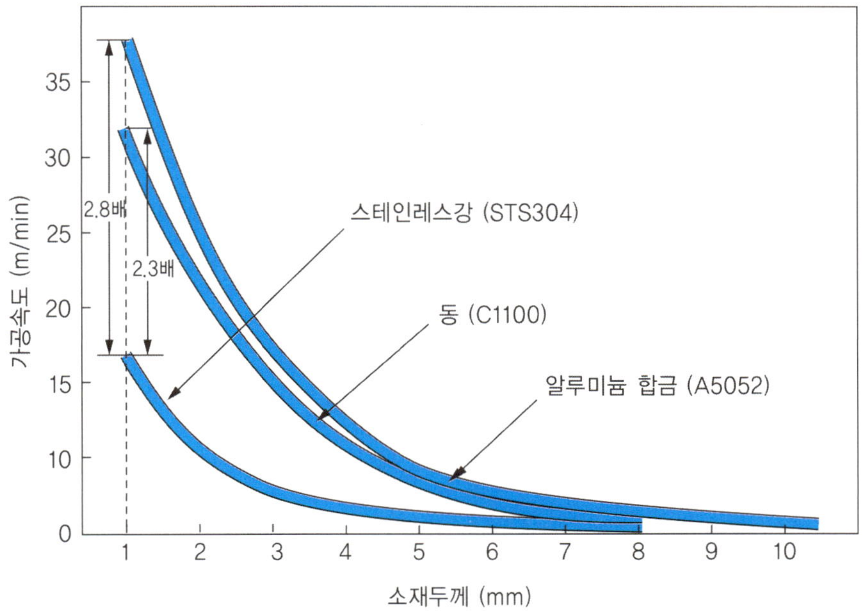

그림 1.17.2 2.5 kW 파이버 레이저에 의한 절단

원 인

재질별 절단능력은 그림 1.16.4에 나타낸 것처럼 레이저광에 대한 재료 반사율이 영향을 미친다. 반사율이 높은 동은 동을 용융시키는 레이저광의 에너지가 감소할 뿐 아니라 열전도율이 높기 때문에 용융금속의 냉각이 빠르게 진행된다는 것 때문에 다른 재료보다도 절단속도가 떨어진다. 또한 집광특성도 큰 영향을 미친다.

파장이 짧은 레이저는 집광특성이 좋아 초점부에서의 고 에너지밀도를 얻을 수 있기 때문에 재료를 용융시키는 능력이 높아져 절단속도를 향상시킨다.

그러나 재료 두께가 두꺼워지면 절단홈의 폭이 작게 될수록 (초점 직경 이 작을수록) 절단홈 내부를 통과하는 보조가스의 흐름이 나빠진다. 그 결과, 용융금속을 절단홈 내부에서 배출시키는 능력이 떨어져 가공 뒷면에 드로스가 발생하기 쉽다.

그 대책으로는 집광특성을 희생시켜 절단홈 폭을 넓게 하여 그 내부를 통과하는 보조가스의 흐름이 향상되는 조건으로 파라메타를 설정해야 한다.

그 결과, 파이버 레이저 및 CO_2 레이저에서 동시에 절단홈의 폭을 넓힘으로서 두 레이저의 절단속도 차이는 작아지게 된다.

그림 1.17.1과 1.17.2로부터 재료 두께 1 mm 절단에서는 반사율이 높은 CO_2 레이저의 경우 그 영향이 민감하게 작용하여 절단속도의 차이가 크게 나타난다.

CHAPTER 2 레이저 가공기의 기초

레이저 가공기 측면에서 절단능력이나 품질에 영향을 미치는 요인에 대하여 장치나 부품의 명칭과 그 역할을 이해하는 것이 필요하다.
특히 가공에 직접 영향을 미치는 레이저광과 각종 보조가스의 제어가 필요하다. 이러한 요인들이 어떤 형태로 어떠한 가공현상을 일으키는지를 파악하는 것이 무엇보다도 중요하다.

2.1 CO_2 레이저용 가공헤드의 기능과 구조

기 능

가공헤드(cutting head)는 그림 2.1.1에 표시한 기능을 가지고 있어야 하며 가공능력을 향상시킬 뿐만 아니라 연속가동에 견디는 내구성도 갖추고 있어야 있다.

① 발진기로부터 나온 직경 15 ~ 25 mm의 레이저광은 가공렌즈를 통하여 가공에 최적한 에너지밀도로 집광된다.

② 가공렌즈의 아래 방향으로 보조가스를 나오게 하여 이 가스를 레이저광과 같은 축 상에서 피가공물 방향으로 분사시킨다.

③ 가공헤드의 끝단에는 보조가스를 제어하기 위한 노즐이 장착되며, 가공방법에 알맞은 노즐을 선택한다.

④ 일반적으로 고속절단에서도 피가공물과 노즐과의 거리를 일정하게 유지시켜주는 정전용량센서의 기능을 갖추고 있다.

⑤ 노즐의 중심선과 레이저광의 중심선은 반드시 일치시켜야 하며, 그러기 위해서는 노즐위치 또는 렌즈위치를 조정하는 기능을 갖추고 있어야 한다.

⑥ 노즐과 피가공물과의 간격을 일정하게 유지한 상태로 초점위치를 변화시키기 위해서는 절단헤드의 움직임과 독립적으로 렌즈를 이동시키는 기능이 있어야 한다.

⑦ 렌즈의 온도는 낮은 것이 바람직하기 때문에 렌즈를 보호하는 부품을 물로 냉각시켜 간접적으로 렌즈를 냉각시킨다.

⑧ 렌즈의 상부 쪽에는 질소가스 또는 드라이 에어(dry air)를 렌즈 쪽으로 분사시켜 렌즈를 냉각시킴과 동시에 광로(beam path) 퍼지 가스로도 사용된다.

⑨ 가공렌즈의 상부 쪽에 광센서를 장착하여 가공부의 광량을 측정하여 버닝 방지, 초점 위치 찾기 및 플라즈마 방지 등의 기능을 갖추는 경우도 있다.

⑩ 가공렌즈의 상부 쪽에 연기검출센서를 장착하여 렌즈가 연소되었을 경우에 가공을 정지시키는 기능을 갖추는 경우도 있다.

구 조

2차원 가공기와 3차원 가공기의 가공헤드는 기본적으로 위에서 설명한 모든 기능 또는 일부를 제외한 기능을 갖추고 있다.

레이저 절단에서는 피가공물의 가공면에 대해 수직으로 레이저광을 조사하는 것이 기본이다(베벨 절단은 예외 임: 역자 주).

3차원 공기는 고속으로 절단이 수행되기 때문에 레이저광의 피가공물에 대한 조사각도를 고속으로 제어할 필요가 있으며 가공기의 구조는 복잡하다. 그림 2.1.2에서는 2차원 가공기와 3차원 가공기에 대한 가공헤드의 구조를 비교하였다. 3차원 가공기의 가공헤드는 가공목적이 고속절단인지, 용접과 겸용인지, 굴곡이 심한 형상 절단이 대상인지 등을 고려하여 선정한다.

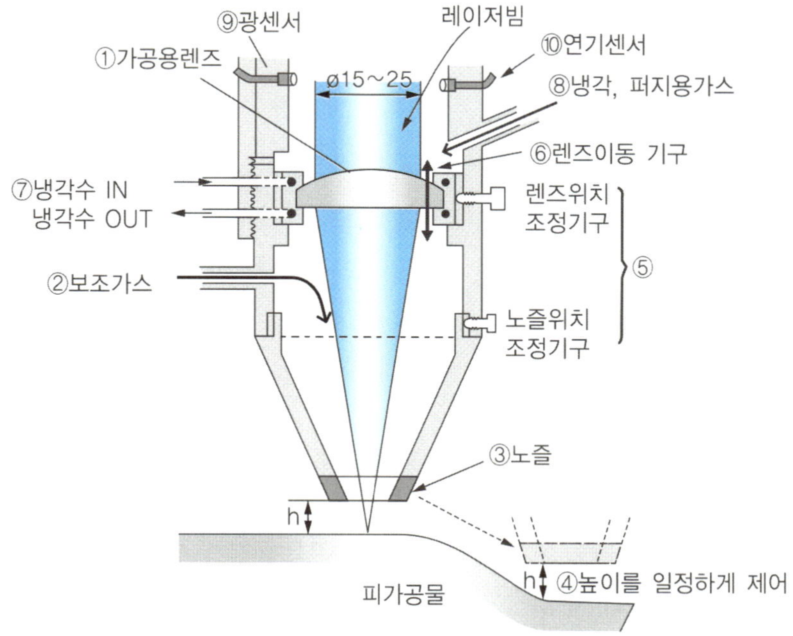

그림 2.1.1 가공헤드의 기능

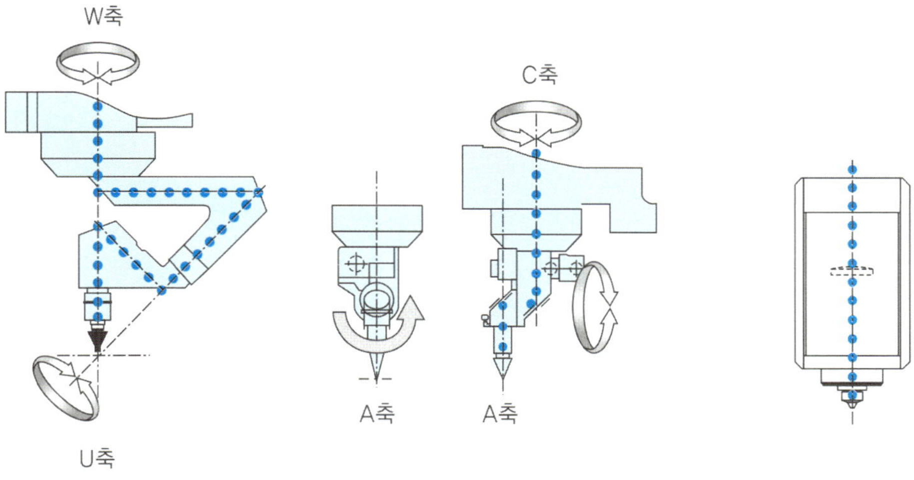

(1) 3차원 가공용헤드 (일점 지향형) (2) 3차원 가공용헤드 (offset형) (1) 2차원 가공용헤드

그림 2.1.2 가공헤드의 구조

2.2 파이버 레이저용 가공헤드의 기능과 구조

기 능

파이버 레이저용 가공헤드는 그림 2.2.1에 나타낸 기능을 가지고 있으며 기본적으로는 CO_2 레이저용 가공헤드와 유사한 구조를 하고 있다.

① 파이버를 통해 나온 레이저광은 다음 단계에서 집광특성을 향상시키기 위하여 콜리메이션(collimation) 렌즈로 빔의 확산각도를 조정한다

② 가공렌즈는 콜리메이션 렌즈에서 나온 레이저광을 가공에 최적한 에너지밀도로 집광한다.

③ 가공렌즈의 아래 방향으로 보조가스를 나오게 하여 이 가스를 레이저광과 같은 축 상에서 피가공물 방향으로 분사시킨다.

④ 가공헤드의 끝단에는 보조가스를 제어하기 위한 노즐이 장착되며, 가공방법에 알맞은 노즐을 선택한다.

⑤ 일반적으로 고속절단에서도 피가공물과 노즐과의 거리를 일정하게 유지시켜주는 정전용량센서의 기능을 노즐은 갖추고 있다.

⑥ 노즐의 중심선과 레이저광의 중심선은 반드시 일치시켜야 하며, 그러기 위해서는 노즐위치 또는 렌즈위치를 조정하는 기능을 갖추어야 한다.

⑦ 노즐과 피가공물과의 간격을 일정하게 유지한 상태로 초점위치를 변화시키기 위해서는 절단헤드의 움직임과 독립적으로 렌즈를 이동시키는 기능이 있어야 한다.

⑧ 렌즈의 상부 쪽에는 질소가스 또는 드라이 에어를 이용하여 가공헤드 내부로 불어넣어 압력을 가함으로 분진의 진입을 방지한다.

⑨ 보호 글래스를 사용하여 가공렌즈 표면의 오염부착을 방지한다.

⑩ 보호 글래스 측면에 센서를 장착하여 보호 글래스의 상태를 감시한다. 보호 글래스가 연소하였을 때 가공을 정지시키는 기능을 갖추는 경우도 있다.

⑪ 이 파이버는 발진기로부터 레이저광을 유도한다.

구 조

여기에 2차원 가공기의 절단용 가공헤드의 한 예를 나타낸다.

가공대상에 따라 가공렌즈의 사양변경이 빈번하게 이루어지는 것을 가정하여 교환 작업의 용이성 및 고속특성에 부응한 경량화가 요구되어 진다. 또

돌발적인 충돌사고에 대비하여 큰 충격의 힘이 본체에 영향을 미치지 못하게 그 힘을 흡수하는 구조도 일반화 되어 있다.

또한 충돌 후의 복구 작업을 간단히 하기 위하여 가공헤드의 고정을 마그네틱 방식으로 하는 방법도 검토되어 있으며 양산 가공용의 구조도 고려되고 있다.

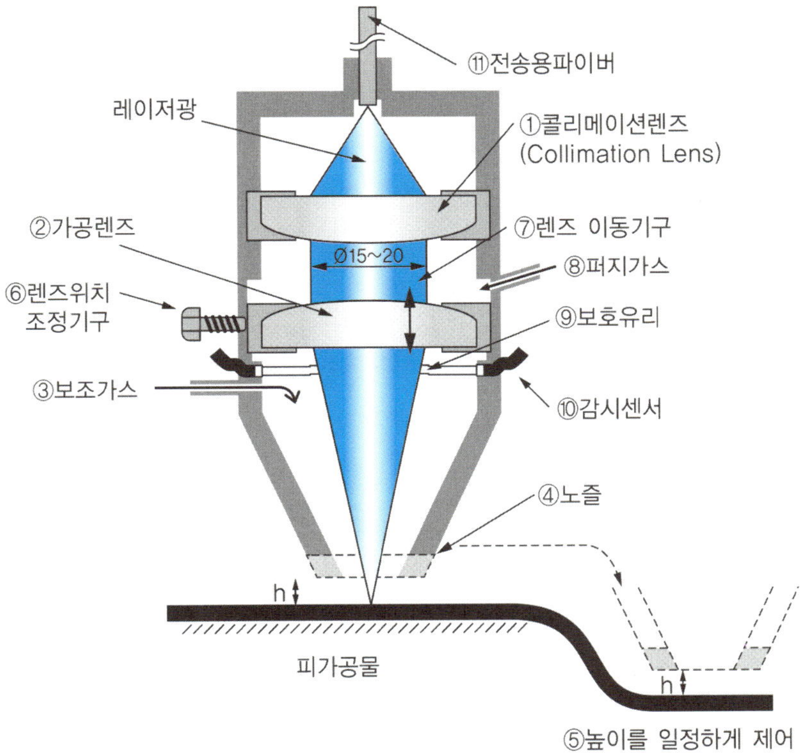

그림 2.2.1 파이버 레이저용 가공헤드

2.3 CO_2 레이저 가공기의 광학 부품 구성

구 성

공진기 안에는 레이저를 발진하기 위한 광학부품이 배치되어 있다.

레이저 가공기에는 가공헤드까지 레이저광을 유도하는 광학부품과 최종적으로 집광을 하기 위한 광학부품이 배치되어 있다. 그림 2.3.1에는 개략적인 광학부품을 배치한 그림을 나타내고 있다.

(1) 레이저 공진기의 광학 부품

여기서는 절단가공에 일반적인 탄산가스 레이저의 공진기에 대한 광학부품의 배치를 나타낸다. 레이저 발진을 위한 매질(CO_2를 포함한 가스)이 들어있는 공진기의 양 끝단에는 전반사경(TR미러)과 부분반사경(PR미러)이 배치되어있다. 대출력을 얻기 위해서는 전반사경과 부분반사경의 간격을 크게 할 필요가 있으며, 일반적으로는 전반사경을 여러 개 배치하여 빔을 꺾어서 간격을 늘린다.

이들 광학부품 중에서 그림 2.3.2에 나타낸 것처럼 전반사경은 뒷면 전체에서 냉각되기 때문에 열렌즈작용의 발생 가능성은 낮아진다. 부분반사경은 레이저광이 통과하는 투과형 광학부품이기 때문에 미러 단면에서만 냉각되어 열렌즈작용의 발생 가능성은 높아진다.

(2) 가공기의 광학부품

가공기에는 레이저광을 공진기에서 가공헤드까지 유도하기 위해 여러 개의 전반사경(bending mirror: BM)과 원편광 미러가 배치되어있다.

이러한 전반사경 배치는 가공기가 광주사 방식인지, 하이브리드 방식인지, 테이블 구동방식인지에 따라 다르다. 이들 중에 광주사 방식은 가공헤드가 테이블 위의 가공범위를 임의로 움직이기 때문에 레이저광이 가지고 있는 발산각에 의해서 레이저광의 직경이 변화하여 가공이 불안정하게 된다. 따라서 그림 2.3.3과 같이 광로 길이를 일정하게 하는 기구를 갖추어 가공헤드에서의 레이저광 직경을 일정하게 한다. 또 가공기의 원가절감을 위하여 광로 길이가 일정한 장치를 갖추지 못 할 경우에는 오목블록 미러를 사용하여 레이저광의 발산각을 작게 한다.

(3) 가공헤드

가공헤드 안의 렌즈도 PR미러와 마찬가지로 레이저광이 통과하는 투과형의 광학부품이다. 따라서 렌즈 냉각은 렌즈 홀더의 냉각을 통해서 간접적으로 냉각되기 때문에 충분한 냉각능력이 있다고는 말할 수 없다. 또한 렌즈는 가공 지점까지의 거리가 가까워 오염되기 쉽기 때문에 열렌즈작용이 더욱 더 발생하기 쉬운 광학부품이다.

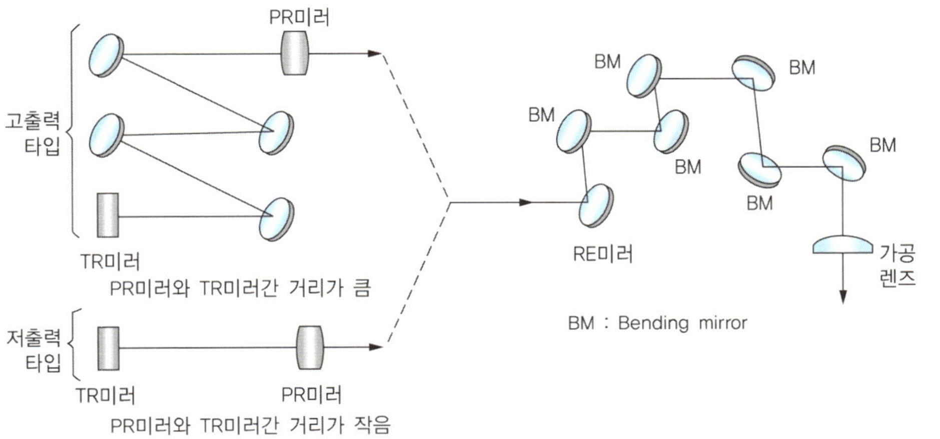

(1) 공진기의 광학부품 배치 (2) 가공기 및 가공헤드의 광학부품 배치

그림 2.3.1 광학부품 배치의 개략도

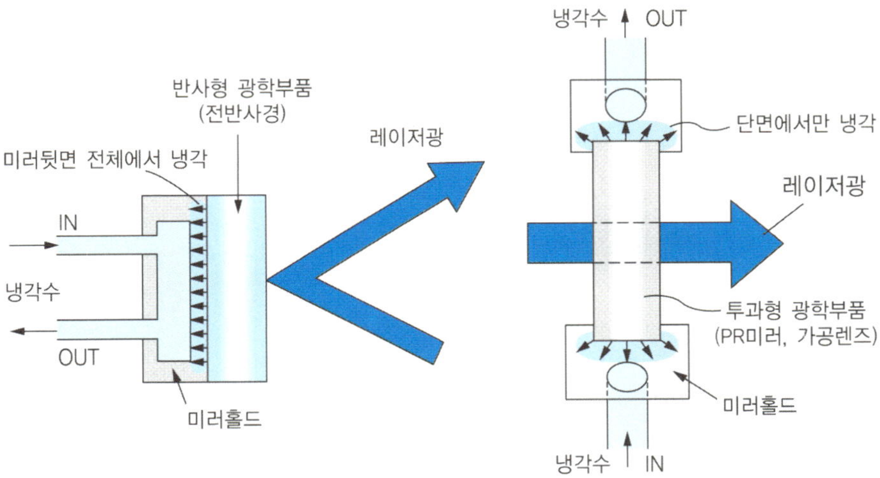

(1) 반사형 광학부품의 냉각방법 (2) 투과형 광학부품의 냉각방법

그림 2.3.2 냉각방법

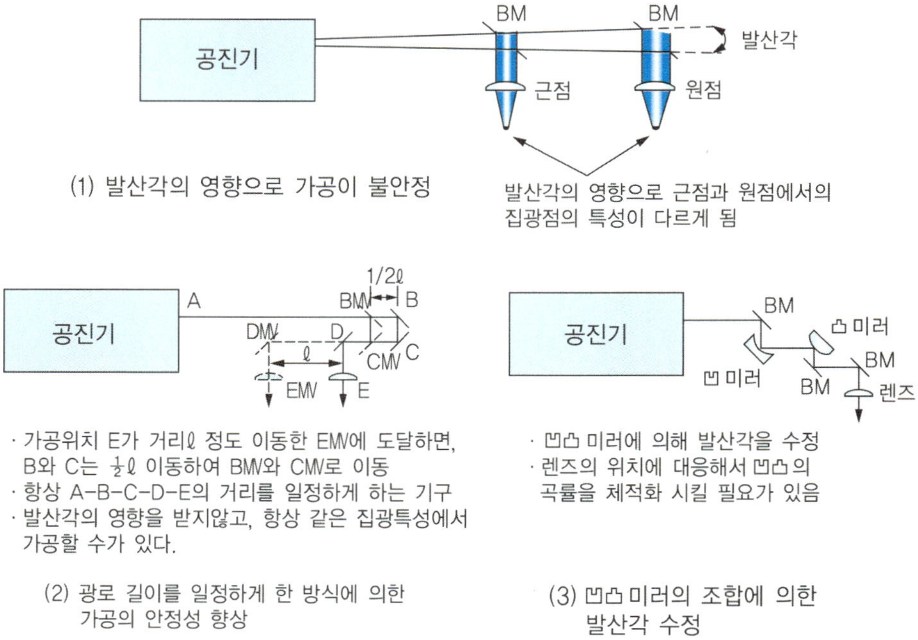

그림 2.3.3 발산각의 영향과 그 개선

2.4 파이버 레이저 가공기의 광학 부품 구성

구 성

파이버 레이저는 광파이버를 매질로 사용한 레이저를 통틀어 말한다. 파이버 레이저 발진기의 구조는 그림 2.4.1에 나타낸 것처럼 레이저 발진기의 내부 구조는 매우 간단하다.

(1) 레이저 공진기의 광학부품

주요한 구성부품은 여기용 반도체 레이저(LD) ①과 세 종류의 파이버(레이저 매체용②, 전송용③과 여기용④)로 되어 있다. 레이저 매질용 파이버는 활성파이버라고 부른다. 파이버에 직접 가공되어 있는 FBG(Fiber Black Grating)⑤가 공진기의 전반사 미러와 부분반사(출력)미러의 역할을 하고 있다. 이 FBG는 파이버의 코어부에 회절격자를 형성하여 특정 파장의 광만을 반사해서 미러와 같은 역할을 하고 있다. 공진기가 파이버 코어에 직접 융합되어 있기 때문에 빔 얼라이먼트(beam alignment,광 정렬)가 필요 없고 진동이나 열, 오염 등의 복잡한 외부 환경의 영향을 받지 않는다는 특징을 가지고 있다.

공진기의 구성부품은 모듈화 되어 있으며, 그림 2.4.2와 같이 필요한 출력에 상응한 모듈 수를 병렬접속 함으로 고출력화가 가능하다.

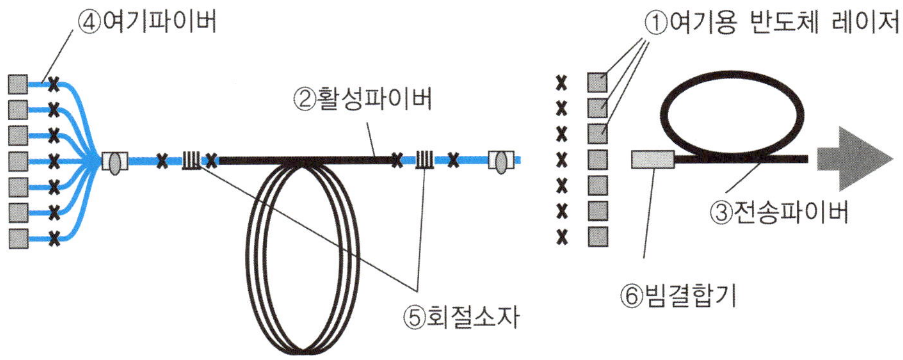

그림 2.4.1 파이버 레이저 발진기

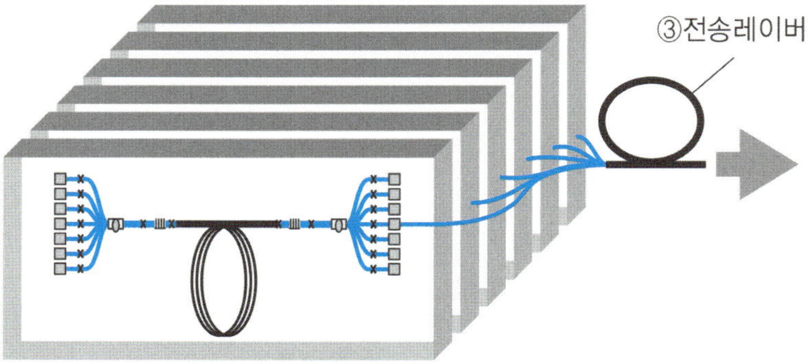

그림 2.4.2 모듈구조에 의한 고출력화

(2) 가공기의 광학부품

복수의 모듈에서 출력시킨 레이저광은 빔 결합기에서 하나로 정리되어 ③ 전송용 파이버로 유도되어진다. 따라서 가공기 내부의 미러와 같이 외부요인에 의해 오염되는 요인이 없기 때문에 유지보수 측면에서 CO_2 레이저에 비하여 유리하다.

열렌즈작용이 발생하는 광학부품에는 가공헤드부의 콜리메이션 렌즈, 가공렌즈 및 보호 글래스가 있다.

레이저광을 파이버로 전송하는 가공기에서는 광로계의 설계가 단순하기 때문에 용접로봇과 결합하여 간단한 가공기 시스템을 구축하는 것도 가능하다. 다만 가공 중의 반사광을 확실히 차단할 충분한 안전대책이 필요하다.

(3) 가공헤드

가공렌즈 아래에 설치된 보호 글래스는 가공부(가공위치)와의 거리가 가깝기 때문에 빔 조사에 의해 발생하는 물질은 보호 글래스에 부착되기 쉽다. 당연히 보호 글래스의 오염이 심하면 타서 망가지는 경우도 발생하기 쉬우므로 감시센서를 장착한다.

2.5 열렌즈작용이 절단가공에 미치는 영향

현 상

레이저광이 오염된 가공렌즈와 PR미러 등의 광학부품을 통과하면 오염된 부분을 통하여 레이저광이 흡수된다. 레이저광이 흡수되면 광학부품의 온도가 상승하며 비틀림이 발생하거나 굴절률의 변화가 발생하기도 한다. 그 결과 그림 2.5.1에 나타낸 것처럼 가공렌즈의 집광능력이 저하되거나 초점위치 변화가 일어난다. 이 광학부품의 오염에 의하여 레이저광이 흡수된 비율을 빔 흡수율이라고 한다. 가공렌즈가 신품인 상태에서도 약간 흡수가 되며 이때의 흡수율은 0.2%정도이다

가공에 미치는 영향

그림 2.5.2는 오염 정도와 흡수율이 다른 세 종류의 가공렌즈를 준비해서 절단실험을 행한 결과를 나타낸다. 흡수율이 높은 가공렌즈일수록 오염되어 있다는 것을 나타낸다. 절단은 두께 12 mm의 연강재료를 레이저 출력 2.3 kW, 절단속도는 1.2 m/min으로 진행하였다. 그림 2.5.3에서 보듯이 각 가공렌즈를 가공헤드에 장착하여 사전에 0 ~ 30초 동안 레이저광을 렌즈를 통해 조사한 후에 절단해서 절단홈의 폭을 조사하였다.

① 레이저광을 조사한 직후에 절단
② 레이저 광을 5초 동안 조사한 직후에 절단
③ 레이저광을 10초 동안 조사한 직후에 절단
④ 레이저광을 20초 동안 조사한 직후에 절단
⑤ 레이저광을 30초 동안 조사한 직후에 절단

레이저광을 조사한 직후의 절단①에서는 가공렌즈가 냉각된 상태이기 때문에 절단홈의 폭은 거의 동일하게 0.5 mm로 측정되었다. 그러나 광흡수율이 높은 오염된 가공렌즈일수록 레이저광의 조사시간이 길게 되면 초점위치의 어긋남이 커지면서 절단홈의 폭도 커진다. 레이저광 조사 시작부터 약 10초 사이에 급격한 초점변화를 일으키지만 그 이후는 서서히 변화하고 있다.

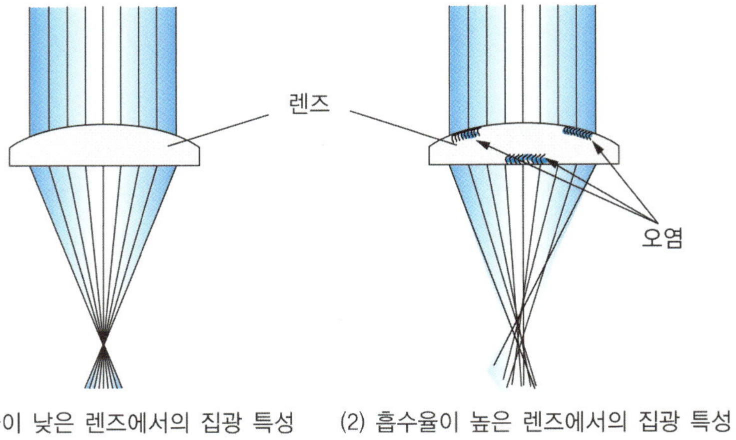

그림 2.5.1 열렌즈작용의 특성

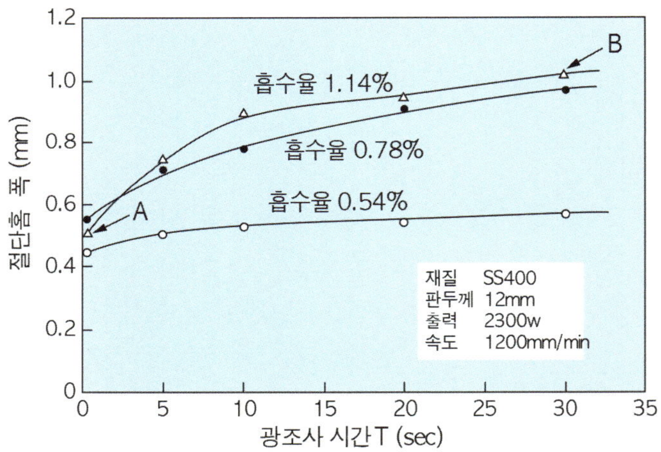

그림 2.5.2 열렌즈작용에 의한 절단홈의 변화

그림 2.5.4에서는 흡수율 1.14 %의 가공렌즈로 (a)레이저광을 조사한 직후에 절단한 절단홈의 폭 A부와 (b)레이저광을 30초간 조사한 후에 절단한 절단홈의 폭 B부를 나타낸다. B부에서는 오른쪽 방향의 절단홈 단면이 거칠게 나타나 있으며, 빔 모드의 진원도가 흐트러져 있다는 것을 알 수 있다. 이 실험에서 사용한 가공렌즈까지 오염이 진행되어 흡수율이 1.14 %까지 높아지면 가공렌즈는 크리닝만으로는 완전한 흡수율의 복원이 곤란하다.

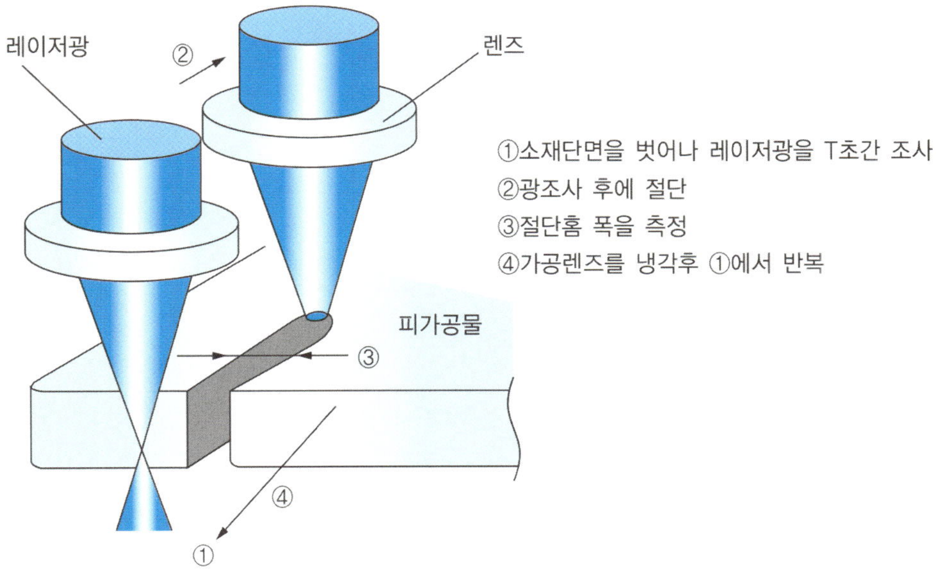

그림 2.5.3 실험방법

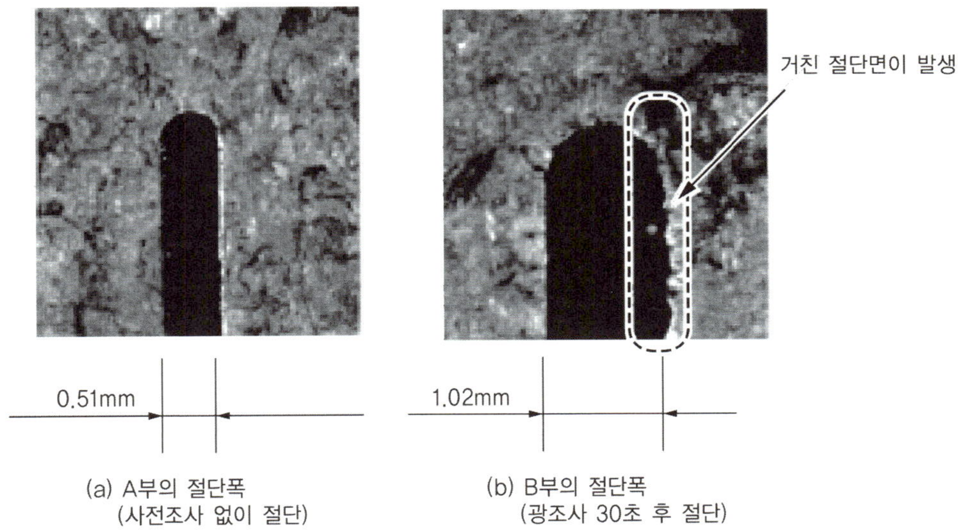

그림 2.5.4 흡수율 1.14%의 가공렌즈에 의한 절단결과

2.6 열렌즈작용과 그 외의 불량원인의 1차 구별방법

현 상

레이저광을 투과하는 광학부품(예를 들면 가공렌즈, PR미러 및 윈도우: Output Window or Output Coupler라고 말함(역자 주))이 오염된 상태에서 레이저광이 통과하면 열렌즈작용이 발생하여 절단면이 거칠게 되거나 드로스가 발생하기도 한다. 이 현상이 더 심해지면 버닝이 발생한다. 이 열렌즈작용의 영향으로 절단품질이 나빠진다는 판단은 광학부품이 레이저광의 조사시간에 상응해서 서서히 성능이 악화되고 있다는 것을 알아내는 것이다. 가공을 시작한 직후에는 광학부품이 냉각되어 있는 상태이지만 가공의 진행과 더불어 열렌즈작용의 징후가 절단면 품질에 그대로 나타난다.

원 인

반사형 광학부품(예를 들면 밴드미러)은 미러 뒷면에서 효율이 좋게 직접 냉각을 할 수 있기 때문에 열렌즈작용을 거의 발생시키지 않는다. 그러나 투과형의 광학부품은 그 주위에서 간접적인 냉각을 함으로 광학부품의 양쪽 면에서 열이 발생하기 때문에 열렌즈작용의 발생 가능성이 높아진다. 광학부품의 온도가 상승하면 열변형이 발생하거나 레이저광의 굴절률이 변화하거나 하여 레이저광의 집광특성을 변화시킨다.

분별방법

가공제품의 가공 시작부와 가공 종료부의 절단면을 비교한다.

가공 시작부의 레이저광 조사가 짧은 시간의 위치에서는 광학부품이 냉각되어 있기 때문에 열렌즈작용의 영향은 작아진다. 그러나 절단시간이 10초 이상을 요하는 가공 종료부에서는 레이저광이 광학부품에 오랜 시간 조사한 후 이기 때문에 열렌즈작용이 발생하여 초점위치나 빔 모드가 변화하게 된다. 이 초점위치 및 빔 모드 변화는 한번 발생하면 레이저광을 조사해서 지속적인 가공 중에는 본래의 상태로 되돌아가지 않는다.

그림 2.6.1에 나타낸 것처럼 가공형상의 가공 시작부 A와 가공 종료부 B의 절단면을 비교한다. B의 가공품질이 떨어져 있는 경우 (1)은 열렌즈작용이 발생했고, A와 B가 양호한 같은 품질의 경우 (2)는 열렌즈작용이 발생하지

않았다. 스테인리스강 절단에서의 확인 방법은 동일한 방법으로 가공 시작부와 가공 종료부에서의 드로스 발생 상태를 확인하면 된다. 가공 종료부에서 드로스 양이 증가해 있다면 열렌즈작용이 발생하고 있을 가능성이 있다. 여기서 빔 모드의 불균일성이나 광축의 경사 등의 요인에 의하여 방향성이 반영되지 않게 반드시 동일 가공방향의 절단면을 비교하여야 한다.

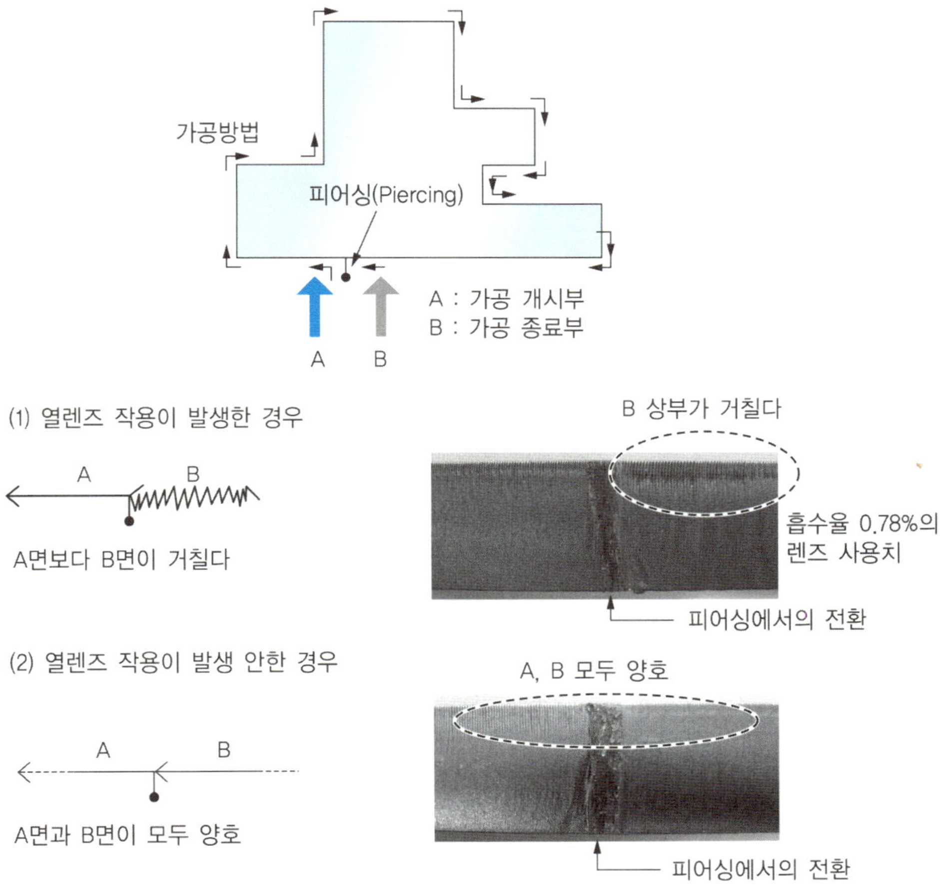

그림 2.6.1 가공면에 의한 열렌즈작용의 확인방법

2.7 열렌즈작용과 그 외의 불량원인의 2차 구별방법 - CO_2 레이저

현 상

1차 판단에서 가공불량의 원인이 열렌즈작용의 가능성이 있다고 판단되는 경우에는 투과형 광학부품인 PR미러와 가공렌즈의 어딘가에 열렌즈작용이 발생하고 있는지의 확인이 필요하다. 순서에 따라 확인함으로 원인이 되는 부분을 찾아낼 수가 있다.

분별방법

확인방법의 기본적인 생각으로는 ①광학 부품에 열 부하를 가하지 않는 경우, ②PR미러에만 열 부하를 가하는 경우 및 ③PR미러와 가공렌즈의 양방으로 동시에 열 부하를 가한 경우로 각각의 가공품질을 비교한다.

그림 2.7.1에 확인을 위한 절단방법을 나타낸다. 가공불량이 발생한 재료를 준비하여 그 끝단면에서부터 절단홈의 폭을 확인한다. 확인에서는 각각의 가공 사이에 1분 이상의 냉각시간을 가질 필요가 있다.

① 빔 조사 후 신속히(대기 시간 없이) 절단한다. 이것을 절단홈 폭의 기준으로 삼는다.

⊙ **가공렌즈와 PR미러는 냉각되어 있어서 열 렌즈는 발생하지 않았다.**

② 레이저 발진기의 외부셔터를 닫은 상태로 약 30초간 발진(빔 ON)한 후에 외부셔터를 열어 절단한다.

⊙ **PR미러만 열 부하를 가하고 가공렌즈는 냉각된 상태**

③ 셔터를 열고 약 30초간 발진 한 후에 절단한다.

⊙ **가공렌즈와 PR미러 모두에 열 부하를 가한 상태**

이상의 세 가지 가공에서 얻어진 상부 절단홈의 폭을 비교한다.

(1) ①, ②, ③ 모두가 같은 절단홈의 폭인 경우(①=②=③) 열렌즈작용은 발생하지 않았다.

(2) ①과 ②는 같은 절단홈의 폭이며, ③의 절단홈 폭만 넓을 경우 (①=②<③) 가공렌즈가 열렌즈작용을 일으키고 있다.

(3) ①에 비해서 ②와 ③은 같은 절단홈 폭으로 넓을 경우 (①<②=③) PR미러가 열렌즈작용을 일으키고 있다.

(4) ①, ②, ③의 순서로 절단홈의 폭이 넓을 경우(①<②<③) PR미러와 가

공렌즈도 열렌즈작용을 일으키고 있다

이상의 확인에서 열렌즈작용이 인정된 경우에 응급처치로는 초점위치를 마이너스로 설정하기 바란다. 그 다음 대책으로는 PR미러와 가공렌즈를 클리닝한다. 그래도 절단홈의 폭 변화가 나타나지 않을 경우에는 각 광학부품을 교환해야만 한다.

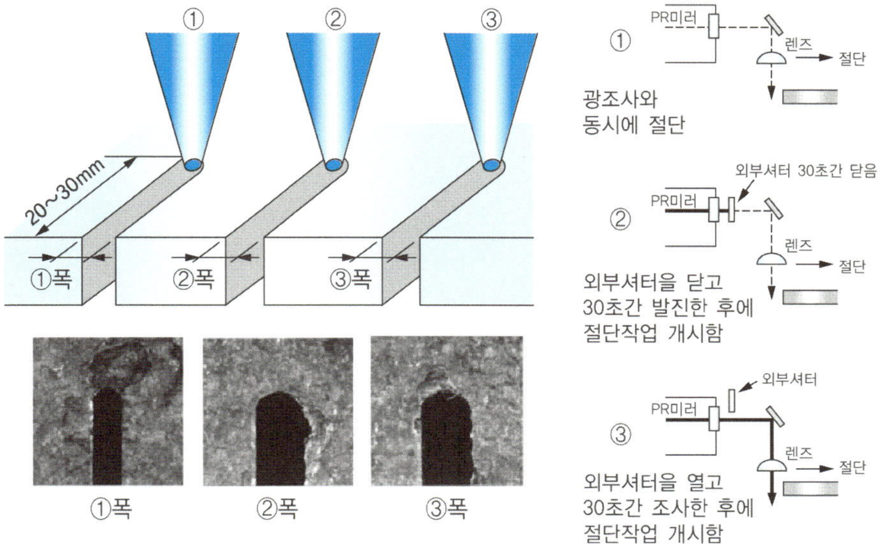

그림 2.7.1 열렌즈작용의 발생위치 확인

2.8 열렌즈작용과 그 외의 불량원인의 2차 구별방법 - 파이버 레이저

현 상

1차 판단에서 가공불량의 원인이 열렌즈작용의 가능성이 있다고 판단되는 경우에는 오염물질이 부착되기 쉬운 투과형 광학부품인 가공 렌즈와 보호 글래스 중에 어느 한쪽이라도 열렌즈작용이 발생하고 있는지를 확인할 필요가 있다. 순서에 따라 확인함으로써 원인이 되는 부분을 찾아낼 수 가 있다.

분별방법

기본적인 생각으로 확인하는 방법은 ①광학부품에 열 부하를 가하지 않는 경우, ②가공렌즈와 보호 글래스 양쪽을 동시에 열 부하를 가한 경우 및 ③보호 글래스의 오염을 배제하고 열 부하를 가할 경우의 가공품질을 비교한다.

그림 2.8.1에 확인을 위한 절단방법을 나타낸다. 가공불량이 발생한 재료를 준비하여 그 끝단면에서부터 절단한 절단홈의 폭을 확인한다. 확인에서는 각각의 가공 사이에 1분 이상의 냉각시간을 가질 필요가 있다.

① 빔 조사 후 신속히 (대기시간 없이) 절단한다. 절단홈의 폭 기준을 이것으로 한다.

⊙ **가공렌즈와 보호 글래스가 냉각되어 있어서 열렌즈작용은 발생하지 않았다.**

② 빔을 재료 끝단면에서 30초간 조사한 후에 절단한다.

⊙ **가공렌즈와 보호 글래스 모두에 열 부하를 가하는 상태.**

③ 보호 글래스를 신품으로 교체하여 빔을 재료 끝 단면에서 30초간 조사한 후에 절단한다.

⊙ **가공렌즈와 보호 글래스의 요인을 분리하기 위해**

이상의 세 가지 가공에서 얻어지는 상부 절단홈의 폭을 그림 2.8.2에 나타낸 것과 같이 비교한다.

(1) ①의 폭과 ②의 폭이 같은 절단홈의 폭인 경우(①폭=②폭), 열렌즈작용은 발생하지 않았다.

(2) ①의 폭보다 ②의 폭과 ③의 폭이 넓을 경우(①폭<②폭≤③폭), 가공렌즈 또는 보호 글래스가 열렌즈작용을 일으키고 있다.

(3) ①의 폭보다는 ②의 폭이 넓지만 ③의 폭이 좁게 될 경우(①폭<②폭>③폭), 보호 글래스가 열렌즈작용을 일으키고 있다.

이상의 확인으로 열렌즈작용이 확인되었을 때에는 응급처치로서 초점위치를 마이너스로 설정하고 열렌즈작용에 의한 초점위치 변화를 가정하여 조건설정을 해야 한다. 기본적인 대책으로는 가공렌즈와 보호 글래스를 크리닝한다. 그래도 절단홈의 폭에 변화가 보이지 않는다면 각각의 광학부품을 교환해야만 한다.

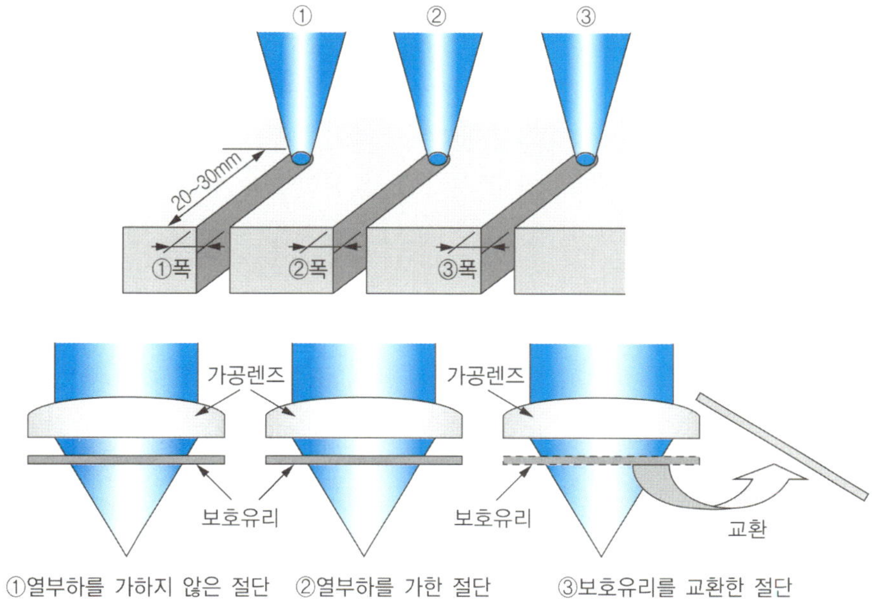

그림 2.8.1 열렌즈작용의 발생위치 확인

(1)	①폭=②폭 열렌즈작용이 발생안함	 ① 폭 ② 폭
(2)	①폭〈②폭≦③폭 열렌즈작용이 발생함	 ① 폭 ② 폭 ③ 폭
(3)	①폭〈②폭〉③폭 가공렌즈에 열렌즈작용이 발생함	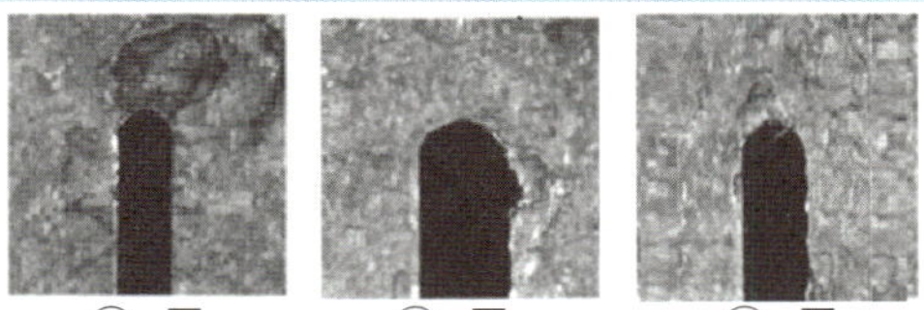 ① 폭 ② 폭 ③ 폭

그림 2.8.2 열렌즈작용의 발생위치 확인

2.9 장초점 렌즈에 의한 초점위치 선정시의 주의점

현 상

가공렌즈로 집광한 최소 스폿(spot)의 위치를 찾아내는 것을 초점 찾기라고 한다.

이 방법은 보조가스로 질소가스를 이용하여 작은 출력의 레이저광을 조사하면서 블루 프레임(blue frame : 청백색의 밝은 광을 발생)의 휘도(광의 밝기)가 가장 밝은 위치를 찾는다. 초점이 짧은 렌즈에서는 블루 프레임의 휘도는 선명하며 그 발생범위도 좁기 때문에 비교적 간단하게 초점을 찾아 낼 수가 있다. 그러나 초점렌즈가 길어질수록 블루 프레임의 휘도는 선명도가 떨어지고 그 발생범위는 넓어지기 때문에 초점 찾기가 어렵게 된다.

원 인

블루 프레임법은 재료표면의 표층부만을 고에너지 밀도의 레이저 광에서 순간적으로 발생하는 광의 휘도를 판정기준으로 하여 초점위치를 결정하는 방법이다.

그림 2.9.1과 같이 초점렌즈가 길어질수록 스폿 직경이 커지며 초점위치나 그 근방에서의 에너지밀도가 감소하여 블루 프레임의 휘도 또한 떨어지기 때문에 초점 찾기는 어렵게 된다. 또한 출력을 높게 설정하면 초점심도가 큼으로 블루 프레임의 발생영역이 넓어지게 되고 정밀한 확인은 어렵게 된다.

대 책

장초점 렌즈에서는 초점위치에서의 스폿 직경이 커지고 에너지밀도가 감소하기 때문에 그것을 보정하기 위해서는 출력을 증가시켜 가공조건을 설정할 필요가 있다. 그러나 출력을 증가시키면 동시에 초점심도가 깊어지기 때문에 초점이라고 생각하는 범위가 넓어짐으로 찾아내기가 어렵다.

이에 대한 대책을 그림2.9.2에 나타낸다.

① 평균출력은 저출력을 그대로 하고 펄스당 높은 첨두출력과 펄스주파수를 낮게 설정한 조건을 사용한다. 순간적인 에너지밀도가 증가되어 휘도가 높은 블루 프레임이 얻어진다.

② 보조가스의 조건도 휘도에 영향을 준다. 가능한 한 초점위치 찾는 부분이 낮은 압력에 넓게 실드(shield)하는 가스의 조건이 필요하기 때문에 대구경 노즐 사용을 권장한다.

③ 초점위치 찾기에 사용하는 재료의 표면상태에도 주의가 필요하다. 연강 재료의 표면에 밀스케일(mill scale)이 있는 경우 또는 유분이 있는 표면상태 및 초점위치 찾기를 여러번 수행한 재료에서는 블루 프레임의 휘도가 선명하지 못하게 된다.

④ 초점위치 찾기를 수행하는 재료로는 표면상태가 양호한 스테인리스강의 재료 사용을 권장한다.

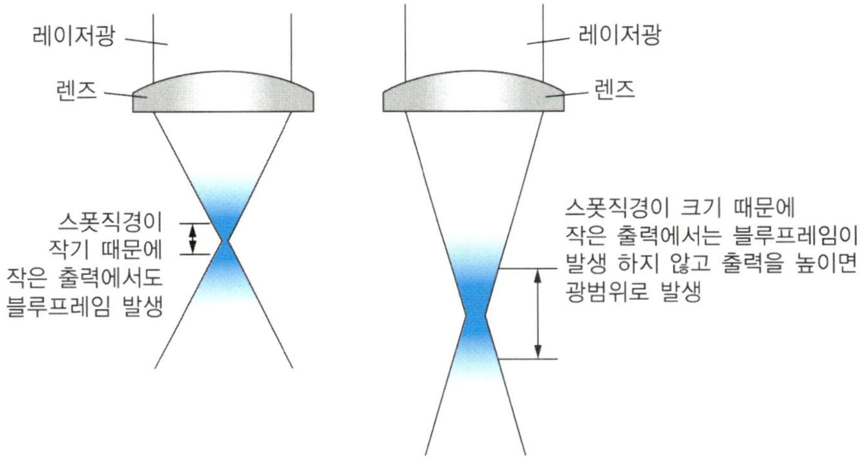

(1) 단초점렌즈 (2) 장초점렌즈

그림 2.9.1 초점위치 찾기

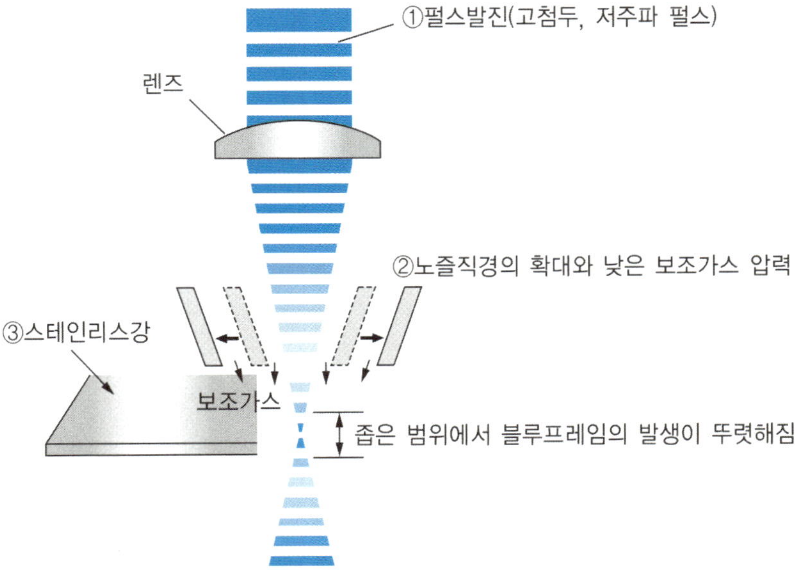

그림 2.9.2 펄스발진에 의한 초점위치 찾기

2.10 보조가스 흐름의 기본적인 특성

현 상

노즐에서 보조가스를 분사하면 주위의 유체를 끌어당겨 가스농도가 낮아지는 경우와 분사구로부터의 거리에 따라서 유속과 가스압력이 떨어지는 경우 등이 가공성능에 영향을 미친다.

(1) 가스농도의 저하

그림 2.10.1은 노즐에서 분출된 가스의 농도가 노즐 출구로부터 멀어질수록 서서히 떨어지는 상황을 나타낸다(자유분류). 이것은 노즐에서 가스가 분출되면 주위의 유체(공기)를 끌어 들이기 때문이다. 그림에서 C_0는 노즐내의 가스농도를 C는 노즐로부터의 거리에 따라 각 위치에서의 가스농도를 나타내며 그림 에서 농도의 비율을 C/C_0로 표기한다.
즉 노즐내의 가스농도가 유지되는 $C/C_0=1$ 범위는 노즐 선단에서 불과 얼마 안 되는 거리로 한정되어 있다. 특히 연강의 후판절단에서는 연소작용이 절단현상가공의 기본이므로 산소가스 농도가 근소하게 떨어지더라도 절단품질은 악화됨으로 주의가 필요하다.

(2) 가스압력의 저하

노즐에서 가스가 분출한 후의 흐름은 그림 2.10.2에 나타낸 것처럼 주위의 유체를 끌어당겨 중심부의 유속이 가장 크고 반경방향에서는 작아지는 분사의 흐름이 된다. 노즐내의 압력이 노즐에서 분출된 후에도 유지되는 것을 포텐셜 코어(potential core)라고 말한다.

이 포텐셜 코어의 길이는 노즐직경에 비례한다. 후판 스테인리스강 절단의 드로스 부착방지에서는 절단홈 내에서 높은 보조가스 압력을 확보하기 때문에 대구경 노즐을 이용하여 포텐셜 코어를 길게 한다.

그림 2.10.3은 직경 1.5 mm의 노즐에서 분출되는 보조가스의 압력을 측정한 결과이다. (a)는 노즐 선단에서 수직방향으로 11 mm의 거리까지 압력을 측정한 결과이다. 노즐내 압력은 0.12 MPa로 설정해 놓았으며, 노즐 선단에서의 거리가 0.5 mm 이내에서는 0.1 MPa이상으로 압력이 유지되고 있지만 그 이상의 거리로 멀어지면 급격히 압력은 저하된다.

(b)는 노즐아래 1 mm의 거리에서 수평방향으로 압력을 측정한 결과이다. 노즐반경이 0.75 mm의 범위 내에서는 압력이 0.7 MPa로 유지되고 있지만

그 이상으로 노즐중심에서 벗어나면 압력은 급격히 저하된다.

이와 같이 노즐에서 분출하는 보조가스의 특성을 고려하여 산소가스의 실드효과를 기대하는 가공 및 질소가스 등의 고압가스 조건에서 용융금속의 제거를 기대하는 가공 등에 있어서 최적의 가공을 수행하게 된다.

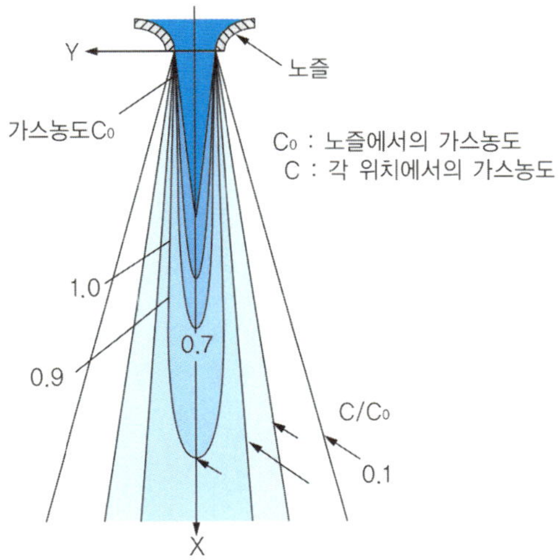

그림 2.10.1 노즐에서 분사하는 보조가스의 농도변화 (가스기류의 농도선)

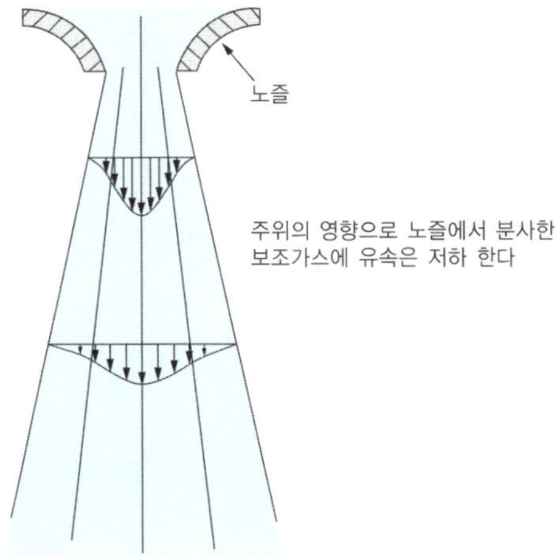

그림 2.10.2 분사 흐름

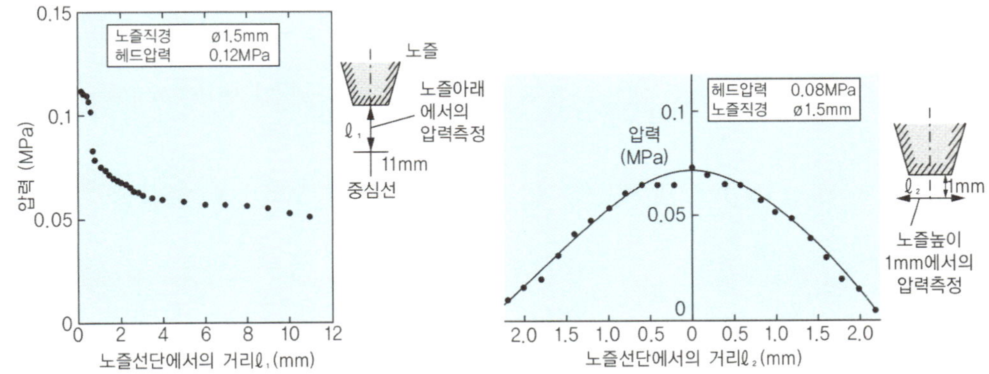

(a) 노즐선단에서의 동압분포

(b) 노즐아래 1mm부분에서의 반경 방향의 동압분포

그림 2.10.3 보조가스의 압력분포

2.11 적합한 노즐과 보조가스 조건의 선택

여기서는 적정한 노즐과 가스조건 선택의 선정방식에 대해서 언급하기로 한다.

2.11.1 고압 질소가스에 의한 무산화 절단(그림2.11.1 (1))

현 상

① 후판의 무산화 절단에 있어서 보조가스 조건의 영향을 받기 쉬운 가공 품질은 피가공물 뒷면의 드로스 부착이다. 적정한 노즐 선택으로 드로스 부착을 적게 할 수 있는 것과 보조가스의 유량을 줄여서 운영경비를 줄이는 것이 바람직하다.

② 박판의 무산화 절단에 있어서 보조가스 조건의 영향을 받기 쉬운 가공 품질은 고속절단시의 플라즈마 발생이다. 이 플라즈마는 절단하는 방향에 따라서 불규칙하게 발생한다. 그 결과 불규칙한 절단면이 나타난다. 적정한 노즐을 선택함으로써 불규칙한 절단면을 억제할 수 있다.

원 리

① 후판 절단으로 갈수록 절단홈 속에서 용융금속을 배출시키기 위하여 보조가스 압력에 의한 모멘텀의 역할이 중요하게 된다.

② 박판의 고속절단에서는 금속의 용융온도가 고온으로 되기 때문에 플라즈마가 발생하기 쉽다. 노즐 아래쪽 공간이 플라즈마 성장에 중요한 역할을 하고 플라즈마 억제에서는 그 발생공간을 적게 하는 것이 필요하다.

2.11.2 산소가스에 의한 연소를 동반하는 연강 절단(그림 2.11.1 (2))

현 상

연강절단에서는 가공대상이 후판과 박판 및 중 후판에서는 가공의 메커니즘이 완전히 달라진다. 각 각의 가공현상을 이해하고 적절한 노즐선택을 해야 한다.

① 후판 절단에서는 가공능력을 향상시키기 위하여 보조가스 압력을 높이면 셀프버닝(self burning)이 발생하여 절단면 품질을 현저히 악화시킨다.

절단면 품질은 산소순도의 영향도 받기 쉽고 약간의 순도저하에서도 절단면의 중앙부에서 아래 부분까지 절단면 조도가 나빠진다.

② 박판 및 중 후판의 고속절단에서는 레이저광 조사부에 과도한 산소가스 공급은 거칠어진 절단면이나 엣지(edge)부의 용락을 발생시킨다.

원 리

① 후판 절단에서는 절단홈 내의 종방향으로 연소작용을 충분히 끌어내고, 횡방향으로는 연소작용을 억제해서 입열을 최소한으로 제어할 필요가 있다.

박판 및 중 후판의 고속절단에서는 레이저광에 의한 용융영역에 가까운 범위에서 산소가스 공급을 수행하여 연소가 퍼지는 범위를 제어할 필요가 있다.

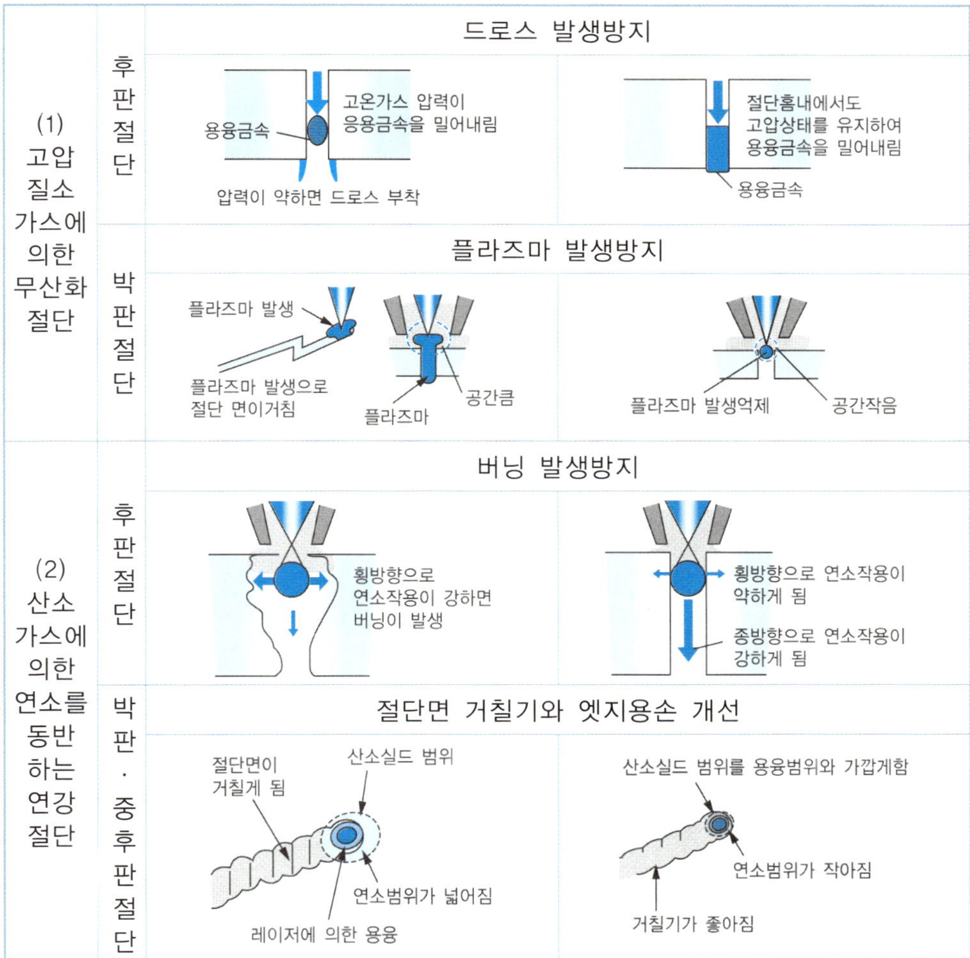

그림 2.11.1 적정한 노즐과 가스조건 선택

2.12 노즐의 스패터 부착 대책

현 상

스패터(spatter)가 노즐에 부착되면 그림 2.12.1에 나타낸 것처럼 보조가스의 흐름을 교란시키고 가공품질을 악화시킨다.

원 인

레이저광을 금속재료에 조사하면 조사부는 급격한 온도상승과 증발을 일으킨다.

증발압력은 금속을 조그만 가루모양의 스패터를 만들고, 특히 표면에서의 용융분출이 많은 피어싱 가공에 있어서는 이러한 스패터가 노즐에 부착되기 쉽다.

대 책

이러한 스패터 부착을 방지하는 방법은 부착된 스패터를 제거하는 기능과 스패터의 영향을 최소화하는 방법에 대해서 설명한다.

(1) 스패터 부착방지(그림 2.12.2)

스패터가 노즐에 부착되는 것은 아크용접에서는 빈번하게 발생하는 현상이며 용접품질을 악화시키는 원인으로 되어있다. 대책은 스패터 방지제를 노즐에 도포해서 노즐표면에 피막을 만들어 스패터 부착을 방지한다. 레이저 절단의 경우도 스패터 방지제를 도포하면 스패터 부착을 적게 할 수 있으며 스패터가 부착되어도 간단하게 제거할 수가 있다. 다만 노즐 내면에 도포를 많이 하면 노즐 내경이 변화하여 가공성능에 나쁜 영향을 미친다.

(2) 스패터를 제거하는 기능(그림 2.12.3)

레이저 가공기의 일부에 브레쉬를 장착하여 노즐에 스패터가 부착될 시간대에 가공헤드를 브레쉬 위치로 이동시켜 노즐을 클리닝하는 방법이다. 노즐을 클리닝하는 시간은 프로그램에서 자유롭게 설정 가능하며 스토커 시스템(Stocker system: 무인작업을 위한 소재 자동 loading/unloading 시스템: 역자 주) 등에 의한 연속가동에서는 정기적인 노즐의 클리닝 수행이 필요한 기능이다.

(3) 스패터 부착의 영향을 최소화시키는 방법(그림 2.12.4)

노즐 아래의 스패터 부착은 노즐에서 분사하는 산소가스의 흐름에 공기의 난류가 발생하여 가스순도를 저하시킨다. 노즐 종류에는 중심노즐과 그 동심원상에 노즐을 배치하는 이중노즐이 있다. 중심노즐의 주위에서 산소를 분출하는 이중노즐은 그 중심노즐의 주위에 스패터가 부착해도 산소순도의 저하는 방지할 수 있다. 연강의 후판 절단에 이중노즐을 사용하는 것은 절단면 품질을 높이는 것 이외에 이와 같은 스패터 부착의 영향을 적게 하는 효과도 있다.

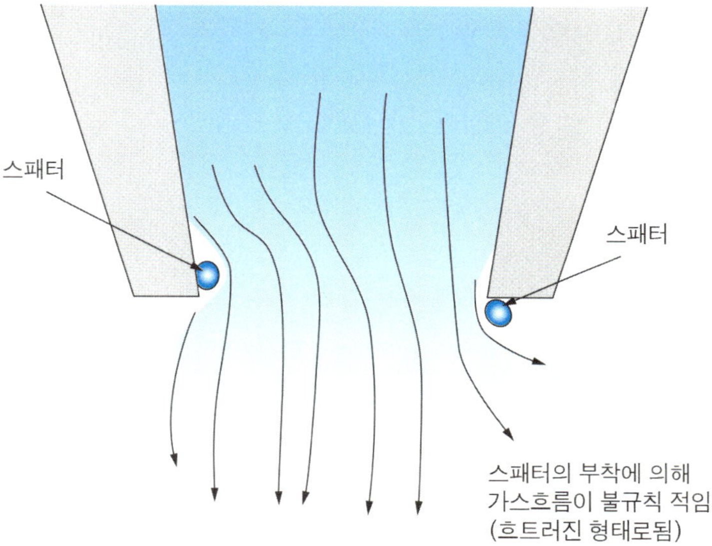

그림 2.12.1 노즐에 스패터 부착

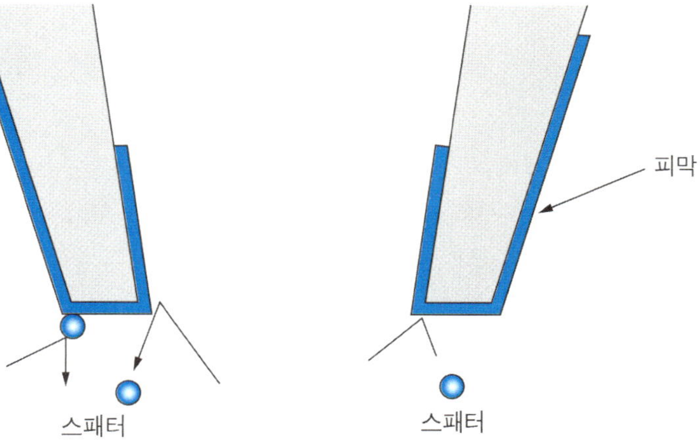

그림 2.12.2 스패터 부착방지

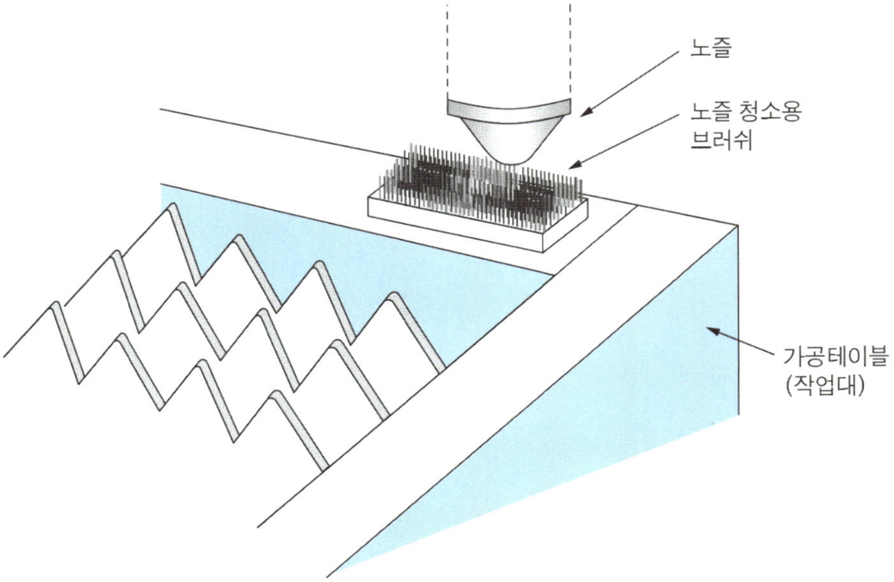

그림 2.12.3 스패터 제거

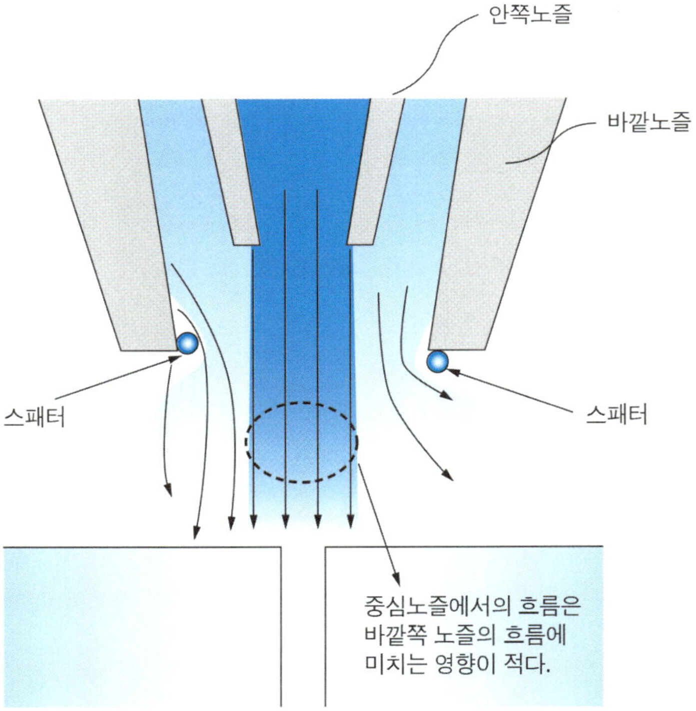

그림 2.12.4 스패터 부착의 영향을 최소화

CHAPTER 3 연강재료의 절단

레이저 절단재료 중 가장 많이 사용되고 있는 재료는 연강이다.
그러나 연강은 산소로 인하여 연소가 되기 때문에 여기에서 발생하는 열에 의하여 가공품질이 악화되기 쉬운 재료이기도 하다. 특히 버닝 현상은 실무 종사자 대부분이 경험하고 있다고 생각된다. 가공현상을 잘 알고 레이저 가공기와 가공조건 및 가공재료의 조건을 최적화하여 설정해 주기 바란다.

3.1 파이버 레이저와 CO_2 레이저에 의한 연강의 절단성능 비교

현 상

(1) 절단속도

그림 3.1.1은 출력 2.5 kW 급 파이버 레이저와 CO_2 레이저로 연강을 절단한 경우의 재료두께와 절단속도와의 관계를 나타낸 것이다. 이러한 연강의 절단에서는 보조가스로 산소를 사용하였다. 연강의 산소보조 가스절단에서는 파이버 레이저와 CO_2 레이저의 절단속도 차이가 거의 발생하지 않았다.

또한 주요한 가공조건은 다음과 같다.

• CO_2 **레이저**

출력 : 0.8 ~ 2.5 kW
가공렌즈 초점거리 : 5″와 7.5″
보조가스 종류 : 산소
보조가스 압력 : 0.03 ~ 0.08 MPa

- **파이버 레이저**

  출력 : 0.8 ~ 2.5 kW

  가공렌즈 초점거리 : 4″와 8″

  보조가스 종류 : 산소

  보조가스 압력: 0.03 ~ 0.08 MPa

(2) 절단품질

그림 3.1.2에 파이버 레이저와 CO_2 레이저의 절단면을 나타내고 있다. 재료두께 1 mm의 경우에 절단면 거칠기의 차이는 거의 찾아볼 수 없었다. 재료두께가 두꺼워지면 파이버 레이저의 절단 재료 위쪽 면은 거칠기가 나빠진 것을 알 수 있다. 절단면 중앙부와 아래쪽 면에서의 거칠기의 차이는 보이지 않았다.

원 리

산소 보조가스를 사용한 절단에서는 레이저광의 요인과 산화반응 요인이 균형 있게 작용하여 가공이 진행된다. 그러나 박판을 고속으로 절단하는 경우에는 용융현상이 급속하게 진행되어 이 두 가지 요인이 과잉반응을 일으키기 때문에 절단면의 거칠기를 악화시킨다. 그러므로 절단속도를 낮출 필요가 있으며 레이저의 종류에 따라 가공의 차이는 작아지게 된다. 박판의 절단에서는 보조가스로 질소를 사용할 수 있다. 이러한 경우에는 가공작용에 대한 레이저광 요인이 지배적이며 파이버 레이저가 고품질 및 고속절단을 수행할 수 있다.

또한 재료두께가 두꺼워질수록 가공작용에 대한 산화반응 요인이 레이저광의 요인보다도 지배적으로 작용하기 때문에 파이버 레이저와 CO_2 레이저 사이의 차이는 작아지게 된다.

그림 3.1.3에는 재료두께 6 mm의 절단면을 확대한 사진을 보여주고 있다. 파이버 레이저 절단의 제1 드래그 라인(drag line)의 폭이 크게 형성되어 있는데 이것은 레이저광이 보다 더 잘 흡수되어 피가공물의 내부까지 유도되었다는 것을 보여준다. 그러나 그와 동시에 절단폭 방향(절단방향에 수직)으로도 흡수가 진행되었기 때문에 제1 드래그라인 영역에서 절단면의 거칠기가 악화되어 있다.

재료두께 12 mm에서도 같은 양상의 절단면 거칠기를 보이며, 아울러 절단홈(kerf)이 팽창하는 경향을 보이기 때문에 파이버 레이저의 절단품질은 CO_2 레이저의 절단품질에 비해 열악하다.

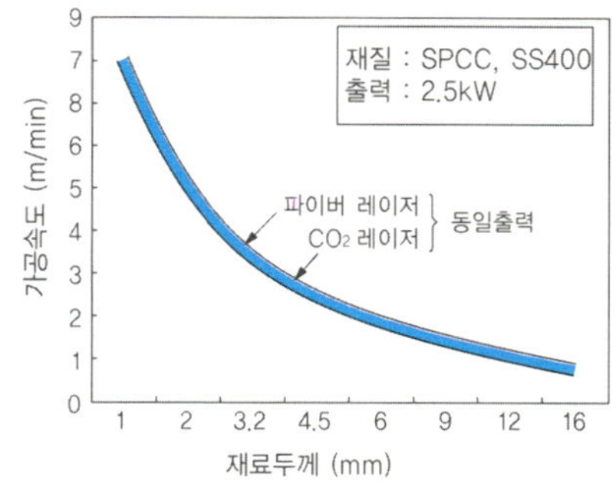

그림 3.1.1 연강절단면에 대한 능력비교

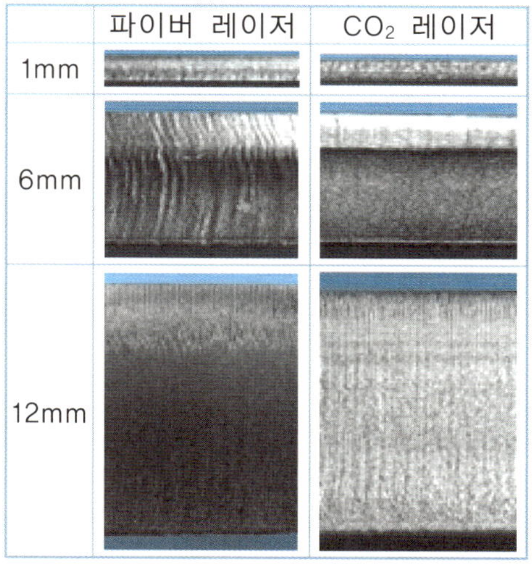

그림 3.1.2 연강절단면의 비교

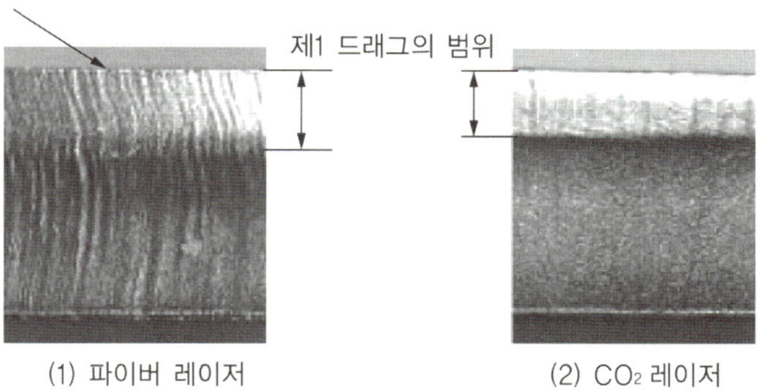

재질 · 두께 : SS400 · 6mm

그림 3.1.3 연강절단면의 확대사진

3.2 피어싱의 종류와 가공 원리

현 상

피어싱(piercing)의 형태에는 그림 3.2.1에 보이는 바와 같이 펄스조건 가공과 연속조건(continuous wave, CW) 가공이 있다. 피어싱 가공작업은 레이저광이 조사된 직후 피가공물의 표면을 가열하는 가열과정(a)부터 서서히 천공작업을 진행하는 (b) ~ (d)의 과정 그리고 최종적으로 관통하는 과정(e)까지 연속적으로 이루어진다. 연속조건에서는 초점위치를 윗방향(Z>0)으로 설정하여 가공홀의 직경을 넓히고 피어싱 가공의 진행과 함께 초점위치를 아래쪽으로 이동시켜 가공한다. 펄스(pulse) 조건에서는 입열량을 가능한 한 억제하여 직경이 작은 피어싱 홀(piercing hole)이 되도록 가공한다.

원 리

(1) 펄스 조건의 피어싱

이 방법에서는 연강재료의 두께가 9 mm 이상이 되면 천공작업 시간이 급격하게 증가하지만 피어싱 직경은 약 0.4 mm로 절단홈 폭보다 작고 또한 열영향도 작아지게 된다. 그림 3.2.2에는 피어싱 도중에 레이저빔의 조사를 중지하고 천공작업 진행상황을 확인한 사진이다.

펄스조건의 피어싱에서는 레이저광 조사의 온(on)/오프(off)를 반복함으로써 피가공물의 용융(증발) 및 용융물의 배출과 냉각을 반복하면서 천공작업을 진행한다. 용융과 배출 어느 쪽이든 한쪽의 타이밍(timing)이 어긋나면 용해된 금속이 분출되어 올라오거나 천공작업 시간이 길어지게 된다. 주파수는 100 ~ 200 Hz로서 펄스 첨두 출력(pulse peak power)은 높게 설정할수록 양호한 피어싱이 이루어진다. 펄스 주파수가 높아지면 용융 능력만 좋아질 뿐 용융금속의 배출과 냉각작용이 나빠지게 된다.

(2) 연속(continuous wave, CW)발진 조건의 피어싱

연속발진조건에서는 홀의 내부에서 발생한 용융금속이 상부의 작은 홀 직경 때문에 잘 배출이 되지 않아 버닝을 발생시킨다. 이에 따라 피가공물 표면에 용융금속이 대량으로 비산하게 되지만 가공시간은 대폭 단축된다. 그림 3.2.3은 재료두께 12 mm의 일반구조용강 SS400에 노즐의 직경을 변화시켜 연속발진으로 피어싱 한 경우의 피가공물 표면과 뒷면의 피어싱 홀의 사진을 보여준다.

노즐의 직경은 피어싱 부분의 산소 분사범위와 일치한다.

노즐의 직경이 커질수록 피어싱 홀의 직경도 커지게 된다.

(3) 기타

펄스조건이나 연속조건 중 어느 한 쪽이나 양쪽의 피어싱 진행상태를 관찰하면서 조건을 조정하는 방법도 사용하고 있다. 최적 조건에서는 피어싱 홀이 작으면서도 단시간에 뚫는 효과를 기대할 수 있다.

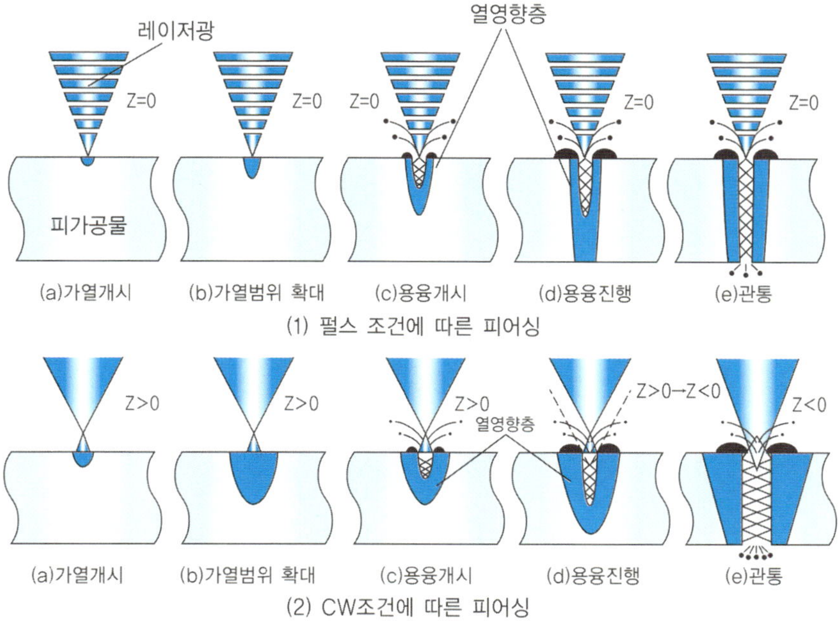

그림 3.2.1 피어싱의 원리

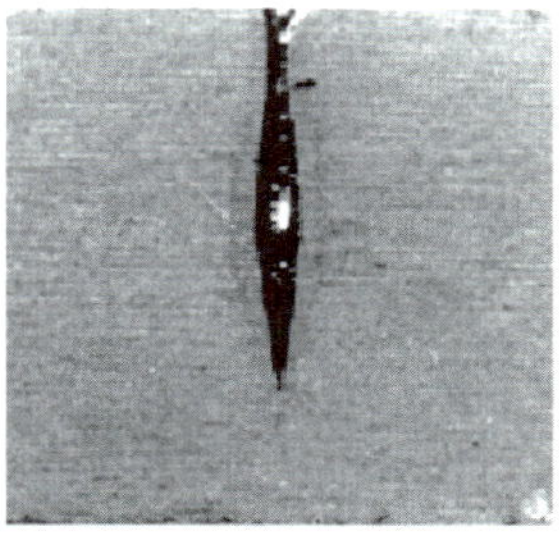

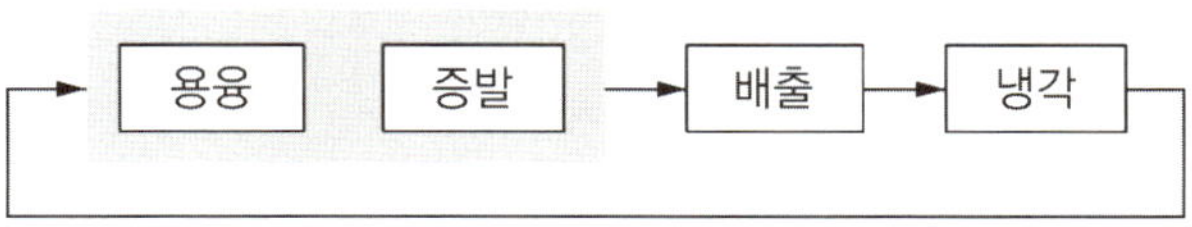

그림 3.2.2 펄스조건에 따른 피어싱의 진행 상태

노즐직경	표면	이면
ø1.5	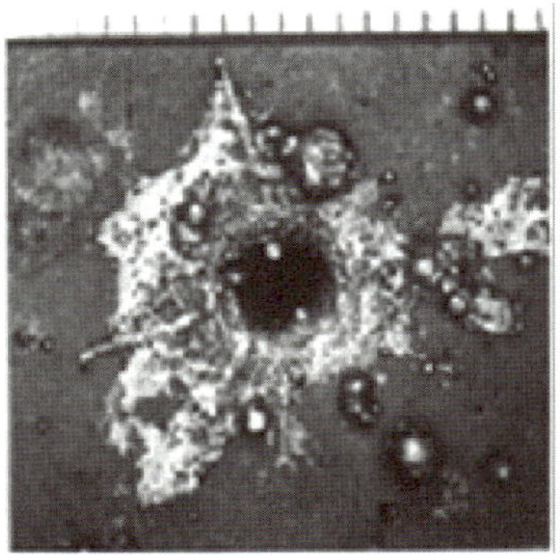	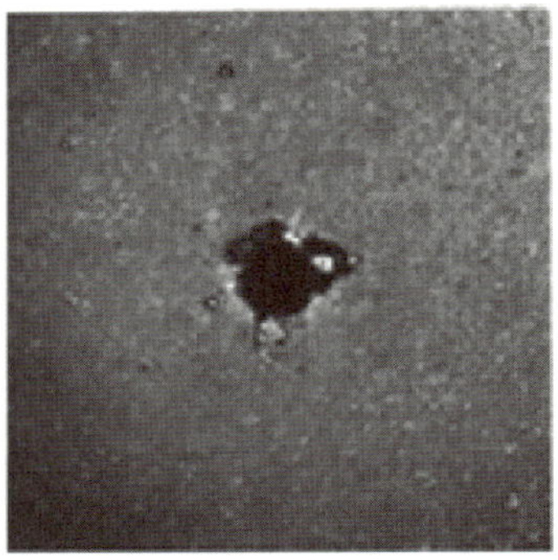
ø2	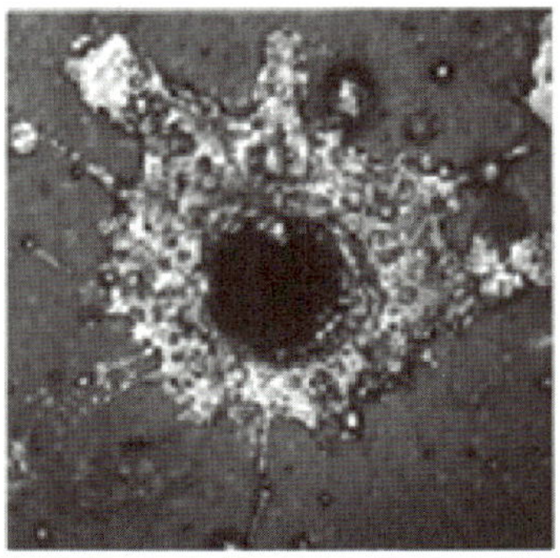	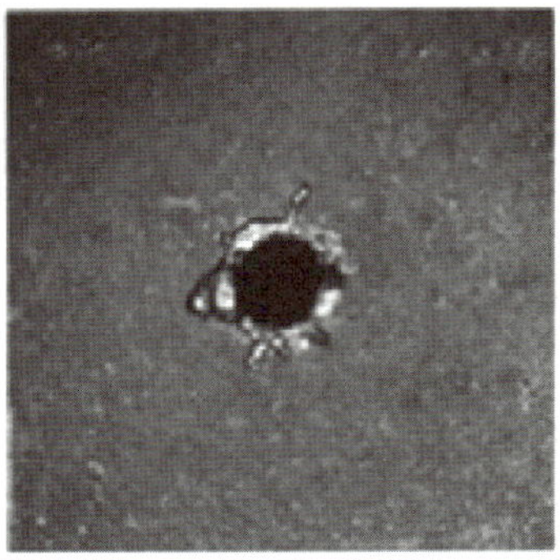
ø3	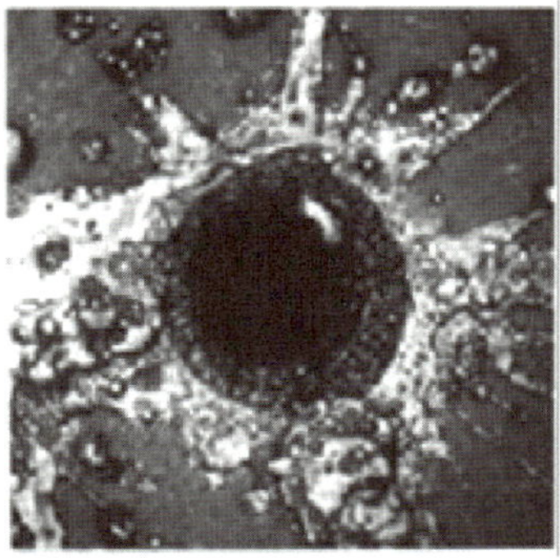	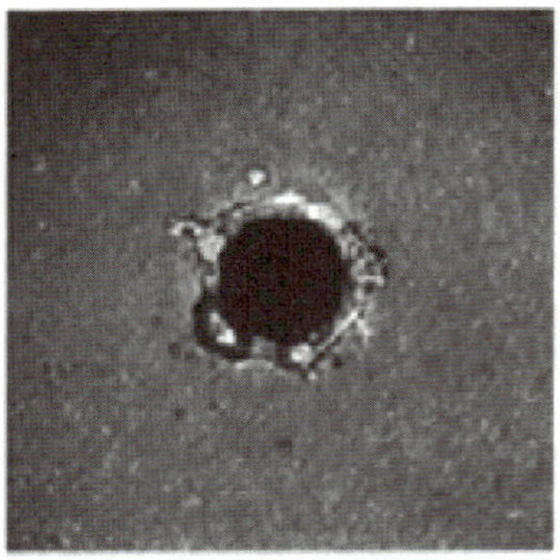

SS400 12 mm
CO_2 레이저
2000W, F5000, 0.15 MPa

그림 3.2.3 CW조건에 따른 피어싱

3.3 피어싱 시간을 단축하는 방법

현 상

피어싱의 형태에 따라 시간을 단축하는 방법은 달라진다.

(1) 펄스조건에 따른 피어싱

레이저광을 펄스 발진하기 위해 레이저광 조사시의 용융과 증발 및 레이저빔 정지시의 냉각에 대하여 최대의 효과를 얻을 수 있도록 조합시킬 필요가 있다. 용융과 증발작용만을 높이면 버닝이 발생하기 쉽다.
또한 냉각작용만을 높이면 피어싱 시간이 길어지게 된다.

(2) 연속조건에 따른 피어싱

연속 피어싱은 일종의 버닝 현상을 일으킨다. 그래서 피어싱 시간은 단축되지만 재료두께가 두꺼워질수록 용융범위가 넓어지고 가공품질이 나빠진다.

(3) 피어싱의 진행상황에 알맞은 조건 변경

가공현상을 관찰해가면서 피어싱 가공에 대한 레이저광의 공급이 과도하거나 부족하게 되지 않도록 최적으로 제어하는 방법이다.

원인과 대책

(1) 펄스조건에 따른 피어싱

용융능력과 냉각능력을 높이기 위해서는 단시간에 많은 양의 에너지를 조사하고 조사 후에는 냉각시간을 확보한다. 그림 3.3.1과 그림 3.3.2와 같이 고첨두(high peak)이면서 구형파(rectangular) 펄스 파형을 형성하는 펄스 발진이 이상적이다. 용융에 필요한 에너지의 양은 강도 E 와 조사시간 T 와의 곱으로 나타낸다. 삼각파와 구형파로 서로 동등한 에너지량을 얻도록 하려면 삼각파 펄스에서는 두 배의 조사시간이 필요하게 되며 그 결과 피가공물에 대한 입열량도 증가하고 버닝이 쉽게 발생하게 된다. 그림 3.3.3은 재료 두께 6 mm의 SS400에 있어서 펄스 첨두출력과 펄스 평균출력의 효과를 나타내고 있으며 펄스 첨두출력이 높을수록 피어싱 시간은 단축된다.

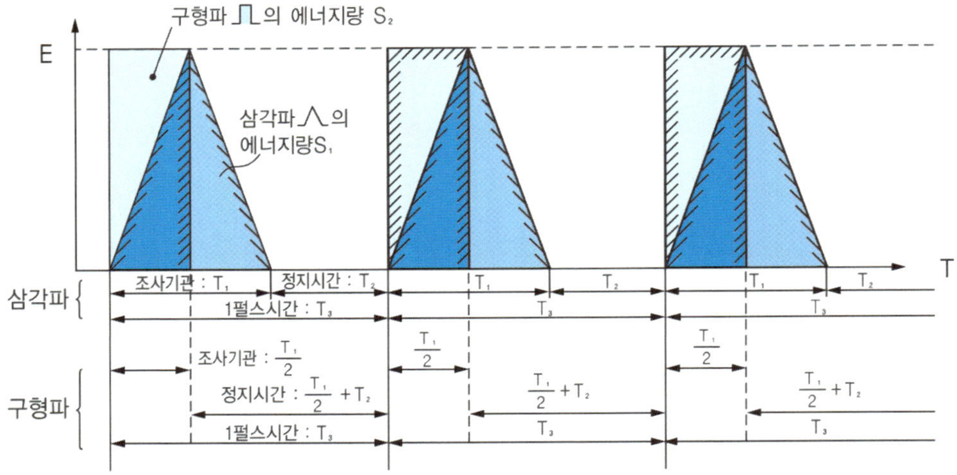

· $S_1 = T_1 \times E \times \frac{1}{2}$ $S_2 = \frac{T_1}{2} \times E$ 이 되고, S_1과 S_2는 같다.

· 구형파의 빔정지시간은 삼각파의 정지시간 보다도 $\frac{T_1}{2}$ 길게 되고, 냉각능력이 높아진다.

그림 3.3.1 구형파 펄스와 삼각파 펄스의 차이

SS400 9mm에 대한 CO_2 레이저 피어싱

펄스 파형	피어싱 상태	
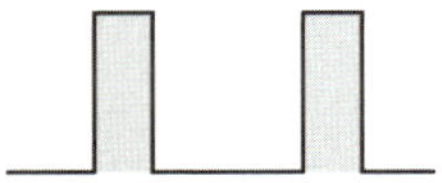 구형파 (사각파)	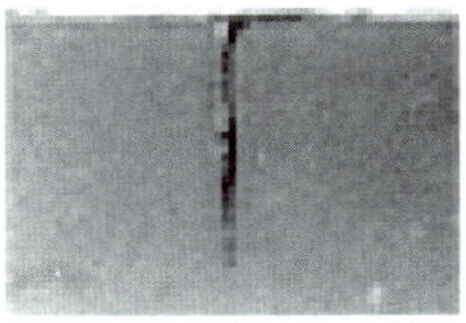 약 2초후	 약 4초후
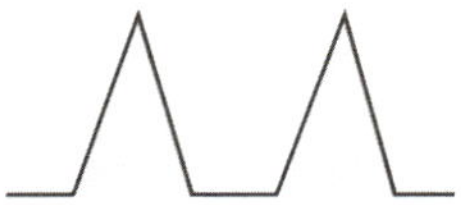 삼각파	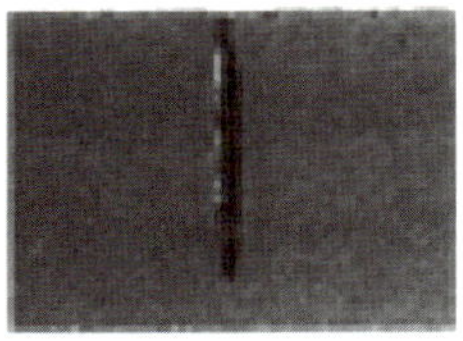 약 3초후	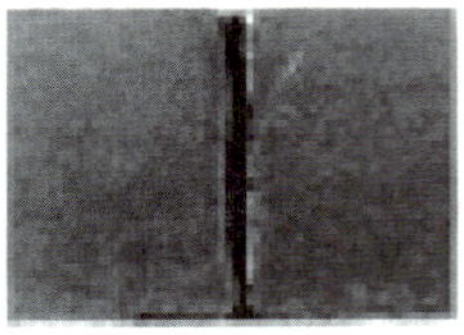 약 6초후

그림 3.3.2 펄스파형의 피어싱에 대한 영향

(2) 연속발진조건에 의한 피어싱

재료 두께가 12 mm를 넘어서는 범위에서는 가능한 한 직경이 작은 노즐을 선택한다. 후판에 있어서 절단면 품질을 중시하는 경우에는 피어싱과 절단가공 각각에 가장 알맞은 노즐로 변경하는 등의 연구가 필요하다.

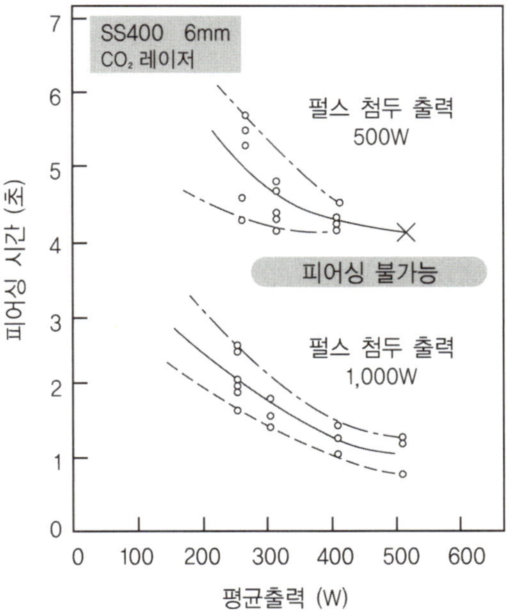

그림 3.3.3 펄스첨두출력과 피어싱 시간과의 관계

(3) 피어싱의 진행상황에 알맞은 조건 변경

피어싱부에 대한 용융 상태의 휘도를 센서로 관찰하여 용융범위가 크게 넓어지는 상황이 관찰되면 레이저광의 강도를 낮추고, 용융작용이 저하 되면 레이저광의 강도를 증가시켜 직경이 작고 빠른 속도의 피어싱이 이루어진다.

3.4 피어싱의 불량 대책

현 상

피어싱 불량에는 발생순간, 발생위치, 발생시간, 재료 측의 요인 등이 있다. 표3.4.1을 참고하여 요인을 분석한다.

원인과 대책

(1) 불량발생의 순간

피어싱 도중에서 발생한 것인가 피어싱 직후 절단이 시작되었을 때로부터 발생한 것인지를 확인 할 필요가 있다. 만일 피어싱 도중에서라면 피어싱 시작직후인지를, 복수조건일 경우에는 전환할 때인지를 확인하여 불량발생시의 가공조건을 수정한다. 불량발생이 피어싱 종료 직전이라면 홀이 관통되기 전에 절단조건으로 설정되어 있는 것이다. 피어싱 시간을 연장하여 주어야 한다. 절단을 시작한 직후의 절단불량은 피어싱 주위의 퇴적물이 절단을 불안정하게 만들기 때문이다. 절단 시작부를 펄스조건으로 맞추어 주기 바란다.

(2) 불량 발생의 위치

가공 테이블의 특정 위치에 피어싱 불량이 집중되는 경우에는 레이저광과 노즐 중심 간의 어긋남이 있지 않은지 고려해 보아야 한다. 어긋남의 조정이 필요하다.

피어싱 위치가 밀집되어 있는 부분이나 절단선 근방에 피어싱 위치가 있는 경우에는 피어싱 위치의 온도가 높게 상승한다. 그림 3.4.1에서 피가공물은 두께 12 mm의 SS400이며 재료의 온도를 상온에서부터 200℃까지 변화시켜 가공한 결과를 보여주고 있다. 이 데이터는 각 온도에서 50회의 피어싱을 진행한 경우의의 버닝의 발생비율을 보여주고 있는데 고온이 될수록 불량이 증가하고 있다. 가능한 한 온도가 냉각된 상태에서 가공이 이루어지도록 가공경로에 대한 연구가 필요하다.

(3) 불량발생의 시간

시간의 경과와 함께 불량이 증가한다고 하더라도 냉각시간을 줌으로써 이를 복구하게 되는 현상은 광학부품의 열렌즈작용 때문에 일어난다. 광학부품의 수리가 필요하다. 만약 복구가 되지 않는 경우에는 발진기의 부적합으로 인한 출력변동이 원인이라고 생각되므로 서비스 회사에 상담을 요청하는 것이 필요하다.

표 3.4.1 피어싱 불량의 요인분석

- (1) 불량발생의 순간은?
  - 피어싱 도중인가
    - 피어싱 시작직후
    - 피어싱 도중 (조건변환 시)
    - 피어싱 종료직전
  - 피어싱 완료후인가 (절단 시작)
- (2) 불량발생의 위치는?
  - 가공테이블의 특정한 곳인가
  - 피어싱 수가 많은 곳인가
  - 절단선 근방인가
- (3) 불량발생의 시간은?
  - 광학부품에 열부하가 이어진 후인가
  - 빔 발진시간과의 관련이 있는가
- (4) 불량발생의 소재는?
  - 과거에 가공했었던 적이 있는가
  - 규격이 같은지 확인하였는가

(4) 불량발생 재료

불량이 발생하는 재료는 과거에 양호하게 가공되었던 실적이 있는지의 유무를 확인하는 것이 중요하다. 과거에 실적이 있으면 가공조건을 조정하지 말고 가공기나 광학부품이 부적합한 것은 아닌지를 확인하여 원인을 규명해야만 한다.

그림 3.4.2는 재료 두께 16 mm인 SS400에 대해서 메이커별로 피어싱의 관통시간을 조사한 결과이다. 재질을 변경한 경우에는 가공에 들어가기 전에 반드시 피어싱 시간을 확인하든가 전체적으로 피어싱 시간을 약간 길게 설정해 주어야 한다.

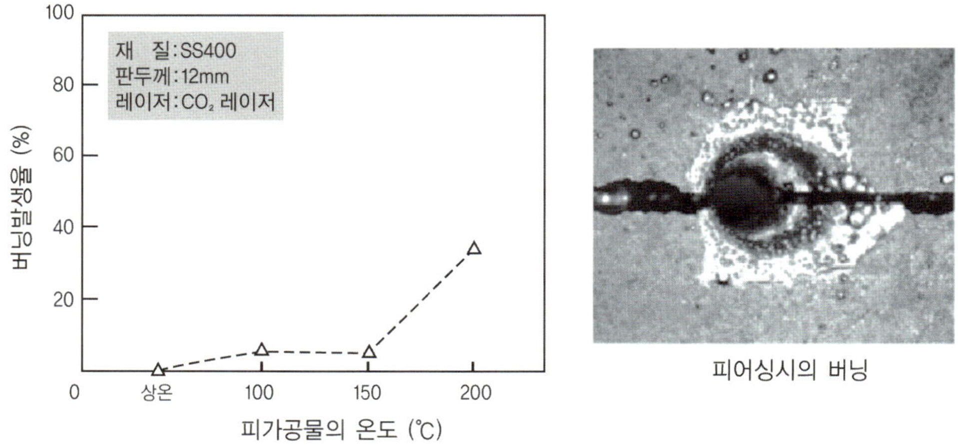

그림 3.4.1 피가공물 온도와 피어싱 불량의 관계

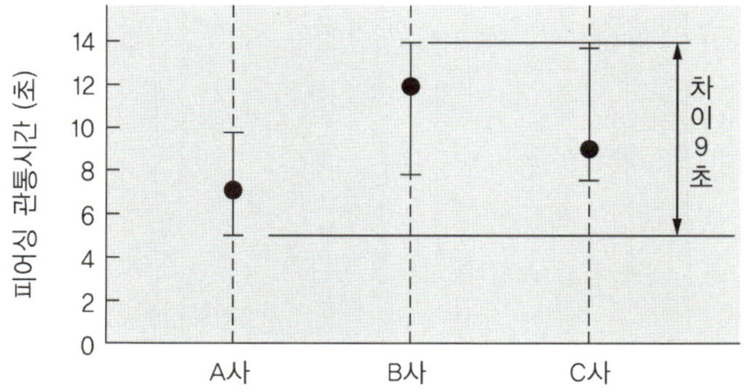

피어싱 조건은 CO_2 레이저를 사용한 아래 조건1과 조건2의 전환

가공조건1 :	출력	400W
	주파수	50Hz
	듀티	15%
	가스압력	0.04MPa
가공조건2 :	출력	600W
	주파수	100Hz
	듀티	20%
	가스압력	0.08MPa

그림 3.4.2 SS400 재료두께 16 mm에서의 피어싱 관통시간

3.5 두께 12~25 mm 재료 가공시의 버닝 발생 대책

현 상

연강재료의 절단에 있어서 엣지(edge)를 가진 형상은 엣지부에서 용락(burn through)이나 버닝이 발생하기 쉽다. 피가공물의 두께가 커질수록 절단속도가 느려지기 때문에 절단에서 발생하는 열이 피가공물에 축적되어 온도가 상승하고 엣지부에서 용락이나 버닝의 발생빈도가 높아지게 된다.

원 인

양호한 절단에서는 그림 3.5.1에 나타낸 바와 같이 레이저광의 조사부에서 발생하는 열이나 산화연소에서 발생하는 열은 피가공물 내로 도피되어 냉각된다. 이러한 냉각이 불충분하게 되면 버닝이 발생한다. 가공형상에 엣지부가 있는 경우에는 체적이 작아지는 부분에서 열이 좁은 부분으로 모이게 되어 온도가 상승하므로 버닝이 발생하기 쉬워진다. 피어싱에서는 고정(일정)위치에서 홀의 벽면으로부터 레이저광이 흡수되어 온도가 상승하기 때문에 버닝이 쉽게 발생하게 된다.

대 책

① 치수가 작은 형상을 다수 개 절단하는 경우에는 가공의 진행과 더불어 축열이 서서히 진행되어 후반에는 버닝이 일어나기 쉽게 된다. 그림 3.5.2에서 보는 바와 같이 한쪽 방향으로 연속되게 가공순서를 설정하지 말고 오른쪽 (2) 의 경우와 같이 절단 중의 열이 축적되지 않도록 가공순서와 경로를 분산시키는 방법을 사용한다. 가공하는 형상에 따라 가공시간의 단축도 고려해 가면서 가공순서와 경로를 최적화할 필요가 있다.

② 그림 3.5.3에서와 같이 엣지부에 버닝이 집중되는 경우 가공형상의 엣지부에 열의 집중이 일어나지 않도록 작은 R, 즉 라운드(round)를 만드는 방법이 효과가 있다. R 값이 클수록 열의 집중을 더 효과적으로 막을 수 있다.

가공재료의 두께가 두꺼워질수록 더 큰 R을 만들어 주어야 한다.

③ 레이저절단 중에 온도 상승에 따라 엣지부가 용손되는 것은 그림

3.5.4에서 보는 바와 같이 피가공물의 온도가 상승하여 고온이 된 후에 레이저광이 통과하기 때문이다. 재료 내로 열이 전달되는 속도보다도 앞서서 레이저광이 진행하면 재료가 냉각된 상태에서 가공이 진행되어 용손을 방지할 수 있게 된다.

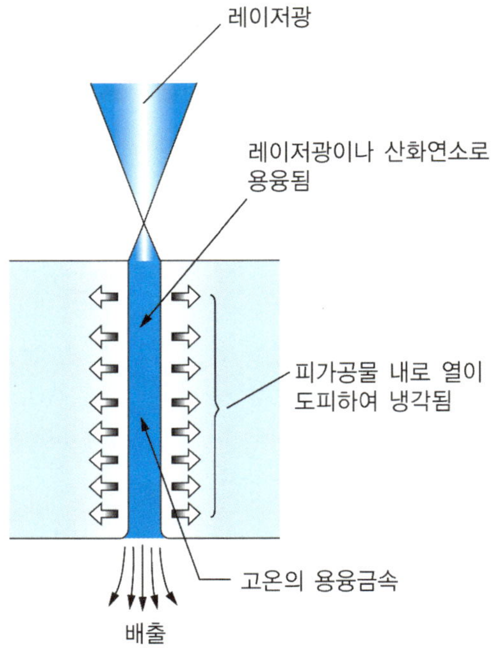

그림 3.5.1 양호한 절단

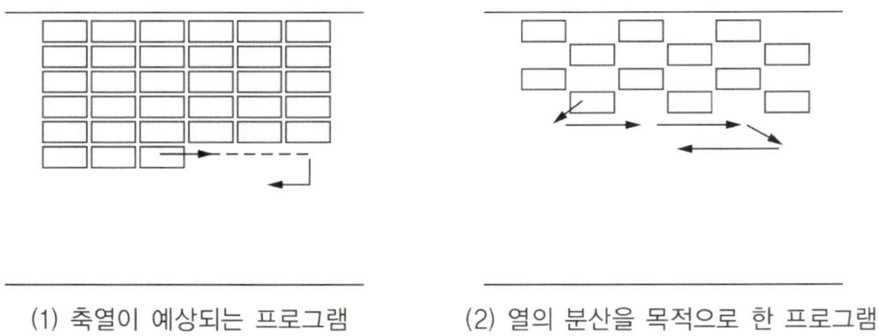

그림 3.5.2 다수개 절단 프로그램의 예

일반적으로 피가공물 내로 전달되는 용손 온도의 전파속도는 약 2 m/min이며 그 이상의 절단속도로 설정할 수 있는 가공조건에서는 용손은 거의 발생하지 않는다. 재료 두께 6 mm 이하의 연강재료에서 용손이 적은 것은 이 때문이다.

재료 두께 9 mm 이상에서도 이와 같은 효과를 얻기 위해서는 출력 4 kw 이상의 가공조건을 사용해야만 하기 때문에 고출력 발진기가 필요하다.

④ 보조가스에 질소가스나 에어를 사용하여도 산화반응열이 발생하지 않으며 용손이나 버닝도 거의 발생하지 않는다.

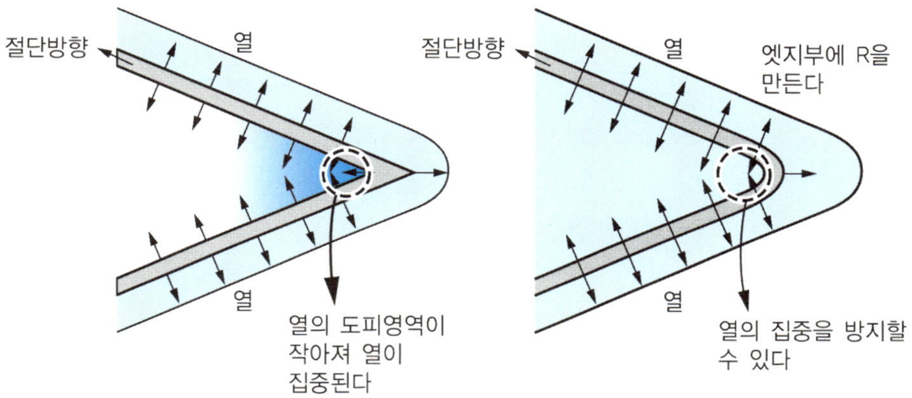

그림 3.5.3 엣지부에서의 열집중 방지

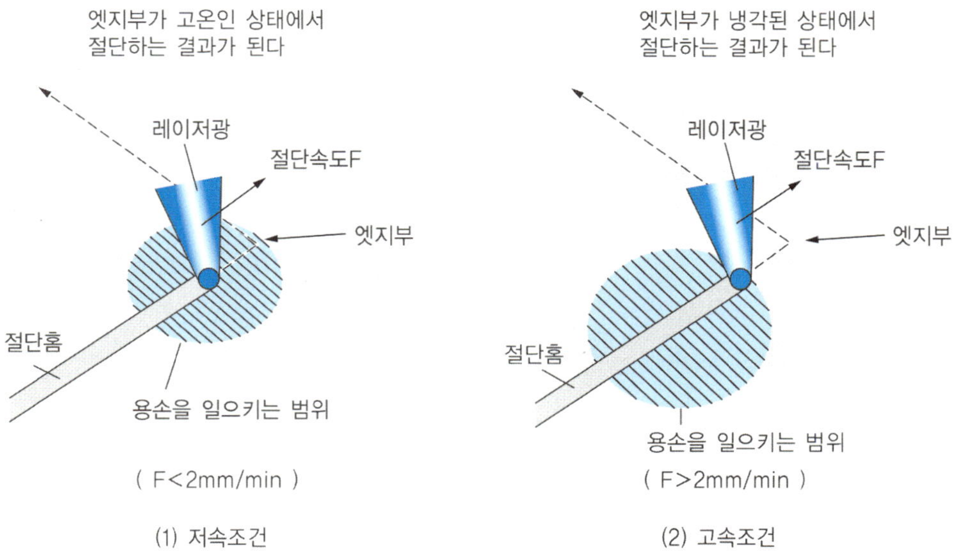

그림 3.5.4 열전달 속도와 절단의 관계

3.6 두께 16 mm 재료 가공시의 버닝 발생원인 규명 - 피가공물측 요인

현 상

열의 폭주현상이 되는 버닝의 발생원인을 찾아내기 위해서는 가공현상의 공정을 분석하여 각각의 공정에서 발생하는 요인을 확인하여야 한다. 레이저절단현상의 흐름은 그림 3.6.1에 나타낸 바와 같이

① 레이저광을 재료표면에 조사
② 레이저광의 흡수로 용융 발생
③ 용융발생부분이 보조가스에 의해 연소
④ 재료 두께방향으로 연소가 더욱 확대
⑤ 용융금속이 절단홈으로부터 배출됨

등 이러한 공정을 반복한다.

버닝 발생의 원인에 있어서 ①과 ③의 공정에는 가공기측의 요인이 관련되어 있고 ②, ④, ⑤의 공정에는 피가공물측의 요인이 관련되어 있다.

원인과 대책

(1) 레이저광의 흡수와 관련된 요인

이 현상은 레이저절단의 공정 ②가 불안정요인이 되어 버닝 발생의 원인이 되는 것이다. 재료표면의 밀스케일의 밀착성이 나쁘거나 피막에 얼룩이 있으면 레이저광의 흡수가 일정하지 않게 되고 열의 발생이 불안정하게 된다.

그림 3.6.2에는 동일 재료를 가지고 레이저광의 조사면을 상하로 반전시켜 가공하여 절단면을 비교한 결과이다. 재료표면의 스케일 상태가 절단면 품질에 영향을 주고 있다. 재료의 표면상태를 확인하여 스케일의 상태가 좋은 면을 표면 쪽(레이저광 조사면) 으로 하여 가공기에 세팅한다.

피가공물의 표면과 뒷면을 임의로 설정할 수 없는 경우에는 레이저광의 에너지를 이용하여 불균일한 재료의 표면을 균일하게 한 후 본절단 가공을 시행하는 2단 절단법을 사용한다. 레이저광의 출력을 표면이 용융될 정도의 에너지 밀도까지 낮춤과 동시에 절단홈 폭보다 약간 넓은 치수로 설정하여 절단형상과 동일한 궤적을 표면용융 시킨다. 그런 다음 절단조건으로 바꾸어 절단을 진행한다. 그림 3.6.3은 1단 절단법과 2단

절단법의 절단상태를 비교한 샘플이다. 2단 절단법으로 진행한 절단면은 표면이 양호한 재료절단의 경우와 동일한 품질을 보여주고 있다.

(2) 재료 두께방향의 연소와 용융금속배출 요인

이 현상은 레이저절단의 공정 ④와 ⑤가 불안정요인이 된 것이다. 재료의 조성성분이 다르면 연소의 발열작용이나 용융금속의 흐름상태가 변화한다. 재료의 조성성분이 균일한 재료에서는 가공성능에 큰 차이를 보이지 않지만 조성성분이 균일하지 못한 재료에서는 가공성능에 차이가 있다. 그림 3.6.4는 동일한 출력과 절단속도의 가공조건으로 재료 두께 16 mm 연강재료를 절단한 결과를 비교한 것이다. 규소(Si)나 망간(Mn)이 많이 함유된 재료에서는 초점위치나 보조가스의 압력설정에 주의가 필요하다.

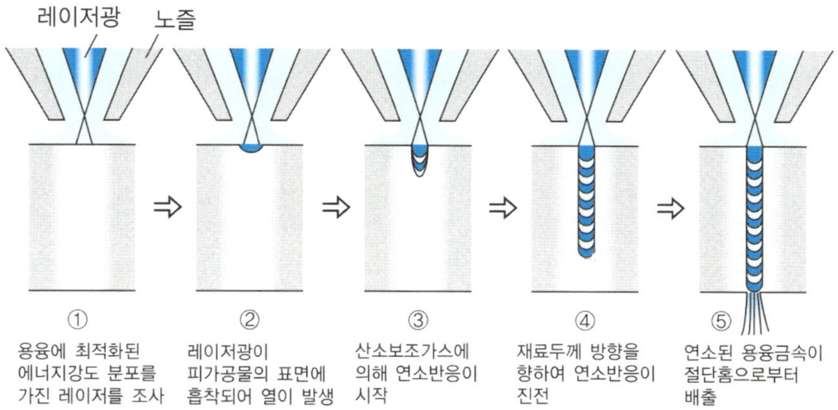

그림 3.6.1 레이저 절단의 가공공정

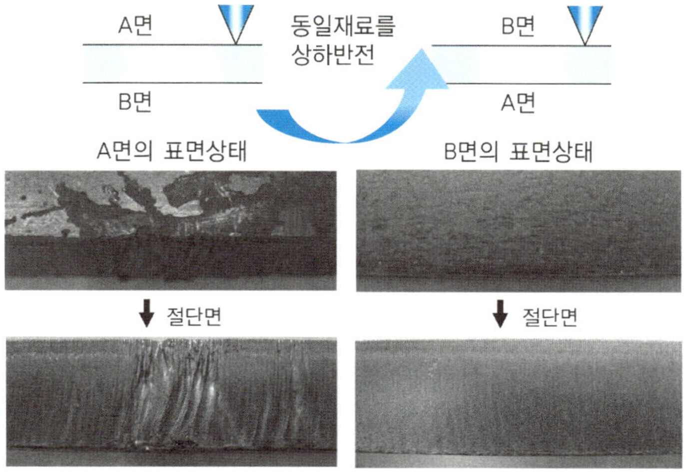

그림 3.6.2 피가공물 표면상태의 영향

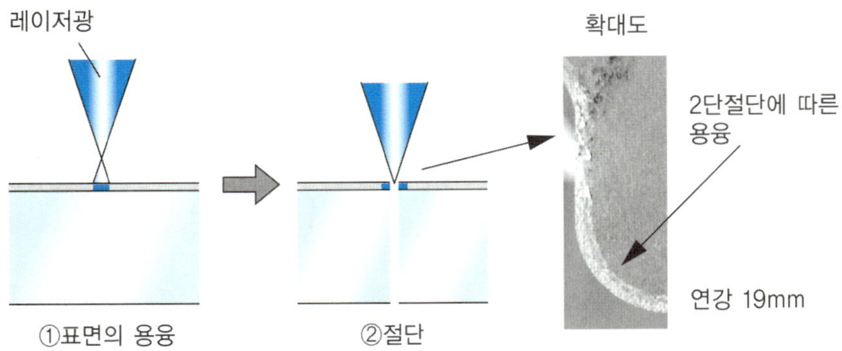

(1) 2단 절단법

(2) 1단 절단에 의한 절단면

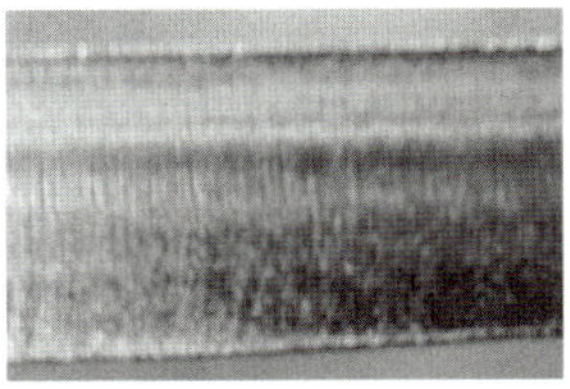

(3) 2단 절단에 의한 절단면

그림 3.6.3 2단절단법에 의한 개선

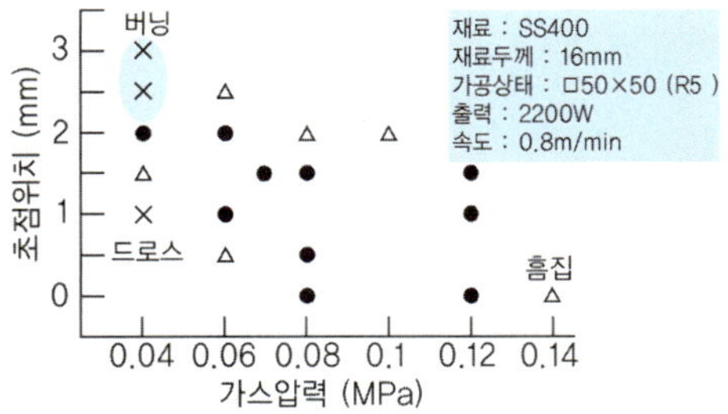

(1) 조성성분이 균일한 재료

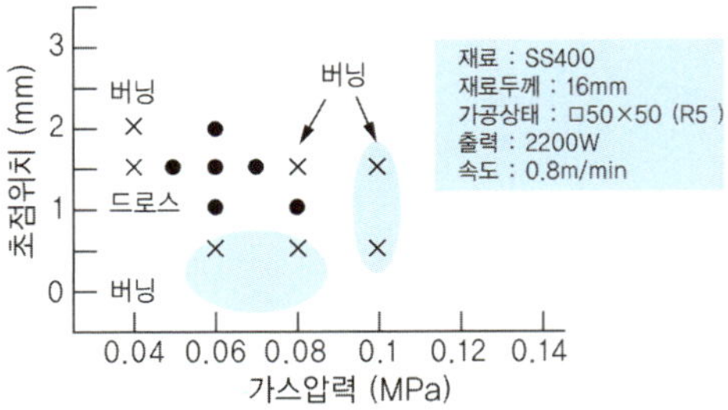

(2) 조성성분이 균일하지 못한 재료

평가방법

● : 양호(드로스가 없고 흠집이 없음)
△ : 드로스약간 부착 또는 흠집 1곳
× : 드로스 다량부착 또는 흠집 2곳 이상 또는 버닝

그림 3.6.4 연강 후판 절단에 있어서 초점위치와 가스압력의 관계

3.7 두께 16 mm 재료 가공시의 버닝 발생원인 규명 - 가공기측 요인

원인과 대책

(1) 보조가스의 요인(그림 3.7.1)

① 레이저광의 조사에 따라 산소가스가 용융금속 주위에 균등하게 분사되지 않으면 연소능력이나 용융금속의 흐름이 불균일하게 나타나게 된다. 또한 절단방향에 따라 버닝이 발생하는 경우가 있다. 노즐의 미스얼라이먼트나 노즐 출구의 변형, 스패터의 부착 등이 가스의 흐름을 흐트러지게 하므로 노즐의 상태를 잘 확인하여야 한다.

② 전체적으로 절단면의 품질이 나쁜 경우에는 산소가스의 순도가 문제이며 절단면의 아래쪽이 거칠게 되며 드로스도 발생할 수가 있음을 고려해야 한다.

재료 두께가 두꺼워질수록 가공품질에 대한 보조가스의 순도문제가 대두된다. 사용실적이 있는 보조가스 용기의 가스로 시험가공을 하여 순도를 확인하여야 한다.

(2) 레이저광의 요인(그림 3.7.2)

① 절단에 방향성이 있는 경우에는 레이저광에 대한 빔 모드의 진원도나 강도분포가 불균일하다는 문제가 있다. 레이저광의 강도가 그대로 금속을 용융시키는 능력이 되기 때문에 불균일한 모드는 절단하는 방향에 따라 연소 능력의 차이를 발생시켜 버닝으로 이어지게 한다.
모드의 형상을 확인하여야 한다.

② 전체적으로 절단품질이 나쁜 경우에는 렌즈에 집광된 레이저광이 집광이 잘 되지 않아 불규칙한 에너지가 분포되기 때문이다. 용융되는 영역은 가능한 한 고온으로 용융되지 않는 영역은 가능한 한 저온으로 해야만 한다. 이 경계에 어중간한 에너지가 있으면 버닝이 된다. 레이저광이 집광이 잘 되지 않는 이유는 렌즈나 PR미러에 이상이 있거나 광로 내의 분위기나 밴드미러에 이상이 있는 것으로 판단된다.

(3) 기타의 요인 (그림 3.7.3)

① 가공의 진행과 더불어 서서히 악화되는 경우에는 가공중인 열이 재료에 축적되어 재료온도가 상승하여 버닝이 발생하는 것으로 판단이 되므로 열이 집중되지 않고 확산이 되도록 가공경로의 연구가 필요하다.

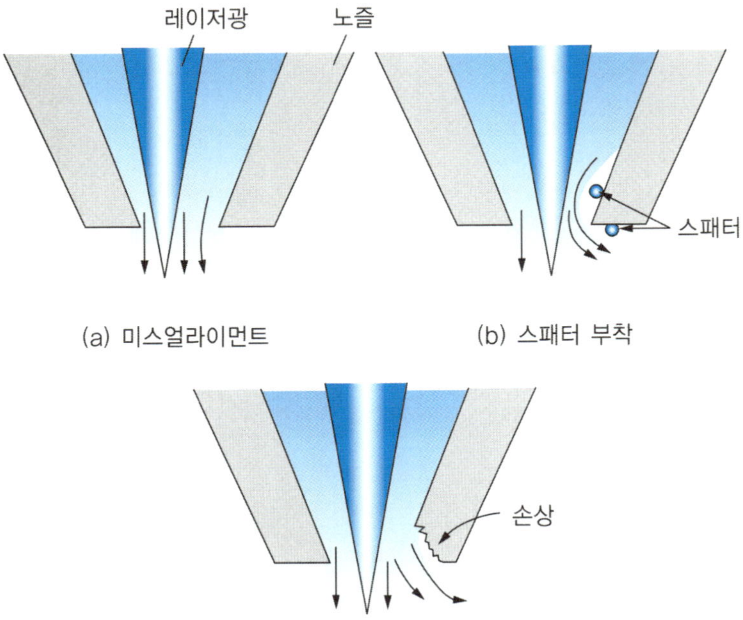

(a) 미스얼라이먼트 (b) 스패터 부착

(C) 노즐의 변형

① 방향성의 발생 (방향에 따라 발생하거나 발생하지 않는 경우가 있다)

그림 3.7.1 보조가스의 요인

② 가공경로가 길 경우에 있어서 후반의 가공 중에 악화되는 경우에는 노즐이나 PR미러 등의 오염된 부분이 레이저광을 흡수하여 열렌즈작용을 일으키기 때문이다. 렌즈나 PR미러 등의 광학부품을 청소하여 주기 바란다. 그래도 상황이 좋아지지 않으면 해당 부품을 교환하여야 한다.

③ 가공테이블 내의 어떤 특정한 범위에서 발생하는 경우에는 광로어긋남이 발생하고 있는 것이다. 가공위치에 따라 노즐 중심과 레이저광의 위치가 어긋났기 때문에 버닝이 발생한다. 광로의 어긋남을 수정하여야 한다.

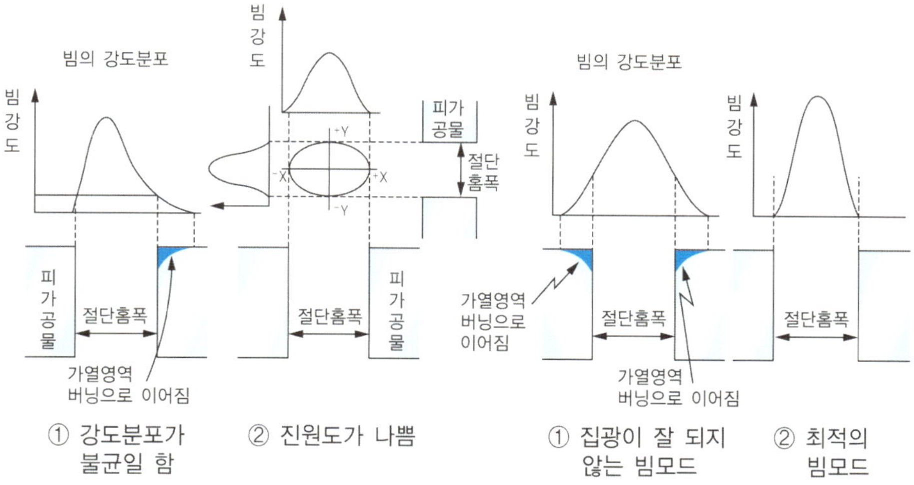

(1) 절단에 방향성이 있는 경우 (2) 전체에 걸쳐 절단면의 품질이 나쁜 경우

그림 3.7.2 레이저광의 요인

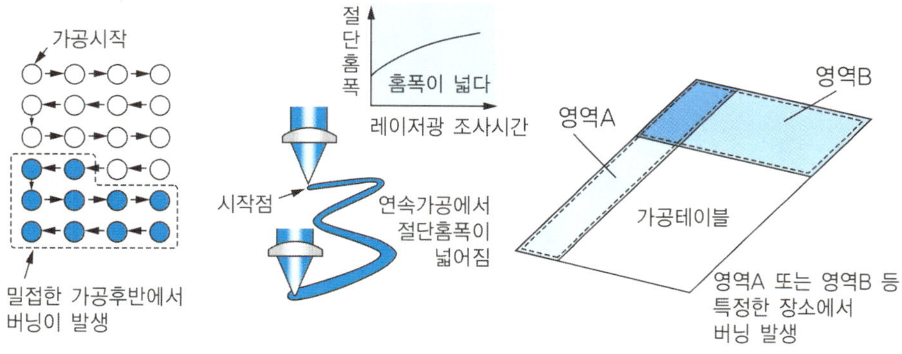

(1) 가공의 진행과 함께 발생 (2) 긴 경로의 후반에 발생 (3) 가공테이블 내의 특정한 장소에서 발생

그림 3.7.3 기타의 요인

3.8 두께 19 mm 재료 가공시의 버닝 대책

현 상

버닝의 대책에 대해서는 다른 장에서도 설명하였지만 여기에서는 "연강 19 mm의 가공 도중 버닝의 발생"으로서 이 "도중에서" 의 대책을 설명하겠다. "도중에서"라는 것은 앞에는 양호한 절단상태이었다가 두 가지 경로로 버닝이 발생하는데 (1) 1개의 형상 가공 도중에 버닝이 발생하는 경우와 (2)여러 개의 형상을 연속절단 중에 버닝이 발생하는 경우가 그것이다.

원 인

(1)의 1개의 형상 가공 도중 발생하는 버닝은 열렌즈작용이 원인이 된다. (2)의 여러 개의 형상을 연속절단 중에 버닝이 발생하는 경우에는 버닝이 발생하는 장소나 유형에 따라 가공기와 피가공물 측의 원인으로 나눌 수 있다.

대 책

(1) 1개의 형상 가공 중에 발생하는 버닝

가공 중에 절단면이 서서히 악화되어 드로스의 발생량이 증가하고 더욱 악화되면 버닝이 되는 현상은 CO_2 레이저에서는 렌즈나 PR미러 등의 광학부품 오염이 파이버 레이저에서는 보호유리 등의 광학부품 오염이 가공 중에 레이저광을 흡수하여 열렌즈작용을 일으키기 때문이다. 광학부품을 청소하고 오염을 제거하여 주어야 한다. 그래도 상황이 개선되지 않는다면 부품을 새것으로 교체해야 한다.

(2) 여러 개의 형상을 연속절단 중에 버닝 발생

① 가공의 진행과 함께 서서히 악화되는 경우

가공열이 재료에 축적되어 온도가 상승하면 버닝이 많이 발생하게 된다. 열이 집중되지 않고 확산되도록 가공경로를 잘 연구하여 절단작업을 수행해야 할 것이다.

② 빔을 off로 하면 일단 정상으로 복귀하지만 연속가공에서는 악화되는 경우에는 렌즈나 PR미러, 보호유리 등의 광학부품의 오염이 레이저광을 흡

수하여 열렌즈작용을 일으키기 때문이다. 광학부품을 청소하여 주어야 한다. 그래도 상황이 개선되지 않을 경우에는 부품을 새것으로 교환해야 한다.

③ 테이블 가공범위의 특정한 장소에서 발생하는 경우

광주사 방식의 가공기에서 발생하는 현상이다. 광로어긋남이 발생하고 있기 때문에 가공 위치에 따라 노즐 중심과 레이저광의 위치가 어긋나 있으므로 버닝이 발생한다. 광로의 어긋남을 수정하여 주기 바란다.

④ 기타

피가공물이 레이저광을 균일하게 흡수하기 위해서는 재료의 표면상태가 매우 중요하다. 재료 표면의 녹의 유무상태와 밀스케일의 상태를 확인하여야 한다.

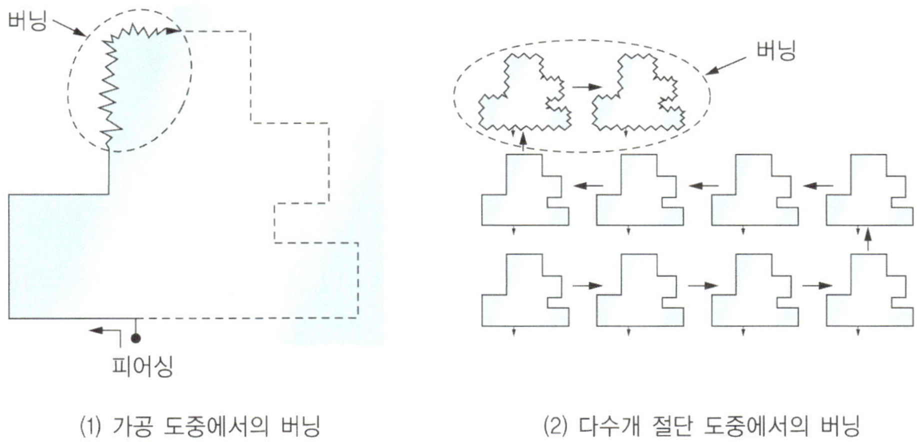

그림 3.8.1 "도중에 버닝이 발생하는" 의 유형

3.9 두께 9 mm 재료 피어싱시의 버닝 대책

현 상

연강후판의 레이저절단에 있어서 좁은 가공범위에 장시간 레이저광을 조사하는 피어싱에서는 버닝이 발생하기 쉽다. 이러한 버닝의 발생상태에는 그림 3.9.1에 나타낸 바와 같이 (1) 피어싱 관통 중, (2) 피어싱 완료 후에 절단을 시작한 직후 등 어느 한쪽에서 일어난다. 또한 작은 출력의 펄스발진을 사용하여 작은 피어싱 홀을 만드는 경우와 큰 출력의 연속발진을 사용하여 큰 피어싱 홀을 만드는 경우가 있다. 연속발진에 의한 피어싱은 일종의 버닝현상으로서 위의 (1)의 현상에는 해당되지 않으며 (2)의 현상만 발생한다.

원 인

그림 3.9.2와 같이 피어싱은 가공재료의 표면측에 레이저광을 조사하여 용융시킨 금속을 표면측에서 서서히 홀을 뚫어가는 현상이다. 그래서 대출력을 사용하여 용융속도를 높이면 피어싱 표면의 작은 홀로부터 용융금속의 배출이 이루어지지 않아 내부에 열이 축적되게 된다. 또 그림 3.9.3과 같이 직경 0.3 ~ 0.5 mm의 피어싱 홀은 그 벽면에서 레이저광을 잘 흡수해버리기 때문에 홀 주위의 온도가 상승하게 된다. 재료 두께가 두꺼워질수록 이 레이저광을 흡수하는 벽면이 길어지게 되고 피어싱 홀 주위온도가 상승한다. 직경 0.3 ~ 0.5 mm의 피어싱 홀에 대한 절단홈의 폭은 0.5 ~ 0.8 mm 정도이다. 피어싱 직후에 절단이 시작되면 절단홈의 형성에 따라 단숨에 증가하는 용융금속의 양이 피어싱 홀의 용적에 흡수되지 않고 뿜어져 올라오게 된다.

대 책

처음 가공하는 재료에서 발생하는 경우에는 재료에 의한 요인도 있기 때문에 조건표부터 수정을 하여야 한다. 과거에 양호한 가공을 했던 적이 있던 재료에서 버닝이 발생한 경우에는 다음과 같은 사항을 확인하여 대책을 세워 주기 바란다.

(1) 은 피어싱 도중에 단번에 용융이 진행된 현상이 발생하고 있다.

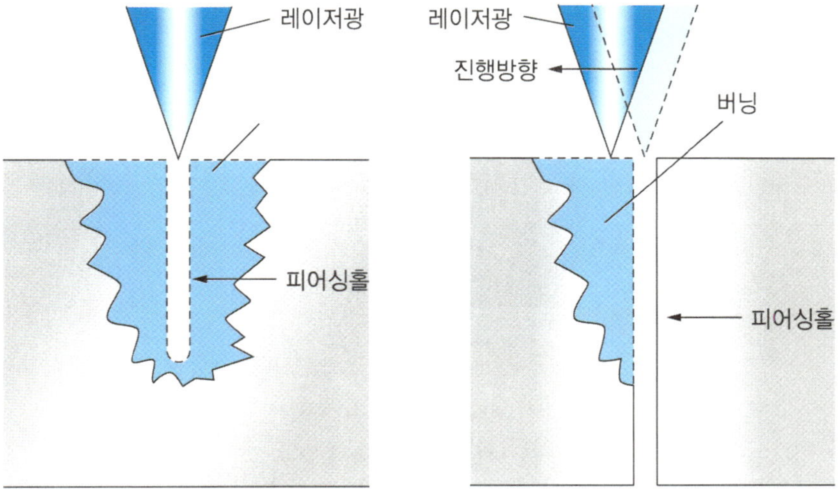

(1) 피어싱 관통 중에 발생　　(2) 피어싱 후 절단 시작부에서 발생

그림 3.9.1 피어싱에서의 버닝 발생

② 피어싱이 완료되기 전에 절단조건으로 변경되었는지 확인

(2) 는 절단된 부분에 안정된 절단홈의 폭이 형성되어 있지 않다.

① 절단시작부의 속도조건이 적정한 값인지 확인

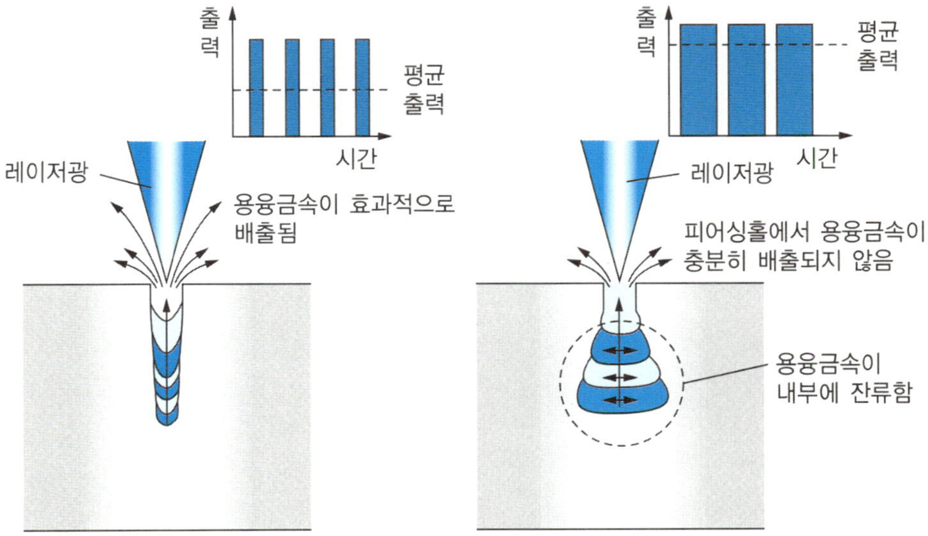

(1) 적정 출력에서의 피어싱　　(2) 과잉출력에서의 피어싱

그림 3.9.2 피어싱 홀에서 용융금속의 배출

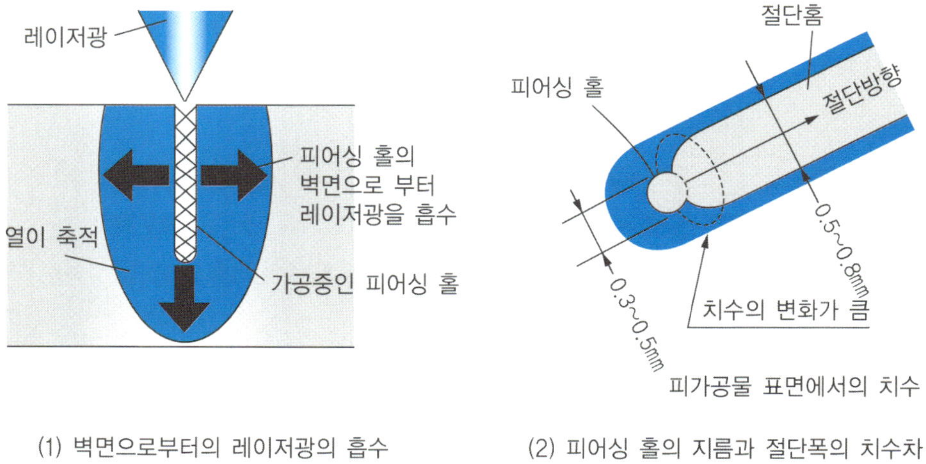

그림 3.9.3 버닝의 발생 원인

3.10 두께 22 mm 재료 시작조건시의 버닝 대책

현 상

연강의 후판절단에 있어서 피어싱 완료 후에 피어스라인(pierce line, 절단시작 선)의 절단시작 위치에서 버닝이 발생하는 경우가 있다. 재료 두께가 두꺼워질수록 이러한 버닝 발생의 빈도가 높아지기 때문에 절단 시작부에서는 적절한 시작조건을 설정해야 한다.

원 인

(1) 피어싱 중에 용융되어 배출되는 금속이 피어싱 홀의 주위에 쌓이면 이 부분을 레이저광이 통과할 때 레이저광의 반사나 보조가스의 흐름에 교란을 일으켜 버닝 발생의 원인이 된다.

(2) 피어싱 중에 피가공물의 벽면에서 레이저광이 흡수됨에 따라 피가공물의 온도가 상승하여 버닝이 발생하기 쉬워진다. 피어싱이 관통한 후에도 레이저광을 조사하고 있으면 그 사이에도 피가공물을 계속 가열하게 됨으로써 피가공물의 온도가 상승하게 된다.

(3) 재료 두께 22 mm의 연강을 가공하는데 있어서 펄스조건으로 피어싱 할 때에는 피어싱 홀의 직경이 상부 약 0.7 mm, 하부 약 0.5 mm의 치수가 된다. 그림 3.10.1과 같이 피어싱으로부터 절단을 시작하면 절단 시작부에서 한 번에 발생하는 용융금속의 양이 피어싱 홀의 공간에 흡수되지 않고 분출되어 버닝이 빈번하게 발생하게 된다.

대 책

(1) 퇴적물의 대책

1 펄스당의 에너지를 높게 하는 저주파나 높은 첨두 펄스조건을 사용하여 퇴적물도 동시에 절단하는 방법이 효과적이다. 펄스조건은 속도가 낮지만 용융과 냉각을 반복하기 때문에 불안정한 재료표면상태에 적합하다.

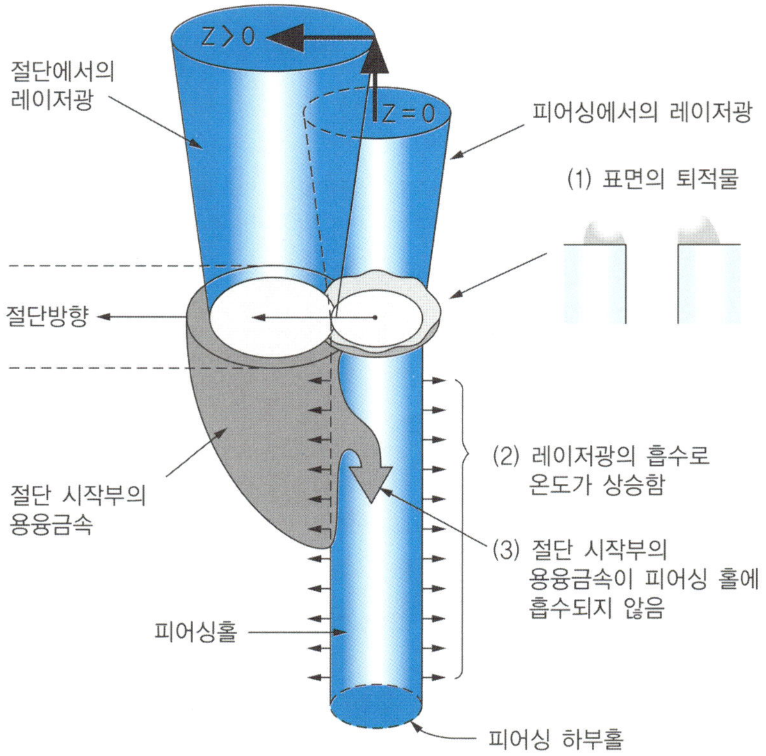

그림 3.10.1 피어싱 후의 절단시작부에서의 불량

(2) 벽면에서 레이저광이 흡수되는 것에 대한 대책

피어싱이 관통한 후에도 레이저광이 계속 조사되는 것을 방지한다. 피어싱조건에서 설정시간을 단축하든가 피어싱 센서로 관통상태를 확인하고 차기 절단조건으로의 변환시간을 단시간에 시행한다.

(3) 피어싱 직후의 절단에서 발생하는 용융금속의 양을 피어싱 홀에서 흡수할 수 있을 만큼 적게 한다. 이 용융량을 적게 만드는 절단조건으로 펄스조건을 선택하든지, 아니면 낮은 속도의 조건으로 선택하는 것이 효과적이다. 절단시작부에 대한 이러한 조치는 그림 3.10.2에서와 같이 NC 제어장치를 통하여 자동적으로 수행이 된다.

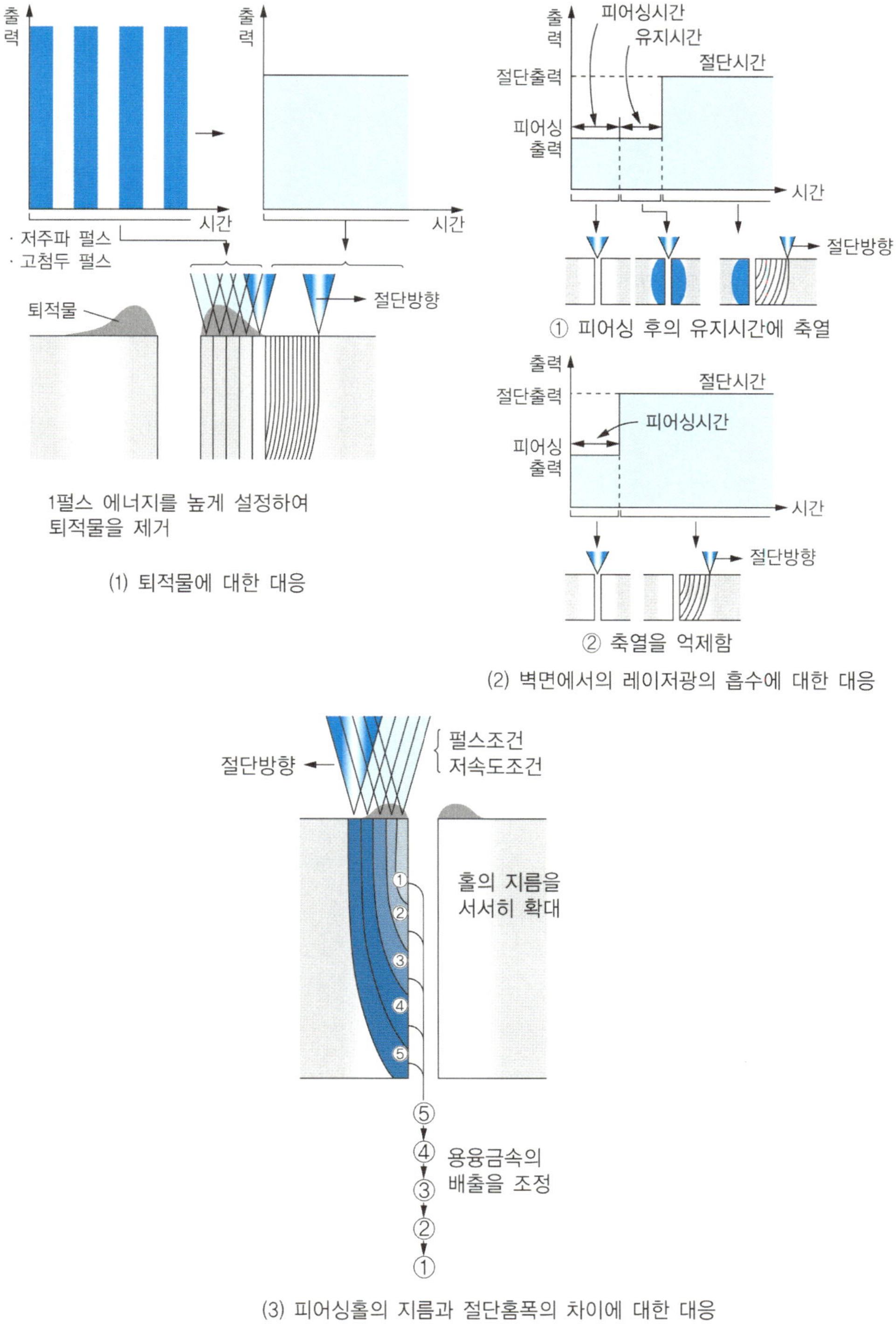

그림 3.10.2 절단시작부의 불량대책

3.11 연강 후판에 적용하는 빔모드

현 상

박판의 고속절단에는 피가공물을 용융시키는 능력이 높은 고집속(초점을 작게 집광시킨)의 빔모드가 적합하다. 일반적으로는 싱글 모드를 단초점렌즈로 집광한다. 그러나 후판절단에서는 용융능력을 높이는 것만으로는 절단홈 내에서 용융금속을 잘 배출할 수 없으며 양호한 절단가공의 여유범위도 좁아지게 된다. 그림 3.11.1은 CO_2 레이저의 싱글 모드(TEM_{00})와 멀티 모드(TEM_{01}^*)에서 재료 두께 12 mm의 연강을 절단한 가공조건 여유범위를 비교한 것이다. 멀티 모드의 절단가공조건 여유범위가 넓게 나타나 있음을 알 수 있다.

원 인

그림 3.11.2에는 연강 후판절단에 가장 적합한 절단홈의 형상을 결정하는 빔모드에 있어서 대표적인 두 가지 요인을 나타낸다.

(1) 용융범위를 제한

후판절단에서는 레이저광으로 용융된 범위는 고온이 되지만 그 주위의 용융되지 않은 영역은 가능한 한 저온으로 유지되는 것이 중요한다. 특히 절단가공의 시작점이 되는 피가공물 표면에서의 용융현상은 빔모드의 영향을 직접 받는다. 레이저광의 조사위치에서는 레이저광의 강도가 강한 중심으로부터 용융이 확대되고 빔모드의 에너지 밀도가 저하된 위치에서 용융이 정지된다. 빔모드의 경사부에서의 에너지강도분포의 구배는 이 구배각도 θ가 클수록 절단홈 주위에 대한 입열이 적어지게 된다. 구배각도 θ가 작으면 절단홈의 용융을 정지시키고 싶은 위치에서 정지시키지 못하고 연소범위가 확대되어 열폭주 상태의 버닝이 일어난다. 피가공물의 절단홈 경계부분의 온도가 상승하면 절단홈 중앙으로부터 넓은 연소가 발생하고 절단홈의 폭 경계위치에서 정지하기가 어렵게 되어 버닝이 발생하게 된다.

싱글 모드에 비하여 멀티 모드는 빔 경사부의 구배가 크며 렌즈에 열부하가 작아서 후판절단에 적합하다.

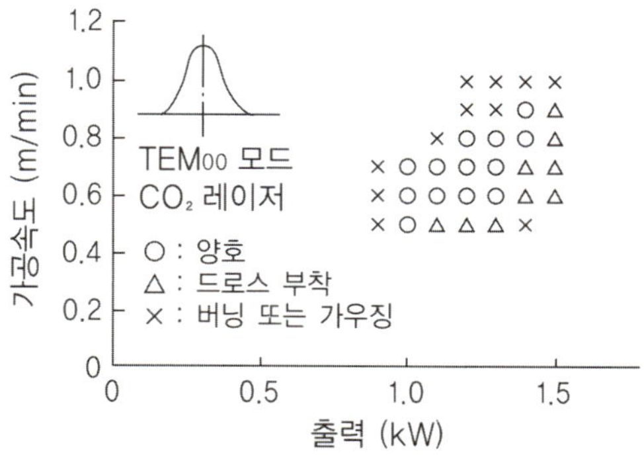

(1) TEM00 모드

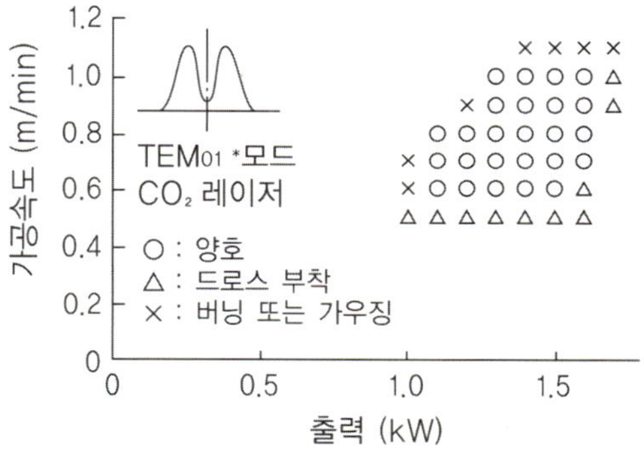

(2) TEM01 *모드

재질 SS400 재료두께 12mm

그림 3.11.1 가공 조건 여유범위의 비교

(2) 절단홈 내의 다중 반사

피가공물에 조사된 레이저광은 절단홈 내를 다중반사하여 절단가공을 진행한다.

렌즈의 초점거리는 레이저광의 피가공물에 대한 조사각도와 다중반사 상태에 영향을 미친다. 장초점 렌즈일수록 재료표면과 뒷면의 절단홈의 폭 변화가 작기 때문에 후판절단에는 효과적이다. 다만 장초점 렌즈일수록 조사부 빔모드에서의 빔 경사부분의 구배도 작아지게 되므로 빔모드에 맞추어 최적의 초점거리를 선택하여야 한다.

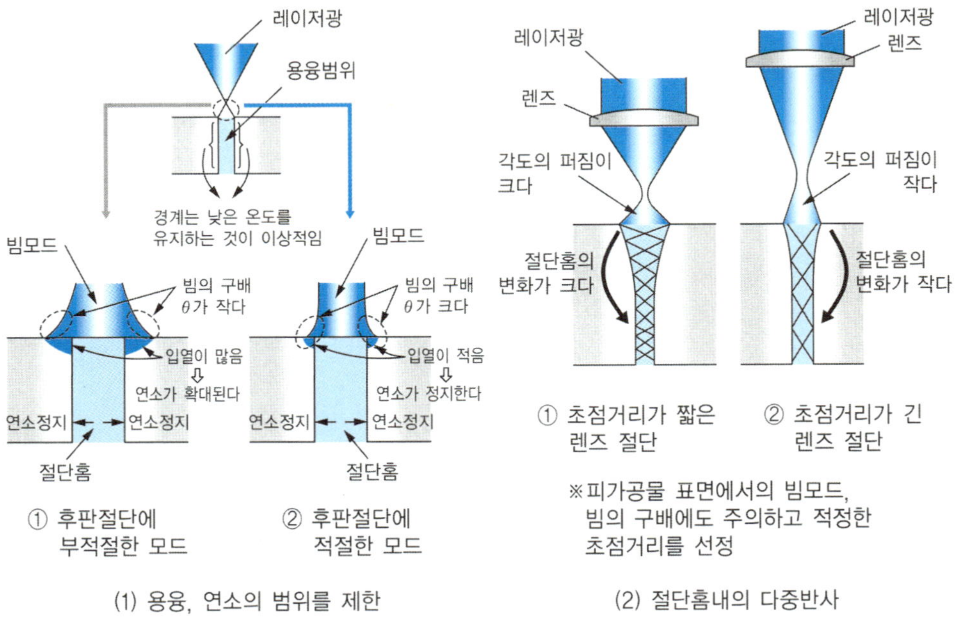

그림 3.11.2 연강의 후판절단과 빔 모드의 관계

3.12 연강의 후판 절단시 최적의 노즐 선택

현 상

연강후판의 절단은 산화반응을 이용한 가공이기 때문에 산소 보조가스에 대한 순도관리의 중요성을 이미 설명하였다. 그러나 산소순도는 절단초기에 열화되는 것뿐 아니라 절단가공 중에도 순도가 저하되어 절단품질이 악화되거나 절단속도의 저하를 일으키기 때문에 그 대책이 필요하게 된다.

원 인

피가공물에 대하여 위쪽에서 분사하는 보조가스는 그림 3.12.1과 같이 재료표면에 충돌할 때 가스흐름이 교란되어 절단홈 안으로 진입한다. 또 재료 두께 방향으로 연소가 진행되거나 절단홈 내로 에어가 들어감으로 인해 절단홈 내의 중앙부에서 아래쪽에 이르기까지 가스의 순도는 저하된다. 특히 재료 두께가 커지거나 절단 속도가 증가할수록 절단앞면이 절단진행방향보다 늦어지기 때문에 가공에 대하여 가스순도의 저하로 인한 영향은 커지게 된다.

대 책

일반적인 노즐(one hole)에서는 노즐직경을 크게 함으로써 가공부에 대한 산소가스의 실드(shield)성능을 향상시키는 방법이 고려된다. 그러나 그와 동시에 제어가 필요한 가스유량이나 가스압력에 대한 조건을 조정할 수 있는 범위가 작아지게 되는 문제와 스패터에 의해 렌즈가 오염되기 쉽다는 문제가 있다.

그림 3.12.2에는 노즐을 이중구조로 함으로써 절단부를 산소가스로 보호하여 재료 두께방향에 대해 산소의 순도를 유지하는 방법을 나타낸다. 외측 노즐에서 분사되는 산소가스는 중심 노즐에서 나오는 가스로 재료가 연소되는 현상을 도와주는 작용을 한다. 버닝 발생에 영향을 미치도록 가스흐름의 거동은 모두 중심노즐에 의해 최적화된다.

중심노즐에서 공급되는 산소가스에 의해 재료표면에서 연소가 시작되어 아래쪽으로 전달이 되는데 이러한 연소의 진행과정에서 떨어지는 가스순도를 외측노즐에서 공급되는 가스가 보완한다. 또 절단의 진행과 더불어 후방으로부터 절단홈 내로 들어오는 에어에 대해서도 외측노즐에서 공급되는 산소 보조가스가 이를 차단하게 된다.

재료 두께가 커지게 되면 재료 하부에서는 산화반응의 진행이 느리기 때문에 절단앞면은 가공 진행에 대하여 후방으로 지연되고 노즐의 산소가스 분사범위로부터 벗어나게 된다. 절단속도가 증가하는 경우에도 이와 유사하게 절단전면은 가공 진행에 대하여 후방으로 지체되고 노즐의 산소가스 분사범위로부터 벗어나게 된다. 이러한 절단전면의 지연에 대하여 2중 노즐에서 분사되는 산소가스는 가공부로 에어가 들어가는 것을 감소시켜 주기 때문에 효과가 있다.

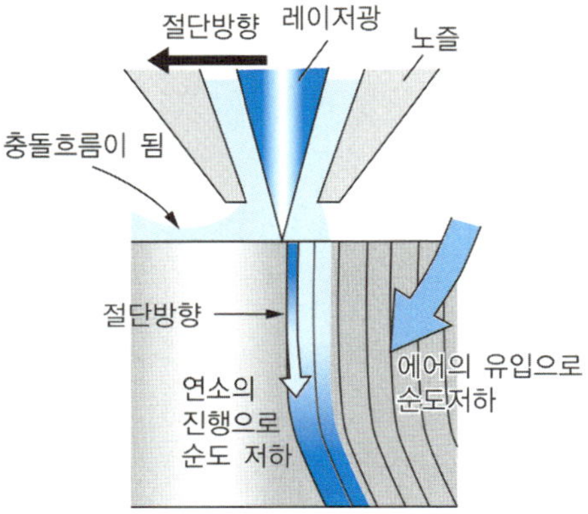

그림 3.12.1 산소보조가스의 순도 저하

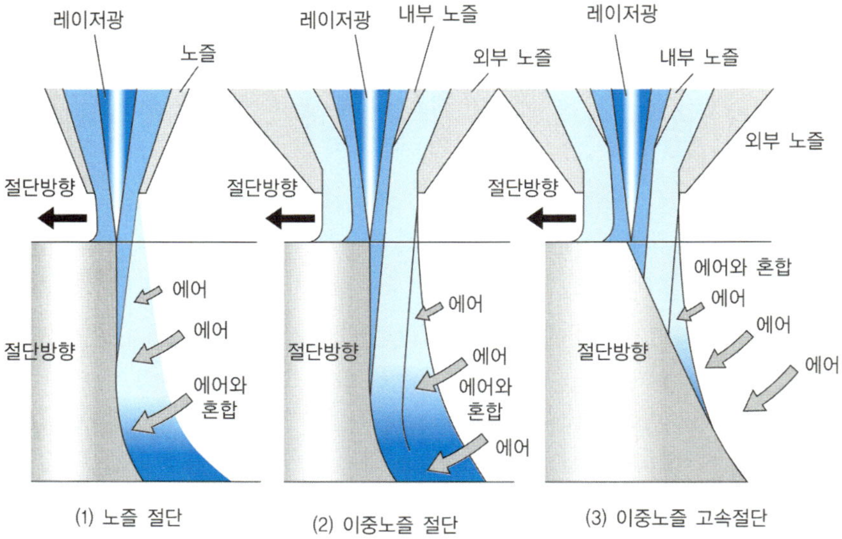

그림 3.12.2 후판절단에서의 이중노즐의 효과

3.13 후판 절단시 종단부의 용락 방지

현 상

연강의 후판절단에서는 가공끝단부에서 용락이 발생하기 쉬우며 탭(tab) 및 홀가공 등의 작업에서는 절단품질에 따라 용락 부분의 보수가 필요하다. 특히 재료 두께가 두꺼워질수록 또한 가공 홀의 직경이 작아질수록 용락량은 커지게 된다.

원 인

그림 3.13.1에 나타낸 바와 같이 가공부에서 발생하는 열이 절단속도보다 앞서 진행하기 때문이다. 레이저광보다 먼저 진행하는 열은 가공끝단부에 가까이 이르면 열전도에 의해 열의 도피 장소가 되어 끝단부는 고온상태가 된다. 그곳에 산소가스가 공급되어 버닝 상태의 용락이 발생하게 된다.

대 책

그 대책으로는 (1) 용락 전에 가공을 정지, (2) 입열의 감소, (3) 산화반응의 억제, (4) 냉각된 상태에서 가공, (5) 보수 등을 권장한다.

(1) 용락 전에 가공을 정지 ⇒ 마이크로 조인트를 만듦

가공 끝단부 직전에서 절단을 중지하여 마이크로 조인트(microjoint)를 만드는 방법이다. 이 마이크로 조인트량은 ① 가공재료의 두께, ② 가공형상, ③ 재질, ④ 절단홈의 폭(초점위치, 렌즈초점거리) 등을 고려하여 결정할 필요가 있다.

(2) 입열의 감소 ⇒ 저입열 펄스조건으로 전환

용락이 발생하는 부분을 저입열로 가공하기 위하여 펄스조건으로 절단하는 방법이다. 이 펄스가공조건에서는 ① 저주파수, ② 저 듀티(duty), ③ 저속도, ④ 저가스 압력 등의 파라미터가 입열에 영향을 준다.

(3) 산화반응의 억제 ⇒ 산화성이 낮은 가스를 사용

산소가스에 의한 산화반응열은 가공능력을 높여주지만 끝단부에는 과잉열이 된다. 드로스는 다소 발생하더라도 산화반응열을 감소시키기 위해서끝단부의 가스종류조건을 에어나 질소로 전환하는 것이 효과적이다.

(A)종단의 용손

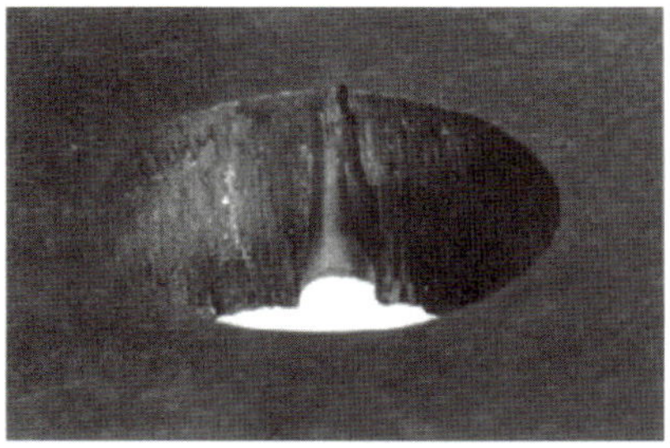

SS400 12mm

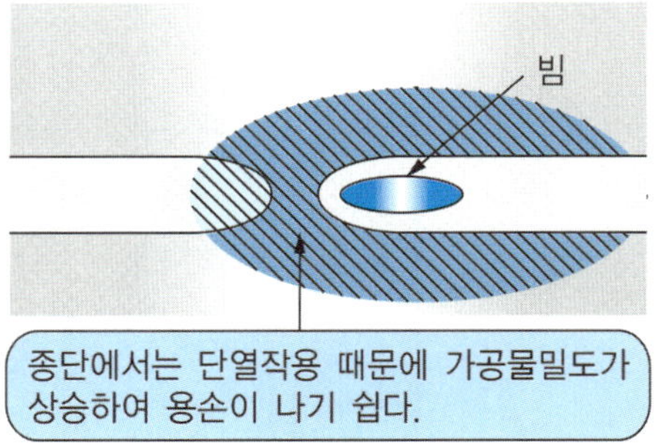

(B)대책

(1)마이크로 조인트를 만듦

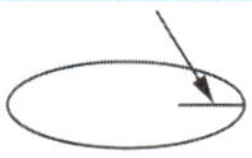

용손이 발생하는 온도이하의 상태에서 가공을 정지한다
마이크로 조인트량은 아래의 요인을 고려하여 결정할 필요가 있다
· 부재두께
· 형상

(2)종단에서의 저입열 펄스조건

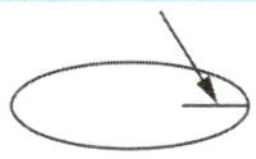

용손이 발생하는 온도이하의 상태에서 가공을 실행한다.
종단부의 가공조건은
· 저주파 펄스
· 저듀티 펄스
· 저속도
· 냉각시간
· 저가스압력

(3)산화반응을 억제하는 조건

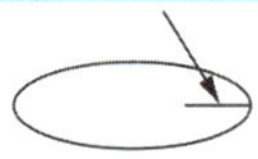

산소에 의한 연소를 억제하여 용손을 방지한다
종단부의 가공조건은 에어절단 조건으로 한다

(4)가공속도를 높임

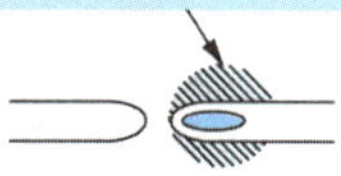

레이저광의 진행속도를 열의 진행속도 보다 빠르게 한다

(5)돌기 프로그램

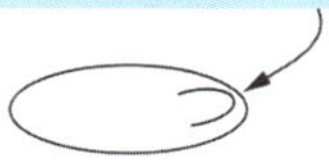

용손량과 같은 분량의 돌기(凸)를 만든다 프로그램으로 가공한다

(C)저입열 펄스조건에 의한 개선 사례

SS400 12mm

그림 3.13.1 용락의 발생과 대책

(4) 냉각한 상태에서 가공 ⇒ 가공속도를 높임

절단속도를 고속으로 높이기 위한 출력에 여유가 있는 경우에는 열의 진행속도보다 빠르게 절단을 진행하는 조건으로 설정한다. 구체적으로는 f = 2 m/min 이상을 절단속도설정의 목표로 삼아야 한다.

(5) 수정 ⇒ 돌기(projection) 프로그램

용락과 같은 양의 돌기를 부착한 프로그램을 작성한다. 이 돌기 부분을 용손시킴으로써 균형을 이루게 하여 용락을 방지한다.

3.14 녹슨 재료의 절단 대책

현 상

연강의 후판절단에서 양호하게 절단이 이루어지는 경우에도 피가공물 표면에 녹이 발생되어 있는 영역에서는 절단면의 조도가 거칠어지거나 버닝이 발생할 수가 있다. 그림 3.14.1은 재료 두께 12 mm의 SS400를 가공한 것으로 가공재료 표면의 일부에 (1) 녹이 발생한 것과 (2) 녹이 발생하지 않은 것을 각각 절단한 결과이다.

원 인

레이저광 그 자체는 열을 가지지 않으며 재료 표면에 흡수되어 비로소 열로 변화하여 가공을 할 수 있게 된다. 녹이 있고 없고의 재료의 표면 상태에 따라서 레이저광의 흡수율이 달라지기 때문에 열량의 발생상태는 편차가 크게 된다. 또 녹의 발생상태에 정도의 차이가 있는 경우나 녹이 재료 표면의 밀스케일의 내부로 퍼져 있는 경우에도 밀스케일과 모재와의 밀착도를 나쁘게 만들기 때문에 열의 전도가 불균일하여 가공품질이 변화한다. 이와는 반대로 피가공물 전체적으로 균일한 녹이 발생해 있으면 레이저광의 흡수도 균일하게 되고 양호한 절단이 될 수밖에 없다.

대 책

그림 3.14.2와 같이 절단 전의 예비가공에서 피가공물 표면에 대하여 레이저광의 흡수율을 일정하게 하는 방법을 적용한다. 절단에 사용하는 가공프로그램을 이용하여 출력을 저출력으로 설정하고 초점위치는 플러스 디포커스(plus defocus)가스로 설정하여 피가공물 표면을 가공경로를 따라 균일하게 용융시킨다. 그런 다음 가공시작점에 이르러 절단조건으로 전환하여 절단을 진행한다. 예비가공에서 피가공물 표면을 과도하게 용융하게 되면 절단면이 거칠게 되는 경우도 있으므로 주의가 필요하다. 이러한 예비가공방법으로 가공한 경우에 전혀 녹이 발생하지 않은 재료에서 얻는 품질(절단면)에는 미치지 못하지만 버닝을 방지하는 면에서는 큰 효과가 있다. 또한 이 절단방법은 피가공물 표면에 페인트가 있거나 흠집이 있거나 그 외의 어떠한 오염이 있더라도 양호한 절단품질을 얻을 수 있으므로 효과적이다.

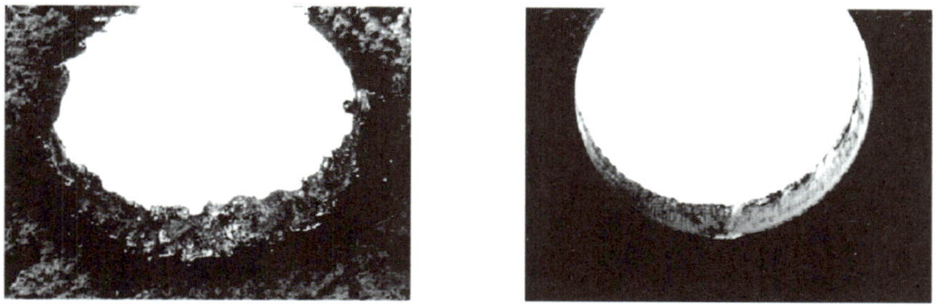

(1) 녹이 발생한 재료의 절단　　(2) 녹이 없는 재료의 절단

재질・두께	SS400・12㎜	동일조건에서 절단
출력	1800W	
속도	1000㎜/min	

그림 3.14.1 녹이 발생한 재료의 가공 결과

그림 3.14.3과 같이 표면의 녹을 밀스케일과 함께 그라인더 등으로 제거하여 모재의 금속면을 드러내어 가공하는 경우가 있다. 그러나 모재(Fe)는 밀스케일 보다 열전도율이 큰 특성이 있다. 그러므로 레이저광이나 보조가스가 다소 교란되어 버닝의 발생 빈도가 증가하였으며 또한 버닝의 범위도 넓어졌다. 이와 같이 밀스케일은 레이저절단성능을 향상시키는 효과가 있다.

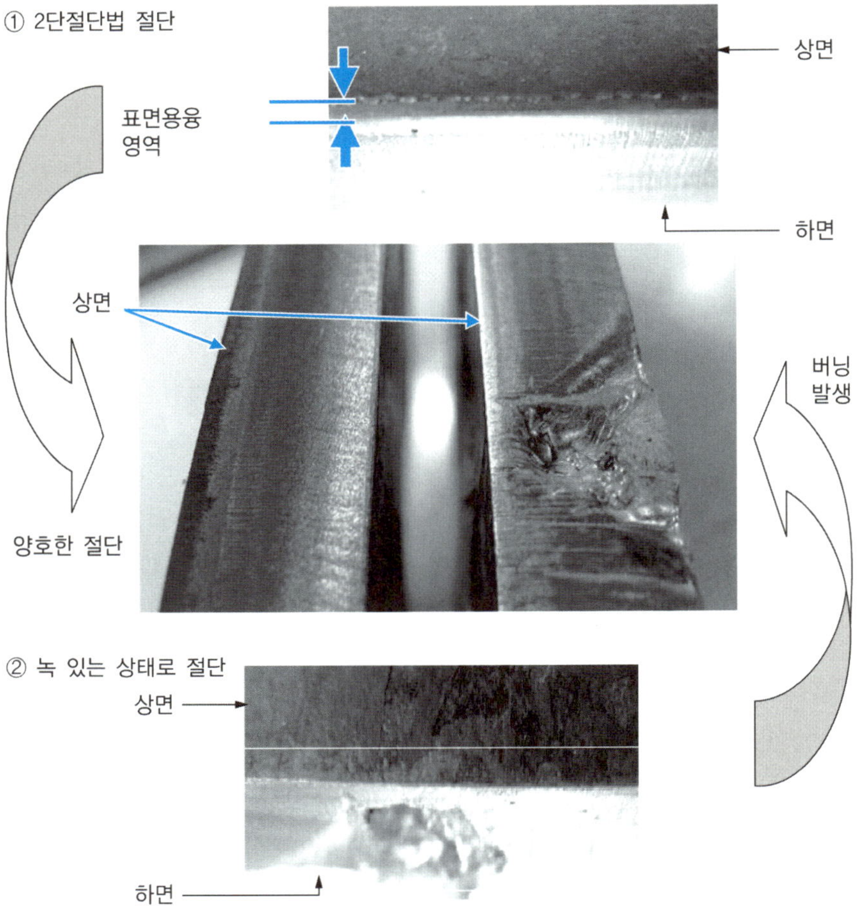

그림 3.14.2 2단 절단법에 의한 절단

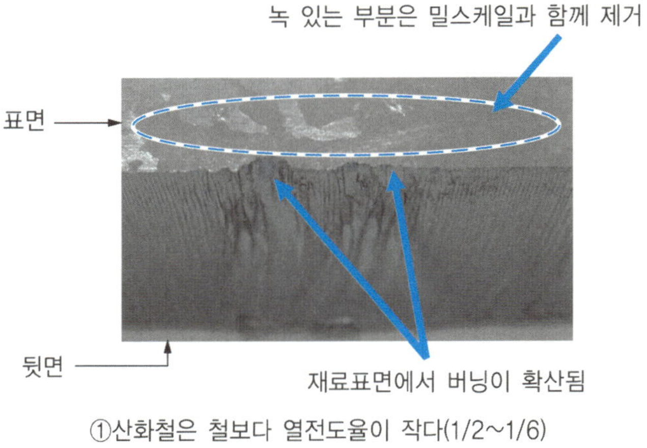

그림 3.14.3 재료표면의 밀스케일 제거

3.15 연강재료의 표면 각인을 두껍게 하는 가공법

현 상

조선용 부재나 교량부재 등의 레이저 가공에서는 레이저 절단 후 부품에 아연 등의 도장처리를 실시하여 피막을 두껍게 하는 경우가 있다. 일반적으로 레이저에 의한 표면 각인은 가공된 부분이 0.1~0.2 mm 정도의 깊이이기 때문에 이러한 도장처리로 인해 표면 각인이 지워지게 된다. 따라서 레이저로 각인을 두껍게 하여 요철을 크게 할 필요가 있다.

원 인

레이저에 의한 일반적인 표면 각인에서는 보조가스로 질소가스를 사용하며 저출력의 레이저광으로 초점위치를 피가공물 표면에 설정하여 표면층을 아주 조금 용융시킨다. 이러한 상태에서 출력을 증가시키거나 가공속도를 저하시키면 피가공물 표면에서의 용융범위는 넓어지지만 용융부 표면은 거칠어진다. 초점을 디포커스(defocus)하여 레이저광의 직경을 키우면 조사면의 빔 모드 에너지 강도 분포가 불균일하게 되기 때문에 가공이 불안정하게 된다.

대 책

각인을 두껍게 하고 깊게 파내기 위해서는 그림 3.15.1에 나타낸 바와 같이 레이저광의 조사부를 산소가스로 연소시켜 용융범위를 확대하는 메커니즘을 이용한다. 또한 고압의 보조가스에 의해 용융금속을 한번에 불어 없애서 제거하는 공정을 이용한다. 그러나 고압력의 산소 보조가스를 분사해서 용융 연소시키면 일반적으로는 용융현상이 판두께의 하부 방향으로 진행되어 절단가공이 된다. 이러한 산소 보조가스의 가공능력을 깊은 각인 상태로만 폭과 두께를 제어하기 위해서는 노즐의 조건을 최적화하여야 한다. 그림 3.15.2에 재료두께 6 mm인 연강에 레이저 출력 250 W, 가공속도 1 m/min에서 표면 각인을 실시한 사진을 나타내었다. 각각의 노즐 직경은 2 mm 및 1mm를 사용하였다. 직경 2 mm에서의 가공은 절단이 발생하였으나 1 mm에서는 깊은 각인이 형성되었다. 작은 직경의 노즐은 표면 각인의 폭방향으로 가공을 넓게 하고 깊이 방향으로의 가공을 억제하는 작용을 한다. 또한 적당한 에어가 혼입되기 때문에 연소반응의 진행을 억제하는 효과도 있다. 보조가스로 산소를 사용하기 때문에 가공 중의 용융금속은 산화되며 고압의 보조가스 분사에 의해 3.15.3에 나타난 것과 같이 피가공물의 표면에 미세한 입자가 비산하고 있다. 초점위치의 설정은 플러스 디포커스(puls defocus) 위치이기 때문에 노즐과 가공위치가 떨어져 있어 비산하는 금속이 노즐에 부착되지는 않는다.

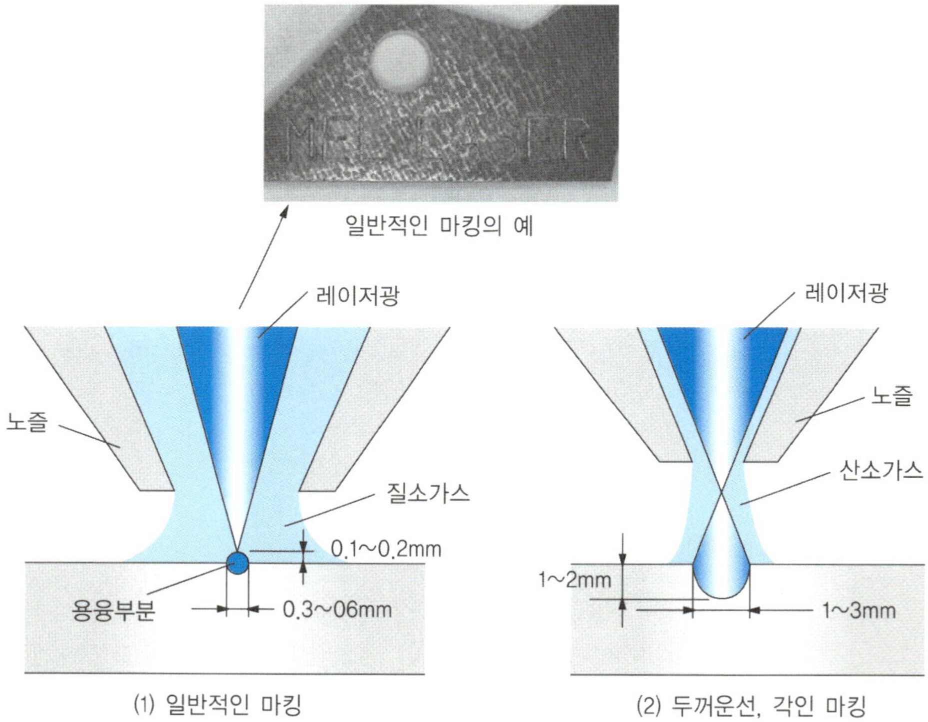

그림 3.15.1 두꺼운 선, 각인마킹 방법

재질:SS400 재료두께:6 mm 출력:250 W 속도:1 m/min 레이저:CO_2 레이저

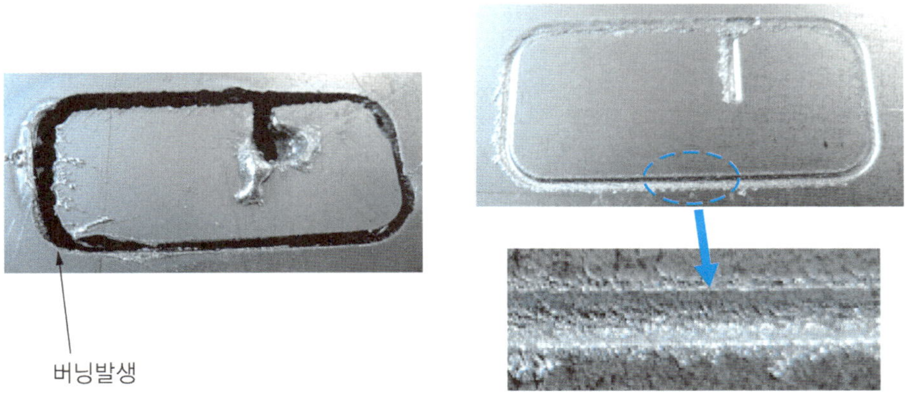

(1)직경 2mm 노즐로 가공 (2)직경 1mm 노즐로 가공

그림 3.15.2 노즐직경의 영향

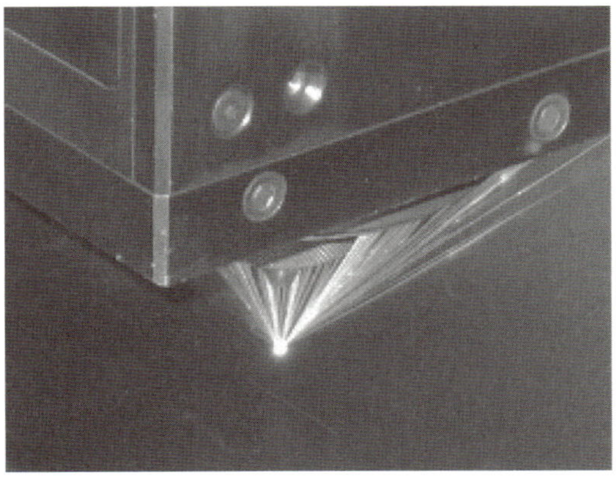

그림 3.15.3 두꺼운 선, 깊은 표면각인의 가공상황

3.16 경사절단시의 가공성

현 상

레이저 절단에서는 피가공물의 표면에 레이저광이 수직으로 조사되는 것이 기본이다. 레이저 조사축에 대하여 피가공물이 경사지거나 피가공물 표면에 대하여 레이저광이 경사지게 조사되면 가공은 극단적으로 불안정하게 된다. 연강재료의 산소절단에서는 절단면이 예각이 되는 부분에서 버닝(burning)이 발생한다. 스테인리스강 재료 등에 있어서 무산화 절단에 의한 경사절단에서는 피가공물의 뒷면에 드로스(dross)가 발생하게 된다.

원 인

그림 3.16.1의 (1)은 재료두께 12 mm의 SS400 피가공물에 대해서 가공헤드를 경사지게 하여 절단한 경우의 표면과 뒷면의 절단홈(kerf) 사진이다. 레이저광이 경사지게 조사되면 피가공물의 표면에서 에너지 밀도가 불균일하게 되어 가공하는 방향에 대하여 불균일하게 된다. 또한 노즐에서의 보조가스의 분사시에도 피가공물이 경사지게 놓이면 절단구내로 유입되는 가스의 흐름이 불규칙하게 되어 가공품질이 악화된다. 피가공물에 의한 요인으로는 절단 끝부분에 예각 (a 측) 및 둔각 (b 측)이 형성되고 이중 예각 (a 측) 부분에서 과도하게 열이 축적되어 버닝을 발생시키게 된다.

대 책

그림 3.16.1의 (1)에 나타낸 바와 같이 12 mm의 재료두께에서는 경사 10°의 각도까지 양호한 절단이 가능하다. (2)는 각종 재료두께의 연강재료에 대해서 가공헤드의 경사각도와 한계 절단 속도와의 관계를 정리한 것이다. 경사 각도가 클수록 절단속도를 느리게 하여 가공할 필요가 있다. 버닝은 과도한 연소 때문에 발생하므로 기본적인 대책으로 산화반응열의 발생을 억제하는 것이 유효하다. 재료두께가 작은 경우에는 산화반응을 억제하기 위하여 보조가스로 에어나 질소가스를 사용하면 버닝는 발생은 없어지지만, 피가공물의 뒷면에 발생하는 드로스는 증가하는 경

향이 있다. 경사진 피가공물의 절단은 절단방향도 가공품질에 큰 영향을 미친다. 절단방향이 상승 또는 하강방향 두 가지로 한정되는 경우에는 상승보다는 하강방향의 절단에서 버닝이 발생하기 어렵다. 알루미늄 등의 고반사 재료의 경사절단에서는 피가공물 표면에서 레이저광의 면적이 증가하기 때문에 에너지 밀도가 저하되어 반사가 일어나기 쉽다. 3차원 레이저 절단에서는 항상 가공면에 대하여 수직으로 레이저광을 조사하고 경사절단에서는 레이저빔 흡수재를 도포하여 가공을 실시한다.

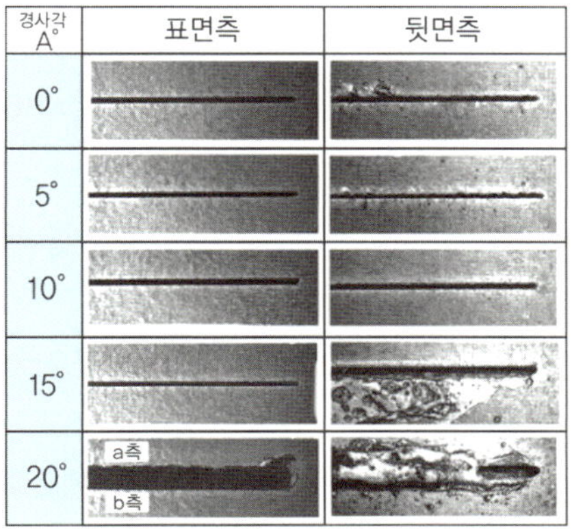

(1) 경사절단품질 (SS400 12 mm)

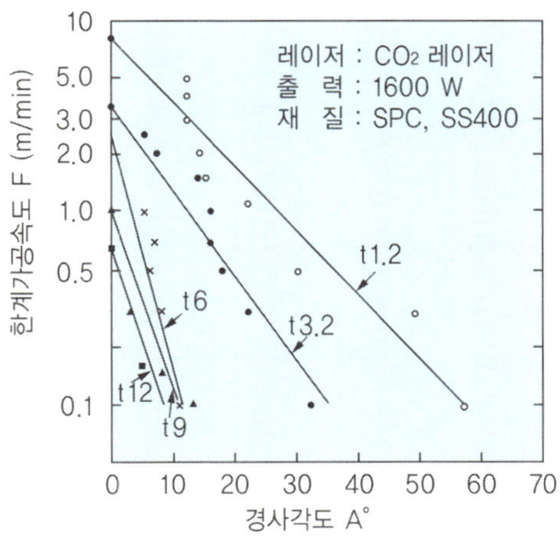

(2) 경사절단에 있어서 한계가공속도

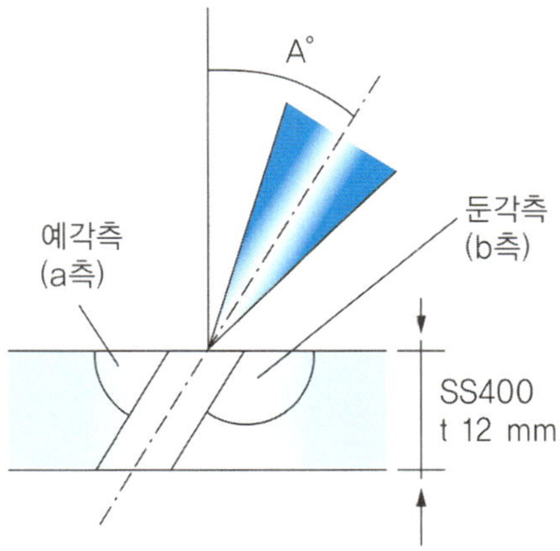

그림 3.16.1 경사절단의 품질 및 능력

3.17 무늬강판 절단시의 주의점

현 상

무늬강판의 재질은 연강, 스테인리스강 및 알루미늄이 일반적이다. 특히 연강재료에 있어서 무늬강판의 돌기부가 상부에 배치된 상태에서 절단을 하면 용락이 발생한다. 그림 3.17.1에는 레이저광의 진행방향과 용락이 발생하는 관계를 나타낸다. 절단 방향에 대하여 레이저 광이 돌기부로부터 절단되어 나오는 쪽에서 용락이 발생하고 있다.

원 인

용락의 원인에는 절단속도보다도 빠른 속도로 열이 전달되어 돌기의 모서리에 열이 축적되는 경우와 돌기부의 표면에 대한 노즐이나 가공렌즈의 위치관계가 변화되어 보조가스 압력이나 초점위치의 조건이 적정값으로부터 벗어나는 경우 등이 있다.

대 책

무늬강판을 양호하게 절단하기 위해서는 (1)돌기부 요철의 높이 변화를 작게하는 방법, (2) 돌기부에의 열집중을 억제하여 절단하는 방법이 있다.

(1) 돌기부 요철의 영향을 작게 하는 방법

돌기부를 가공 아랫면(뒷면)으로 배치하여 레이저 광의 조사를 요철이 없는 면으로 한다. 이러한 배치 방법으로 가공면에 대한 보조가스나 초점위치의 변화를 최소화한다. 이러한 경우의 가공조건은 돌기부 높이를 고려한 최대재료 두께 T를 절단하기 위한 조건으로 설정한다. 피가공물이 큰 재료에서는 뒤집는(turnover) 공정에 시간 손실은 늘어나지만 용락은 확실히 감소한다.

(2) 돌기부 요철에 열집중을 억제하는 방법

돌기부 요철을 가공 윗면(표면)에 배치하여 절단할 수밖에 없는 경우에는 철의 연소에 영향을 미치는 열전달 속도와 거의 맞먹는 속도인 f=2m/min 이상의 절단속도로 설정하여 가공할 필요가 있다. 초점위치는 돌기부의 정점으로 설정하고 돌기부 절단홈 윗면에서의 폭을 될 수 있는

한 작게 하는 것이 가공품질을 양호하게 만드는데 중요하다. 보조가스의 분사량도 용락의 크기에 영향을 미친다. 보조가스의 양을 적게 하는 작은 구경의 노즐을 선정하는 것에도 주의할 필요가 있다. 또한 이러한 절단에 있어서 노즐의 끝부분이 정전용량 센서 방식으로 되어 있다면 노즐과 피가공물 표면사이를 일정하게 유지하는 제어가 곤란해진다. 접촉식 센서 방식을 사용하여 돌기부 상부에서만 작동을 가능하게 할 필요가 있다.

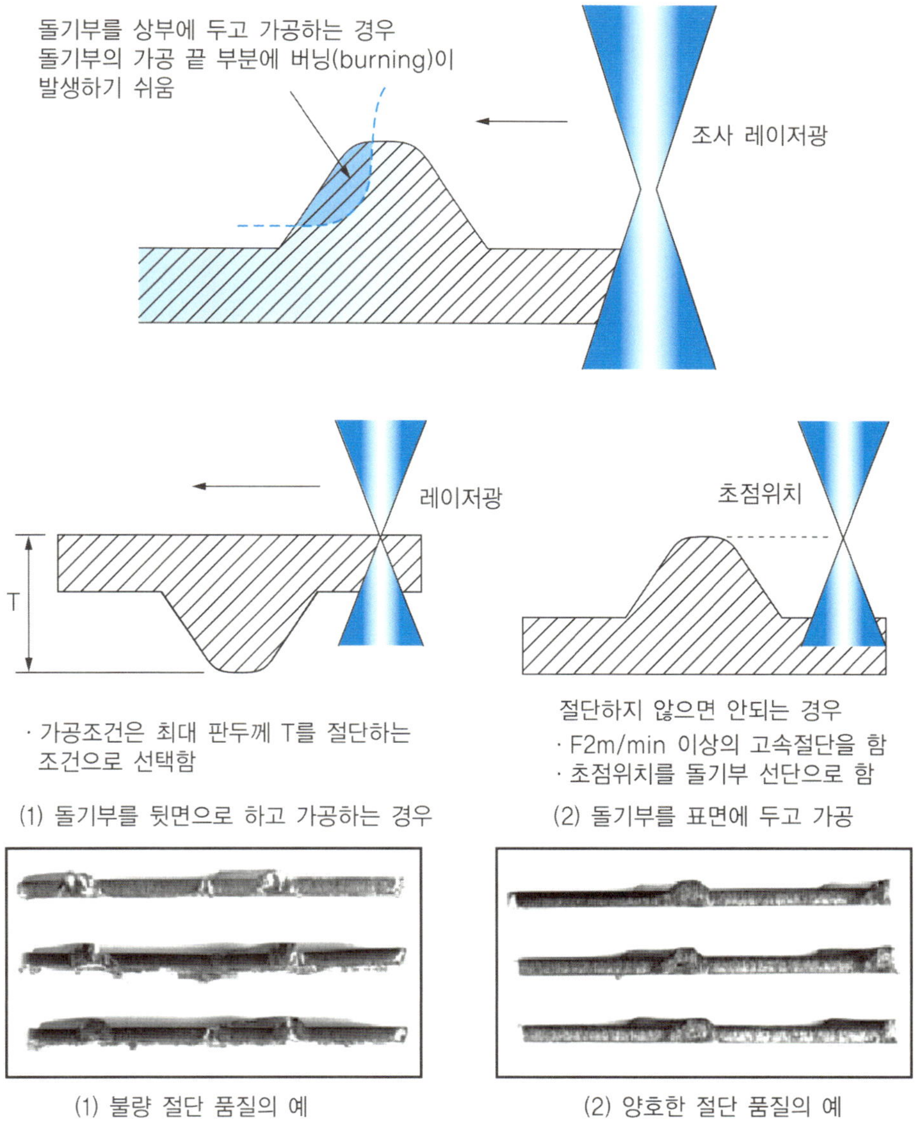

(1) 돌기부를 뒷면으로 하고 가공하는 경우 (2) 돌기부를 표면에 두고 가공

(1) 불량 절단 품질의 예 (2) 양호한 절단 품질의 예

그림 3.17.1 무늬강판의 절단품질

3.18 후판 절단면의 조도(거칠기)를 개선시키는 방법

현 상

연강 후판절단에서 절단면의 거칠기는 용융현상의 기점이 되는 상부 드래그라인 절단면에서의 거칠기가 용융금속의 흐름이 계속되는 판두께 중앙부에서부터 하부에 걸쳐서 절단면 거칠기에 영향을 미친다. 상부 드래그라인 절단면의 거칠기가 양호하면 그 밑으로 계속해서 면의 거칠기는 양호하게 되지만 상부 드래그라인 절단면의 거칠기가 악화되면 절단면의 중앙부 및 하부의 거칠기도 악화된다.

원 인

그림 3.18.1과 같이 상부 드레그라인에서의 절단면의 거칠기는 조사하는 레이저광 및 절단 전면의 접점 A로부터 주위로 확대되는 연소 범위와 용융금속의 발생량에 의해 결정된다. 상부에서 발생한 용융금속은 하부방향으로 흘러가면서 연소작용을 일으켜 절단현상을 진행시킨다. 레이저에 의한 용융현상은 피가공물 표면에 있어서 레이저광의 진행(절단)과 동시에 (1) 연소가 레이저광이 접촉한 위치 A부터 시작하여 넓어짐 (2) 레이저 광의 진행속도 VL보다 연소속도 VR이 선행 (3) 연소가 온도가 낮아진 위치 B에서 정지 (4) 레이저광이 정지위치 B에 도달하는 이러한 공정을 반복하게 된다. 절단면 거칠기의 개선을 위해서는 이러한 공정에 있어서 (1) 연소가 시작되어 확대되는 공정에서 용융의 확대를 중단시키는 것이 필요하다. 또한 산소 보조가스의 순도의 저하가 연소반응이나 용융금속의 흐름을 악화시키는 것에 대한 대책은 별도의 장에서 설명하고 있으므로 참조하기 바란다.

대 책

상부 드레그 라인에 있어서 레이저광이 주위로 확대되는 연소의 범위를 될 수 있는 한 작게 하기 위해서는 레이저광을 주기적으로 조사하여 용융 연소 현상을 중단시킬 필요가 있다. 단, 절단가공을 연속적으로 하기 위해서는 레이저광의 조사를 될 수 있는 한 짧은 시간에서 주기적으로 반복한다. 그림 3.18.2에는 레이저광의 조건으로 주파수를 1,300Hz

로 설정한 고주파 펄스 (HPW) 절단 및 CW 절단과의 비교를 나타낸다. 피가공물로는 재료두께 12 mm의 SS400을 사용하였고 절단면의 개략적인 외관과 절단면의 조도의 측정결과를 비교하였다. 고주파 펄스 (HPW)에서의 가공은 절단면의 상부 및 중앙부에서 양호한 절단면 거칠기가 형성되었다. 일반적으로 펄스 가공(저주파수)에서는 빔의 온(on) 및 오프(off)가 반복되기 때문에 빔 오프에서는 가공이 정지하여 불연속적인 가공이 된다. 하지만 고주파 펄스 (HPW)에서는 펄스 주파수가 고주파이기 때문에 상부 드래그 라인 영역에서의 레이저광 주위에 연소범위가 좁아지는 것과 동시에 빔 오프 시간도 짧기 때문에 판두께 중앙부에서부터 하부까지 용융금속의 흐름이 연속되는 절단이 된다.

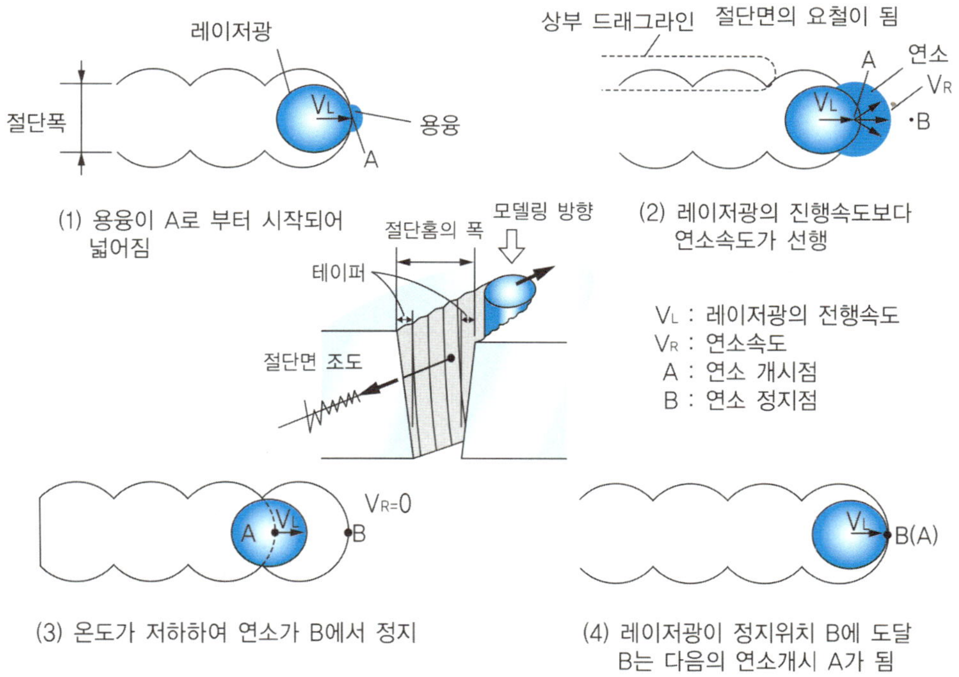

그림 3.18.1 상부 드래그라인 절단면 영역에서의 절단현상

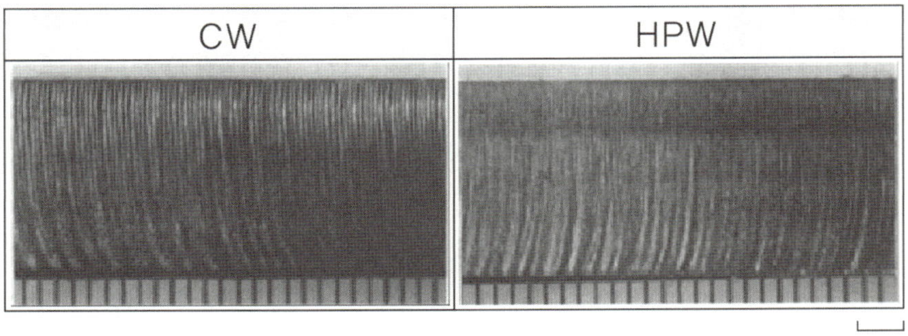

(1) CO2 레이저에 의한 SS400 12 mm 절단면 외관

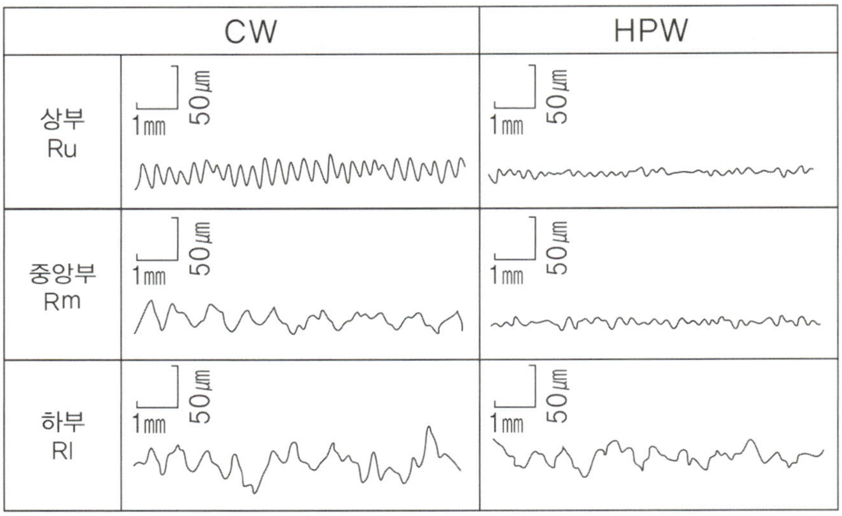

HPW 조건 : 출력 1,350 W, 듀티 50%
주파수 1,300 Hz, 속도 0.8 m/min
CW 조건 : 출력 1,350 W 속도 0.8 m/min

(2) CO_2 레이저에 의한 절단면 거칠기

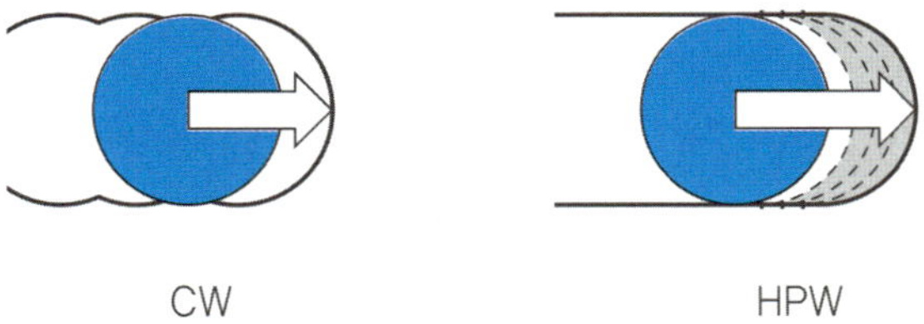

(3) CW와 HPW 절단에 의한 연소작용의 차이

그림 3.18.2 CW절단 및 고주파 펄스(HPW)절단에 의한 절단면 비교

CHAPTER 4 스테인리스강의 절단

스테인리스강 절단시 최근에는 고압의 질소를 보조가스로 사용하는 무산화 절단이 일반화되어 있으며 절단면의 품질이 양호한 부가가치가 높은 가공법이다. 이에 따라 절단면 이외의 가공 품질도 엄격히 요구되고 있다. 따라서 가공품질을 향상시키기 위해서는 스테인리스강 특유의 가공현상에 대한 깊은 이해가 필요하다.

4.1 스테인리스강 무산화 절단의 장점

현 상

스테인리스강 절단에서 보조가스의 소비량은 산소가스를 사용한 절단시 가장 적고 질소가스나 에어에 의한 절단에서는 증가한다. 에어나 질소가스에 의한 절단에서는 비교적 빠른 속도로 가공이 가능하지만 산소가스에 의한 절단에서는 가공속도가 저하한다. 각종 보조가스를 사용할 때의 절단면은 질소, 에어, 산소 가공 순으로 산화가 증가하여 산화막 제거공정도 증가한다.

원 리

(1) 가공속도

그림 4.1.1은 출력 3 kW의 CO_2 레이저 발진기를 사용하여 STS304 스테인리스강을 절단한 경우로 재료 두께와 절단 속도와의 관계를 나타낸 것이다. 재료 두께가 3 mm 보다 큰 경우 용융금속의 유동성이 양호해지는 질소가스를 사용한 무산화 절단에 의해 절단속도가 향상된다. 에어를 사용한 경우에는 질소가스에 가까운 가공특성이 얻어지지만 절단면의 거

칠기나 드로스 등의 발생으로 가공품질은 나빠진다.

(2) 절단면의 마무리

절단면의 표층부의 경도는 그림 4.1.2에 나타난 것처럼 산소나 질소가스의 사용에 따라 다르다. 산화한 절단면 표층부의 경도는 모재의 약 2배가 된다. 무산화 절단에서는 표층의 경도가 낮고 절단면 거칠기가 양호하기 때문에 이후 가공 연마에 의한 면마무리가 쉽다. 그러나 산소가스를 사용하여 가공한 절단면에는 견고한 산화층이 형성되기 때문에 마무리 공정이 늘어난다.

(3) 절단면의 내식성

그림 4.1.3은 각종 보조가스를 사용하여 레이저 절단한 STS304스테인리스강의 내식성을 평가한 염수분무시험 결과이다.[7)]
산소가스와 에어를 사용한 가공에서는 절단면에 녹이 발생하였지만 질소가스를 사용한 무산화 절단의 절단면에서는 녹이 발생하지 않았다.

(4) 절단면의 용접품질

레이저 절단면을 맞대기 용접하는 경우에 절단면이 산화되어 있으면 용접비드 안에 블로우홀(blowhole)이 발생하여 용접강도를 저하시킬 수 있다. 무산화 절단한 절단면의 맞대기 용접에서는 양호한 용접품질을 얻을 수 있다.

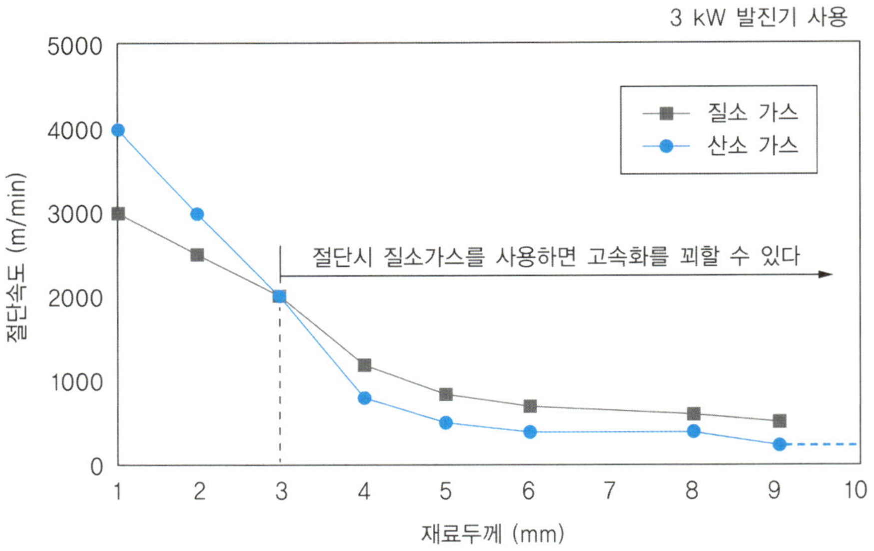

그림 4.1.1 스테인리스강의 절단속도와 보조가스 종류와의 관계

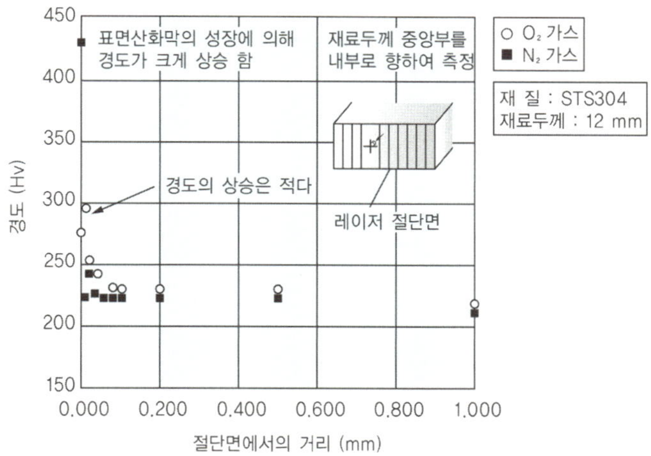

그림 4.1.2 스테인리스강 절단면의 경도

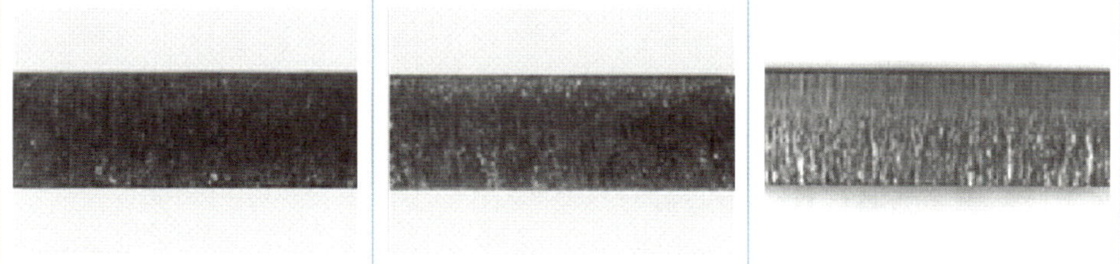

녹 발생	녹 발생	녹 발생 없음
산소 보조가스	에어 보조가스	질소 보조가스

염수분무시험 : 5% NaCl, 시험온도 36℃, 시험기간 1주일

그림 4.1.3 각종 보조가스를 사용한 절단 샘플의 부식시험 결과

4.2 파이버 레이저와 CO_2 레이저에 의한 스테인리스강의 절단 성능 비교

현 상

(1) 절단속도

그림 4.2.1은 출력 2.5 kW의 파이버 레이저와 CO_2 레이저로 STS304 스테인리스강을 무산화 절단한 경우의 재료 두께와 절단속도의 관계를 나타낸 것이다. 박판이 될수록 속도차가 커져서 그림에서와 같이 재료 두께 1 mm의 절단시 CO_2 레이저의 절단속도가 8 m/min인데 비하여 파이버 레이저에서는 30 m/min의 속도가 된다. 재료 두께가 두꺼워지면 속도차는 급격히 작아져서 재료 두께 10 mm에서는 거의 같은 속도가 된다. 주요 가공조건은 아래와 같다.

- **CO_2 레이저**

  출력 :2.5 kW, 가공렌즈 초점거리 : 127 mm(5″), 190.5 mm(7.5″)

  보조가스 종류 :질소, 보조가스압력 : 0.7 ~ 1.8 MPa

- **파이버 레이저**

  출력 :2.5 kW, 가공렌즈 초점거리 : 101.6 mm(4″), 203.2 mm(8″)

  보조가스 종류 :질소, 보조가스압력 : 1.0 ~ 1.8 MPa

(2) 절단면의 품질

그림 4.2.2는 박판과 후판의 절단면을 비교한 것이다. 각각의 부재 두께에서 파이버 레이저에 의한 절단면의 거칠기는 CO_2 레이저에 의한 것보다 좋지 않다. 재료 두께가 클수록 절단면의 거칠기의 차이는 현저해지는 경향이 있다. 그림 4.2.3은 파이버 레이저에 의한 재료 두께 10 mm 절단면 중앙부를 확대한 사진을 나타낸 것이다. 용융된 금속이 흘러내린 흔적이 남아 있어서 용융금속의 온도가 영향을 미치고 있는 것으로 판단된다.

원 리

CO_2 레이저의 파장은 10.6 μm이고 파이버 레이저의 파장은 1.07 μm이며 이 파장의 차이가 재료에 대한 빔 흡수율의 차이에 영향을 미치고 있

다. 그림 4.2.4에 나타낸 재료 두께 2 mm의 절단에서의 절단홈폭을 비교했을 때 파이버 레이저의 상부 절단홈의 폭이 절반으로 나타나 있다. 이것은 파이버 레이저에서의 집광 스폿의 직경이 작아 에너지 밀도가 높아졌다는 것을 나타낸다. 박판 절단에서는 이 두 가지 요인(파장, 에너지 밀도)의 영향으로 파이버 레이저 절단의 고속화가 가능하다.

그러나 후판 절단에서는 절단홈 내로부터 용융금속이 배출되기 때문에 절단홈 폭을 넓혀서 보조가스의 유동성을 좋게 할 필요가 있다. 그렇게 하기 위해 초점위치를 조정하여 스폿 직경에서의 에너지밀도를 저하시키면 두 종류의 레이저 사이의 절단속도 차이는 작아진다.

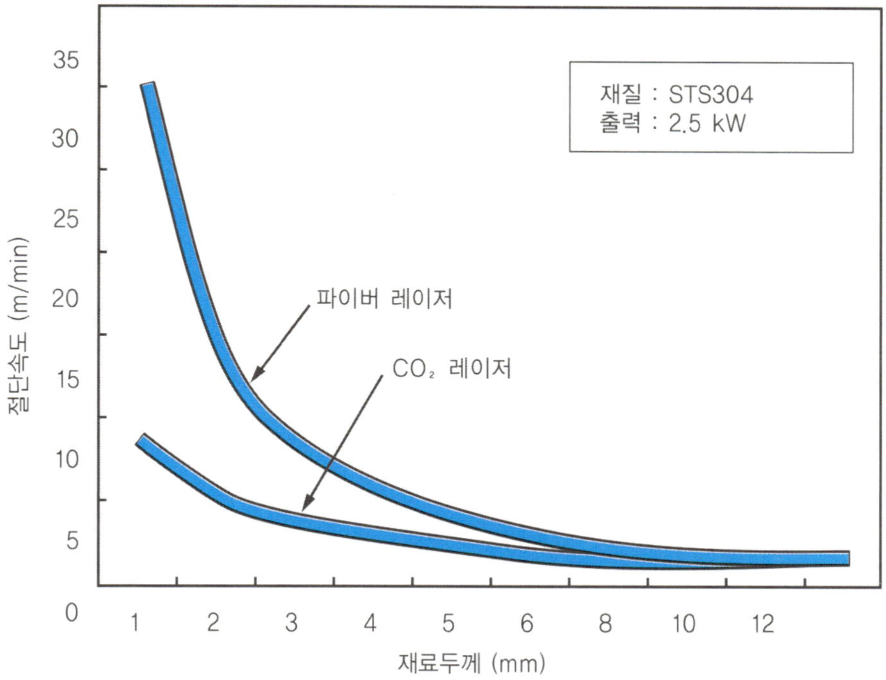

그림 4.2.1 스테인리스강 절단에서의 능력 비교

	파이버 레이저	CO_2 레이저
재료 두께 3 mm	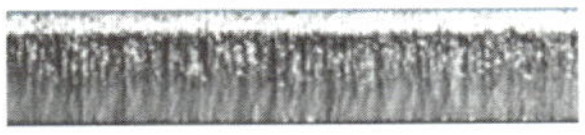	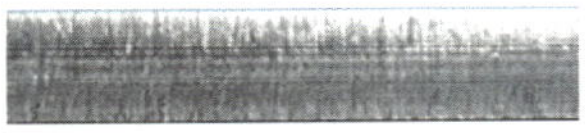
재료 두께 10 mm		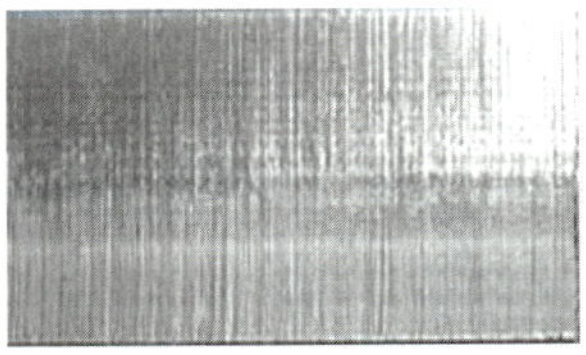

재질 : STS304스테인리스강

그림 4.2.2 절단면 비교

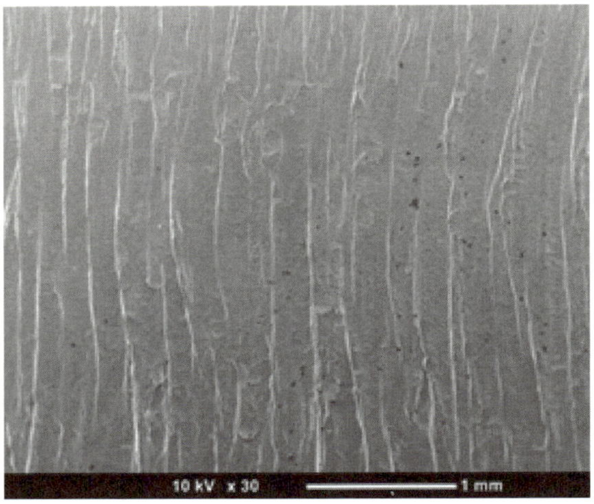

재질 : STS304
재료두께 : 10 mm
위치 : 재료두께중앙부(A)

그림 4.2.3 파이버 레이저의 절단면 A부 확대 사진

	파이버 레이저	CO_2 레이저
단면사진		
상부절단홈폭 하부절단홈폭	0.19 mm 0.31 mm	0.42 mm 0.30 mm

재질 : STS304 스테인리스강, 재료 두께 : 2 mm

그림 4.2.4 절단홈 폭의 비교

4.3 스테인리스강의 융기부 불량 대책

현 상

스테인리스강의 피어싱에서는 레이저광을 조사함과 동시에 금속의 용융이 시작되어 그림 4.3.1과 같이 재료 표면쪽으로 분출하여 피어싱 홀 주위로 비산하며 그 일부는 융기부가 된다. 이것은 가공 제품의 불량이나 정전용량센서에 의한 자동 포커싱에 장애가 된다.

원 인

보조가스로 산소를 사용한 경우에는 피어싱 중에 용융금속이 산화되기 때문에 용융금속의 융기부의 성장은 일어나지 않으며 스테인리스강의 표면과의 밀착성도 저하된다. 그러나 보조가스로 질소가스를 사용하는 경우에는 용융금속은 산화되지 않고 점성이 낮기 때문에 융기부로 성장한다. 또한 재료 표면과의 밀착성이 높아져 피어싱 홀 주위에 쌓이는 양도 많아진다.

대 책

비산하는 용융금속의 발생이나 부착을 방지하기 위해서는 그림 4.3.2에 나타낸 (1) 발생량을 감소시키는 방법 (2) 부착을 방지하는 방법 (3)부착 후 제거하는 방법 등을 선택한다.

(1) 발생량을 감소시키는 방법

① 피어싱 조건의 주파수를 높게 설정하여 1펄스당의 출력을 낮추어 용융되는 양을 적게 한다. 그림 4.3.3은 주파수 200 Hz와 1,000 Hz 에서의 가공 결과이다. 이 가공 조건은 입열량도 증가하기 때문에 두께가 큰 후판에서는 사용할 수 없다.

② 보조가스나 사이드 가스로 피어싱 홀(hole)에서 분출하는 용융금속을 제거하는 방법이 있다. 그림 4.3.4는 보조가스압력을 0.05 MPa과 0.7 MPa로 설정하여 가공한 결과로서 고압가스에 의한 표면에서의 부착량이 감소하고 있다.

(2) 부착을 방지하는 방법

① 재료 표면에 용융금속의 부착을 방지하기 위해 피막을 붙이는 방법이다. 피어싱에서 발생하는 용융금속이 피막 위에 퇴적되므로 재료 표면과의 부착이 방지된다. 피막에는 스패터 방지제나 후처리가 쉬운 계면활성제 등을 사용한다.(그림 4.3.5)

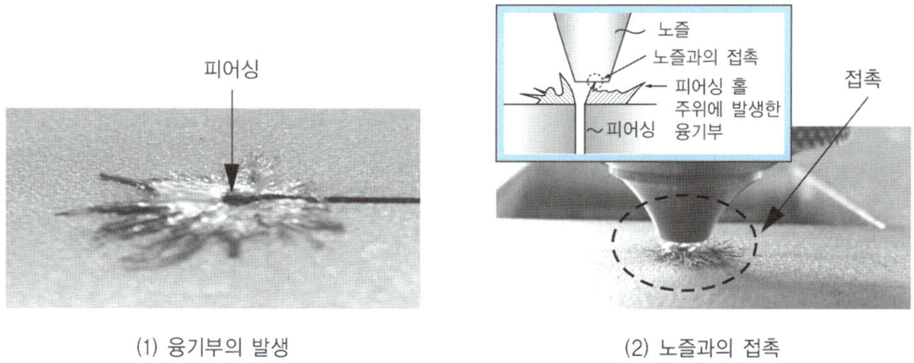

그림 4.3.1 스테인리스강 피어싱중 발생하는 융기부

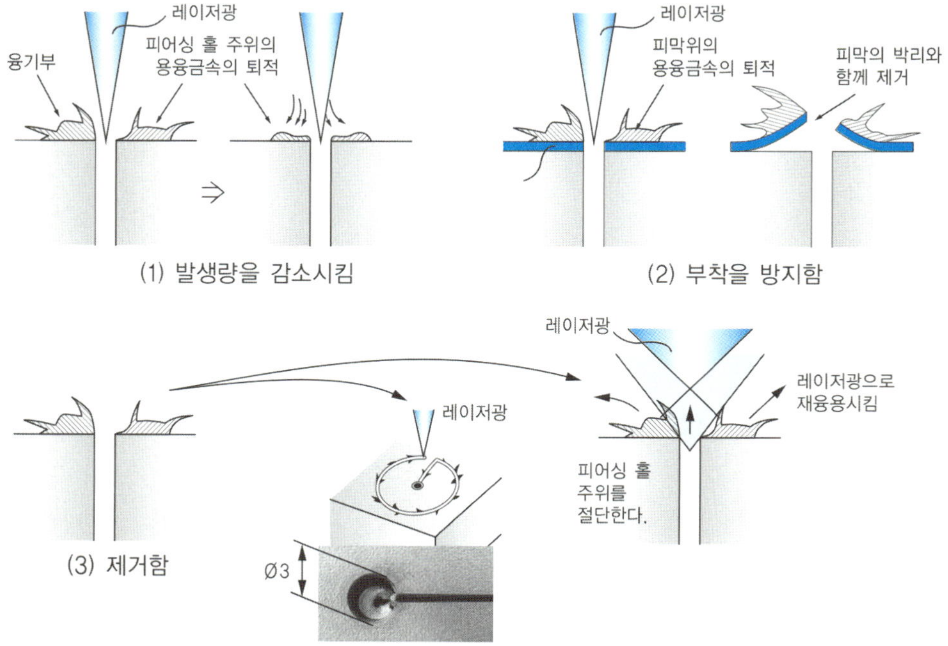

그림 4.3.2 스테인리스강의 융기부 대책

(3) 부착 후 제거하는 방법

① 피어싱 홀 주위에 작은 홀을 가공하여 용융 금속과 함께 절단 제거하는 방법과 피어싱 후에 초점위치를 위로 이동시켜 퇴적물을 레이저광으로 재용융시켜 가스로 제거하는 방법이 있다.(그림 4.3.2(3))

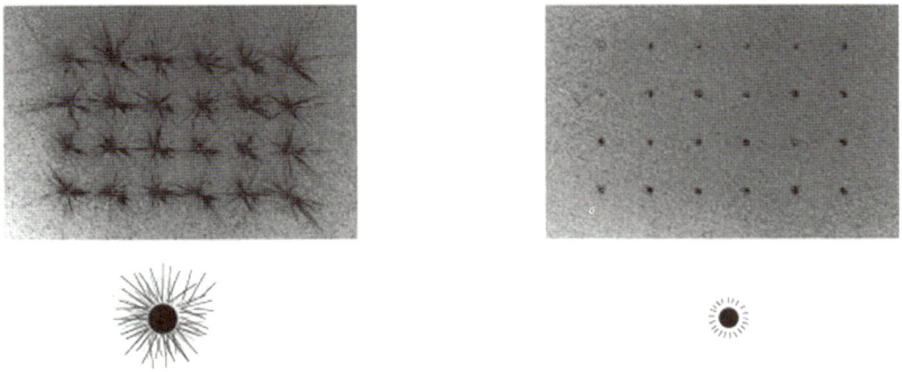

(1) 주파수 200 Hz에서의 피어싱　　(2) 주파수 1,500 Hz에서의 피어싱

그림 4.3.3 스테인리스강 1 mm의 가공

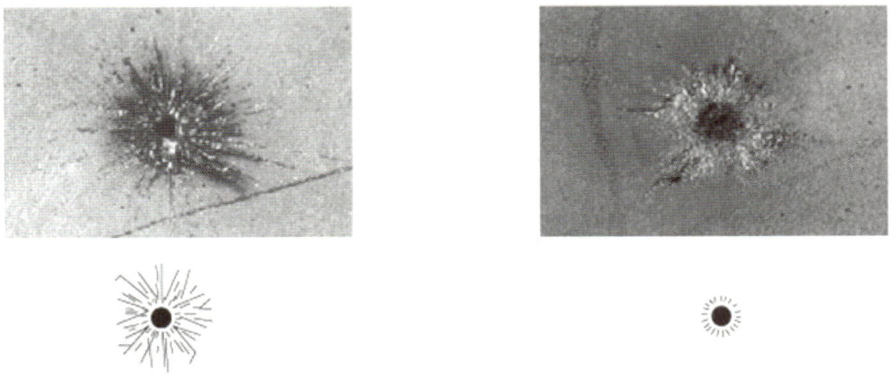

(1) 가스압력 0.05 MPa에서의 피어싱　　(2) 가스압력 0.7 MPa에서의 피어싱

그림 4.3.4 스테인리스강 6 mm의 가공

재료 두께	4 mm	6 mm	9 mm	12 mm	
①질소 피어스			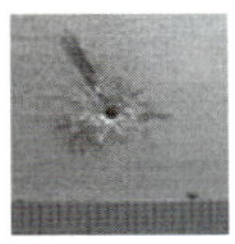		• 용융물이 큼 • 상당히 강고함
②산소 피어스	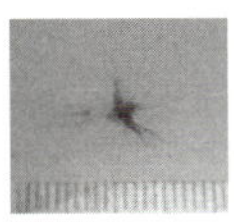	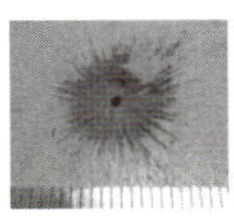		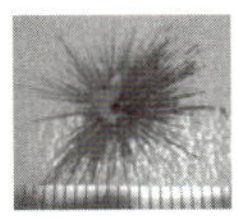	• 용융물이 크지만 취약함
③계면활성제 도포		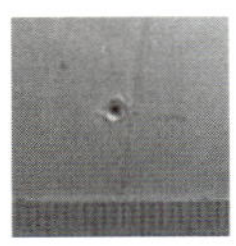	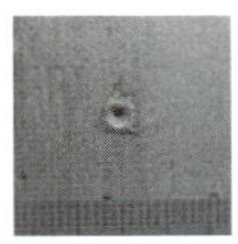		• ①에 비해서 용융물이 작음

그림 4.3.5 재료표면에의 부착방지

4.4 후판의 피어싱 후 절단 시작부의 불량 대책

현 상

스테인리스강 후판에 대한 무산화 절단시의 피어싱에서는 그림 4.4.1에 나타낸 것처럼 피어싱 홀의 표면 주위에 용융금속의 퇴적이 일어나 이곳을 통과할 때 불량이 발생하는 경우가 있다. 이 퇴적하는 금속을 적게 하기 위해서는 피어싱시 보조가스를 산소가스로 한다. 그러나 다음 공정의 절단까지 보조가스 배관 내에 남은 산소가스를 완전히 제거하지 않으면 질소가스에 산소가스가 혼입되어 절단면이 산화한다.

원 인

(1) 퇴적물의 영향

그림 4.4.2와 같이 퇴적물이 가공시에 미치는 영향은 절단시 레이저광의 반사를 일어나기 쉽게 하며 보조가스의 흐름을 어렵게 한다. 무산화 절단에서 피어싱은 초점위치 Z=0부근과 절단에서는 Z=-T(피가공물의 판 두께 : T)로 변경하는 것이 일반적이다. 그 때문에 절단에서는 재료표면에서의 에너지 밀도가 저하되어 불량이 발생하기 쉽다.

(2) 가스 교환의 영향

산소가스와 질소가스와의 교환에서는 배관 내에 남은 가스를 효율적으로 완전히 배출하지 않으면 안된다. 피어싱 횟수가 증가할수록 이 교환 횟수가 증가하기 때문에 배출을 위한 퍼지(purge) 시간이 증가한다.

대 책

(1) 퇴적물의 영향

그림 4.4.3에 나타낸 것처럼 용융금속의 퇴적물이 있는 절단 시작부에서는 레이저광의 에너지 밀도를 높여 절단한다. 구체적으로는 에너지 밀도가 높은 피어싱 때와 같은 초점위치 Z=0에서 절단하고 퇴적물을 통과한 후에 초점을 내리는(Z=-T)방법을 취한다[1]. Z=0에서의 절단에서는 절단홈의 폭이 좁아져 피가공물의 뒷면에 드로스 양이 증가하기 때문에 제품부분이 아닌 위치에 피어스라인(절단 시작부 선)을 둘 필요가 있다. 또한 다른 가공조건 파라미터를 고출력이면서 저속도로 하여 퇴적부분의

안정된 가공을 우선적으로 설정으로 한다.

(2) 가스 교환시간의 단축

그림 4.4.4에 나타낸 것처럼 선행하여 전체 피어싱부를 산소가스로 가공한다. 그 후 가공 시작점으로 돌아가 보조가스를 질소가스로 바꾸어서 완전한 퍼지를 행한 후에 절단을 시작한다. 이 방법에서는 가스 교환이 한 번에 끝나기 때문에 가스 배관내의 퍼지 시간이 단축된다.

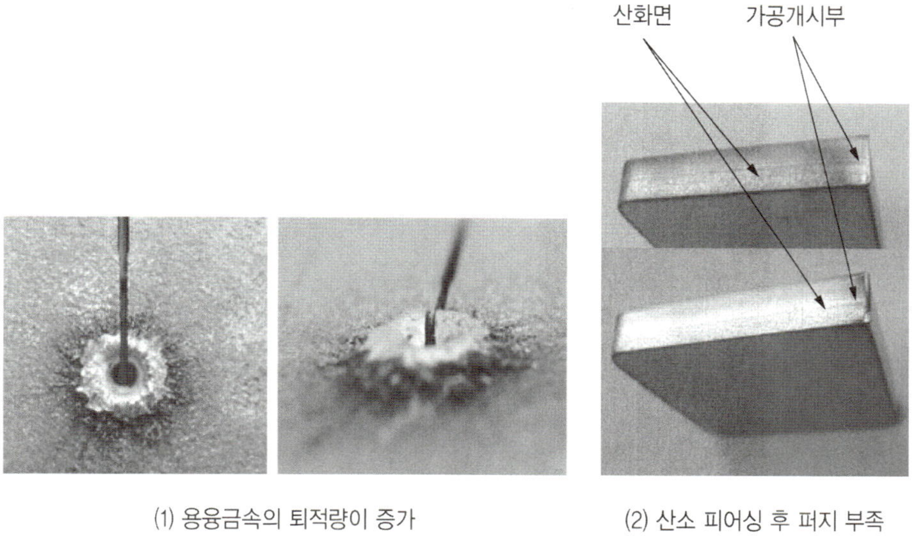

그림 4.4.1 피어싱 후의 절단 시작부의 불량

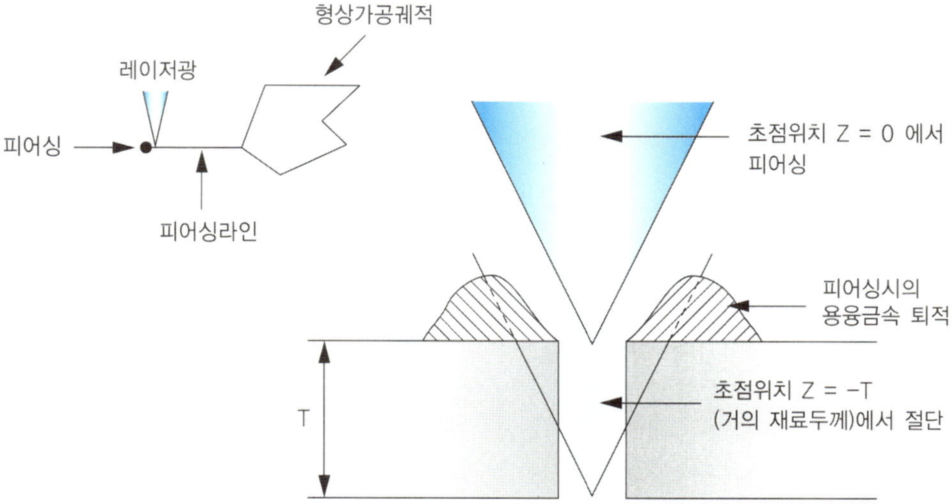

그림 4.4.2 퇴적물의 영향

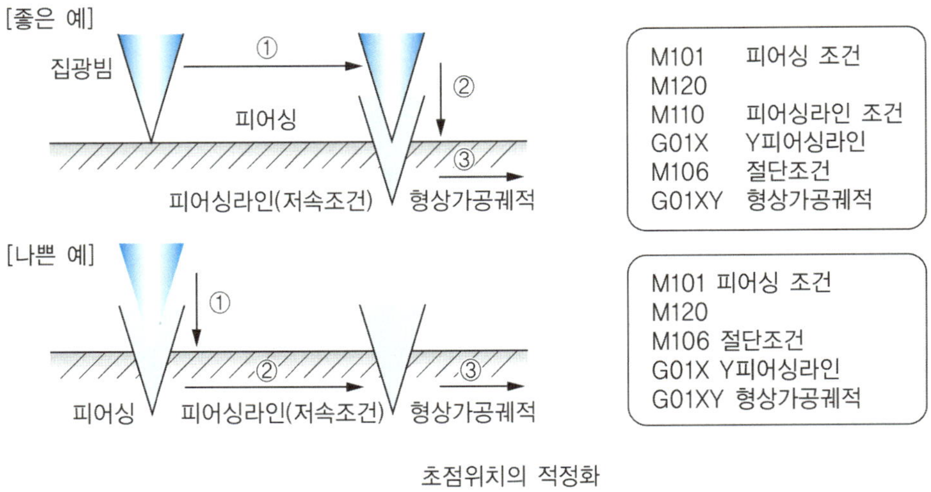

그림 4.4.3 절단 시작부의 불량 대책(반사 방지)

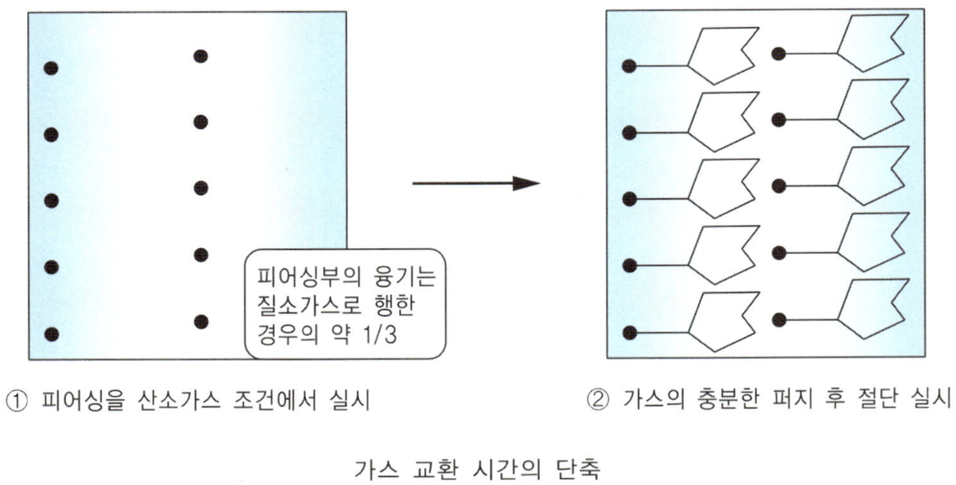

그림 4.4.4 절단 시작부의 불량 대책(퍼지)

4.5 박판의 에어 및 질소 절단에서 엣지부의 드로스 저감 방법

현 상

스테인리스강 가공시 보조가스로 에어나 질소가스를 사용하여 절단하는 경우 그림 4.5.1과 같이 가공 형상의 엣지부나 가공의 종단부에서 피가공물의 표면에 드로스가 발생하는 경우가 있다.

원 인

가공기 또는 가공헤드는 NC에서 설정한 속도로 움직이지만 이동축이 바뀌는 엣지부나 가공의 종단부에서는 가공기의 특성으로 가공속도가 감속한다. 그러나 일반 가공기에서는 레이저 출력이 일정하게 설정되어 있기 때문에 그림 4.5.2와 같이 가공속도가 줄어든 가공부분에서는 출력과 속도의 균형이 무너져(과도한 출력) 드로스가 발생한다.

대 책

(1) 공통의 가공조건

전체 가공궤적에서 변화하는 최대와 최소 절단속도의 차이가 커지지 않도록 하기 위해서 최대속도가 작아지는 가공조건으로 설정한다. 이 최대와 최소 절단속도의 어느 조건에서도 드로스의 발생이 적어지는 출력조건을 설정해야 한다. 이 방법에서는 전체의 평균속도가 내려가기 때문에 가공시간이 길어지는 단점이 있다.

(2) 궤적의 변경

엣지부나 종단부에서 절단속도를 저하시키지 않기 위해 각각의 부분에서 설계 지정한도를 초과하여 절단하는 방법이 있다. 예를 들면 엣지부에서는 루프 처리하는 프로그램으로 한다. 가공 방향이 변하는 위치도 루프로 인하여 서서히 궤적이 변화하기 때문에 극단적인 절단속도의 저하는 없다. 홀 가공의 종단부도 루프 처리를 하는 것으로 절단속도의 감속 없이 홀을 가공하는 것이 가능하다. 그러나 엣지부가 근접해 있거나 엣지 형상의 안과 바깥의 양면을 제품으로 하는 경우에는 이러한 프로그램을 사용할 수가 없다.

(3) NC제어

이 문제에 관해서는 항상 가공기의 절단속도를 검출하면서 절단속도의 변화에 상응하여 적정한 레이저 출력으로 자동적으로 변경하는 기능을 탑재한 가공기가 개발되어 있다.

그림 4.5.3은 그 원리를 나타낸 것이다. 엣지부에서 절단속도가 감속되면 레이저 출력도 그에 따라 낮아지는 제어방식이다. 가공의 종단부도 마찬가지로 절단속도의 감속에 맞추어 출력이 낮아진다.

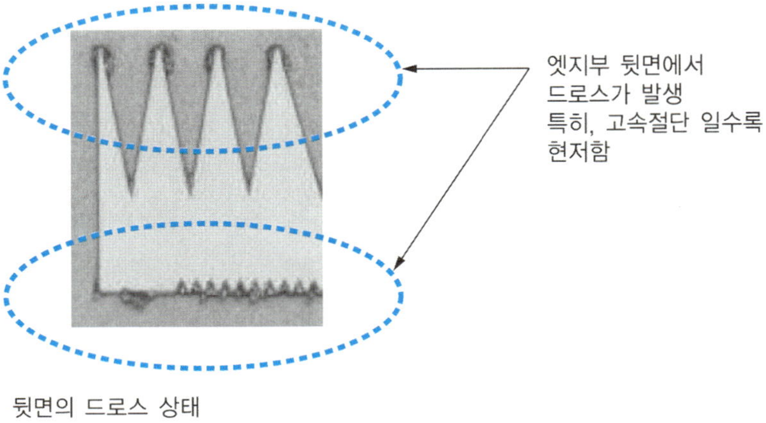

그림 4.5.1 엣지부 뒷면의 드로스 부착

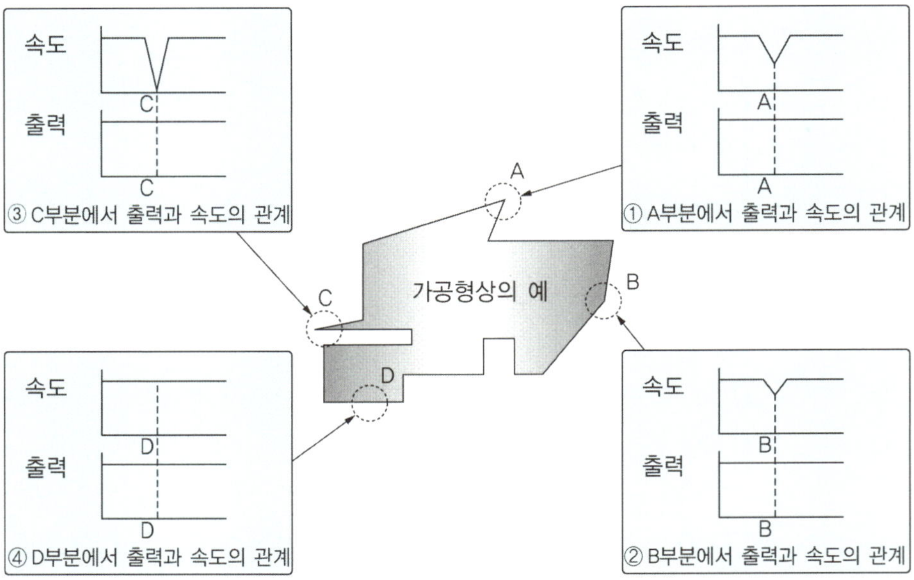

그림 4.5.2 엣지부에서의 출력과 가공속도와의 관계

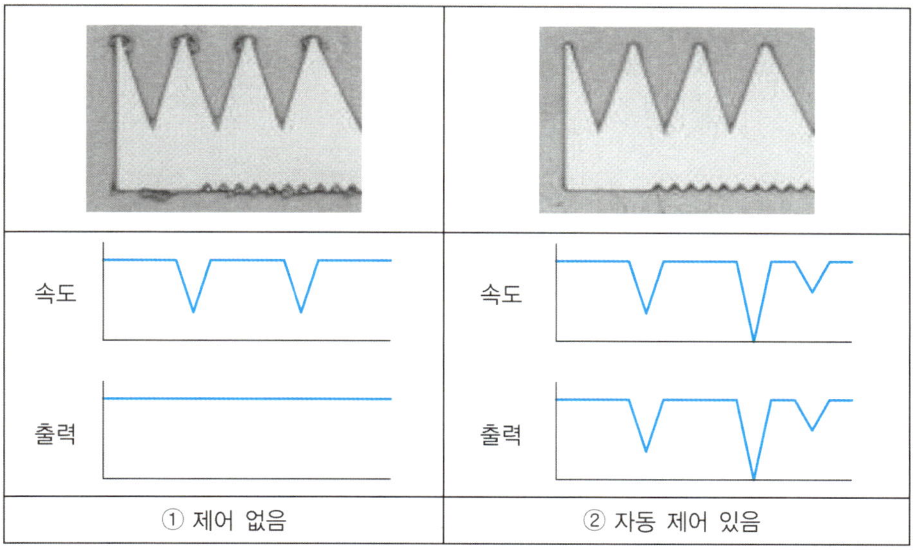

그림 4.5.3 엣지부에서의 출력제어

4.6 후판의 스테인리스강 질소절단에서의 드로스 억제 대책

현 상

용융금속을 절단홈내에서부터 자연스럽게 배출시키지 못하는 경우 이 금속은 피가공물의 표면에 드로스가 부착된다. 첫 가공에서 양호한 품질을 얻을 수 없는 것은 가공 조건이 적정하지 않다는 것을 의미함으로 조건 설정을 바꿔야 한다. 여기에서는 이전 가공에서 양호하게 절단 할 수 있었던 가공이 재현되지 않는 것에 대해서 그 원인과 대책을 설명한다.

원 인

용융금속을 절단홈내로부터 양호하게 배출하기 위해서는 보조가스가 적절한 압력으로 용융금속을 밀어낼 것과 그 효과가 발휘될 수 있는 절단홈 형상일 것, 그리고 용융금속의 흐름이 연속적으로 일어나는 것 등이 필요하다. 그 때문에 드로스의 발생원인은 그림 4.6.1에 나타낸 (1) 절단홈 폭의 치수가 초기에 최적값에서 벗어나 좁아지거나 혹은 넓어진 것 (2) 가공형상에 의한 용융금속의 흐름이 불연속적으로 된 것을 생각 할 수 있다.

대 책

(1) 절단홈의 변화

스테인리스강의 무산화 절단에서는 연강의 절단과는 달리 초점위치를 재료내부로 설정(Z<0)한다. 이것은 레이저광에 의한 용융능력을 높이는 것과 절단홈 폭을 넓히는 작용이 있다. 초점위치를 잘못 설정하여 최적값에서 벗어나면 절단홈내에서 용융금속의 흐름이 나쁘게 된다. 초점이 절단홈내로 들어가는 정도가 적으면 드로스는 톱날상으로 형성되고 들어가는 정도가 많으면 둥근형상의 드로스가 된다. 이와 같은 드로스의 형상을 참고하여 적정 초점위치를 찾아낼 필요가 있다.

가공이 시작됨과 동시에 서서히 드로스의 발생이 증가하는 경우 서서히 절단홈 폭이 변화한다. 이것은 레이저 광의 조사에 의해 광학부품의 온도가 올라가 열렌즈작용의 발생이 원인으로 렌즈나 PR 미러를 청소해야 한다.

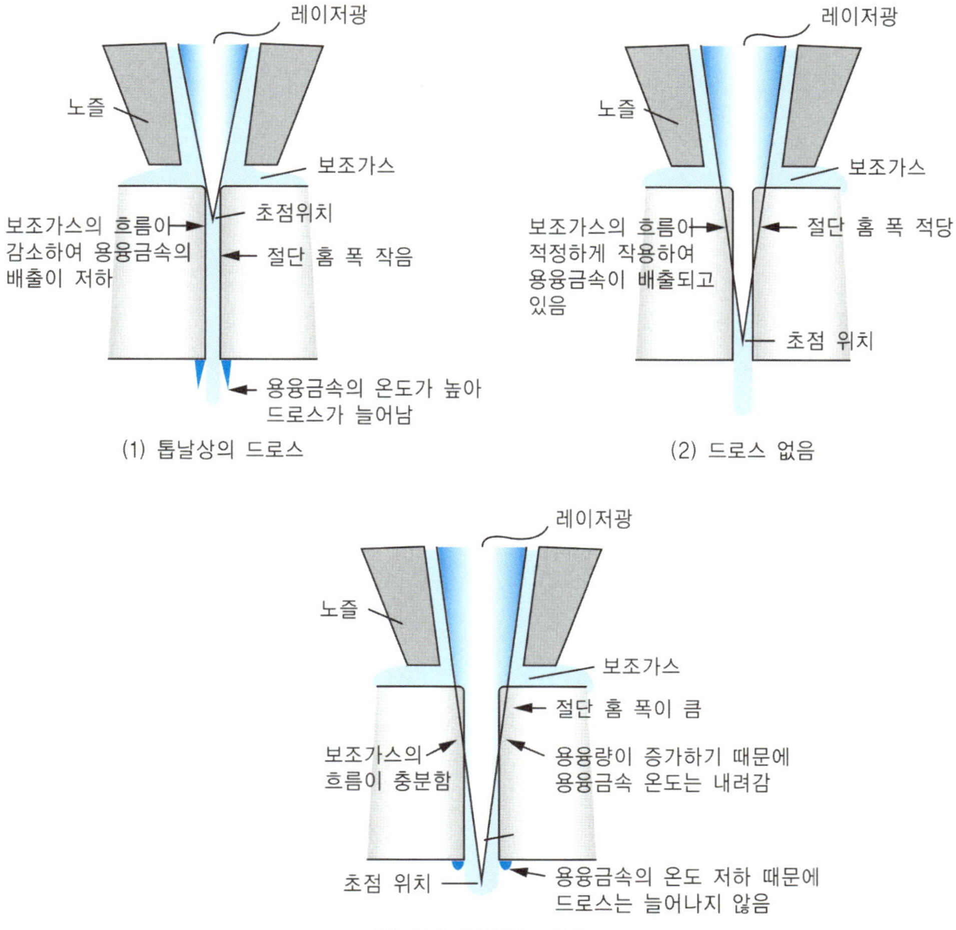

그림 4.6.1 초점위치와 절단현상의 관계

(2) 가공형상의 영향

레이저광이 엣지 선단부를 통과한 직후 보조가스의 흐름이 불안정해지거나 급격한 속도 변화에 의해 출력과 속도의 평형이 무너지거나 하여 드로스를 발생시키는 일이 있다. 그림 4.6.2와 같이 가공속도를 낮추는 조건으로 설정 한다. 엣지 각도가 작아질수록 저속 조건의 설정이 유효하다. 더욱이 저속 조건 후에 고속조건으로 바꿀 때에는 단계적으로 속도를 변화시켜야 한다.

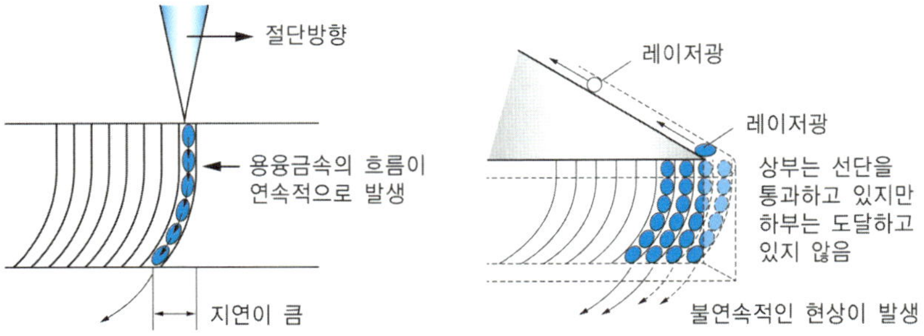

(1) 고속조건

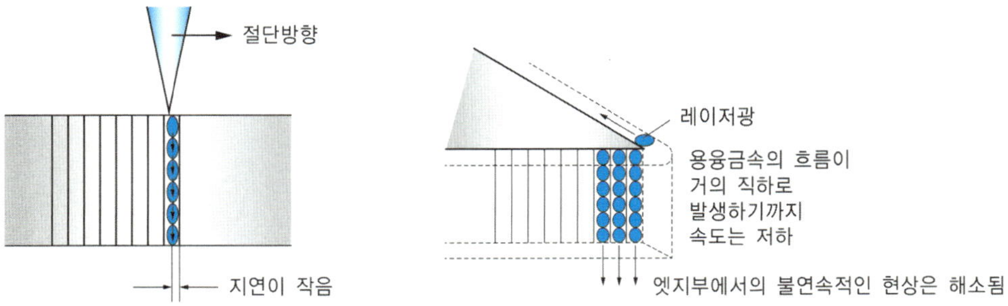

(2) 저속조건

그림 4.6.2 엣지부의 가공현상

4.7 스테인리스강의 네스팅시 적정 잔재 폭

현 상

레이저 절단에서 가공품과 가공품의 사이에 있는 절단 후 잔재 폭의 증가는 재료 수율을 악화시키는 요인이다. 재료비가 폭등하는 가운데 이 잔재 폭을 어떻게 줄일까하는 문의가 급증하고 있다. 잔재 폭이 너무 좁으면 절단에서 발생하는 열이 다음 가공품의 절단에 나쁜 영향을 미쳐 가공품질을 떨어뜨린다.

원 리

비교적 직선부분의 형상에서 옵셋 설정을 필요로 하지 않는 절단홈 폭 정도의 정밀도 차이가 허용되는 가공이라면 그림 4.7.1과 같이 공유절단을 꼭 시도하여야 한다. 재료 수율 향상에 의한 재료비의 절감이외에 공통선 만큼의 가공경로가 줄어들어 가공시간의 큰 단축을 도모할 수 있다. 동일 형상의 반복이라면 가공 프로그램도 비교적 쉽게 작성되지만 다른 형상을 복수 가공하는 경우 5~6개의 형상을 조합하여 하나의 프로그램으로 반복하여 가공하는 것도 가능하다.

옵셋 설정이 필요한 형상이나 공유 절단이 불가능한 형상(R형상)을 네스팅(nesting)하는 경우 그림 4.7.2에 나타낸 가공품과 가공품의 사이에 어느 정도의 절단 후 잔재 폭을 둘 필요가 있다. 여기서 질문은 이 폭을 어느 정도로 설정하느냐이다. 일반적으로 가공하는 재료의 두께에 따라 절단후 잔재 폭을 변화시킨다. 후판에서는 가공재료 두께의 절반정도 즉, 재료 두께 12 mm에서는 폭을 6 mm로 재료 두께 16 mm에서는 폭을 8 mm로 하는 것이 프로그램의 기준이 된다. 중판 두께에서는 재료 두께 정도 박판에서는 재료 두께의 2~5배정도 즉 재료 두께 2 mm에서는 폭을 4 mm, 재료 두께 1 mm에서는 폭을 5 mm정도의 잔재 폭으로 프로그램의 기준이 된다. 표 4.7.1에는 각 재료 두께에서 잔재 폭의 기준을 나타낸다.

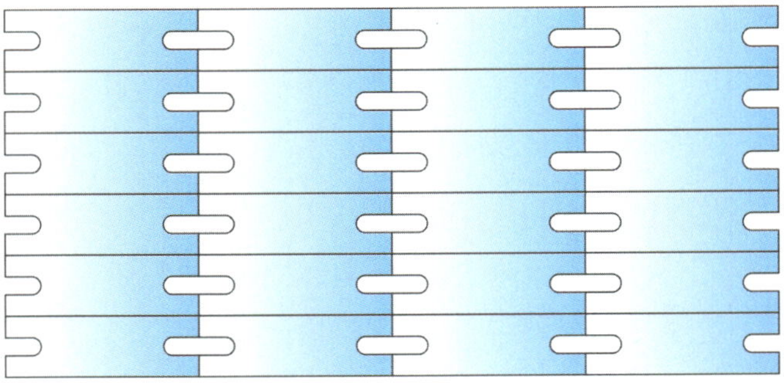

그림 4.7.1 공유 절단의 예

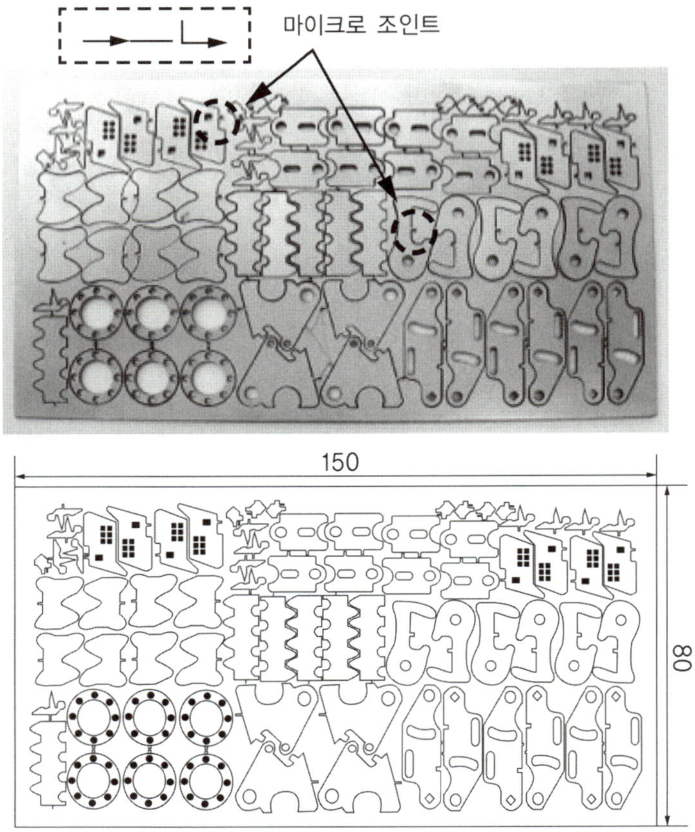

그림 4.7.2 네스팅(최적배치)의 예

표 4.7.1 절단 후 잔재 폭의 기준

재료 두께	잔재폭	기준
1 mm	5 mm	재료 두께의 5배
2 mm	4 mm	재료 두께의 2배
4.5 mm	4.5 mm	재료 두께의 1배
6 mm	6 mm	재료 두께의 1배
12 mm	6 mm	재료 두께의 1/2배
16 mm	8 mm	재료 두께의 1/2배

4.8 스테인리스강의 무산화 절단시 적정 초점 위치

현 상

무산화 절단시 가공 품질의 열화중에 가장 일어나기 쉬운 것은 그림 4.8.1에 나타낸 것처럼 피가공물의 뒷면에 용융금속이 부착하여 굳어진 드로스의 발생이다. 드로스의 높이나 양 및 형상은 가공 조건이나 가공 형상에 따라 다르다. 여기에서는 절단품질에 가장 영향을 미치는 초점위치에 대해서 설명한다.

원 인

레이저 광의 스폿직경이나 재료에 대한 입사각도는 초점위치의 설정에 의해 그림 4.8.2에 나타낸 것처럼 변화를 일으킨다. 스폿직경이 작을수록 에너지 밀도가 커져, 용융금속은 고온으로 올라간다. 역으로 스폿직경이 크면 용융하는 금속의 양이 증가하고 그 온도는 내려간다. 고온의 용융금속은 점성이 떨어져 절단홈내에서 유동이 쉬워 절단홈에서 배출되기 쉬워진다. 절단홈의 폭이 좁아질수록 보조가스가 통과하는 양이 줄어 용융금속은 밀고 내려가는 능력이 저하한다. 더욱이 절단홈 형상의 재료 두께 방향으로의 변화도 용융금속의 흐름상태를 좌우한다.

대 책

드로스의 부착상태에 따른 초점위치의 조정에 대하여 다음과 같이 나타낸다. 초점위치를 내리는 양이 적으면 드로스의 끝단이 톱날 형상의 드로스가 된다. 역으로 초점을 내리는 양이 많으면 둥근 형상의 드로스가 된다. 이와 같은 드로스의 형상이나 양을 참고로 하여 그림 4.8.2에 나타낸 것처럼 적정한 초점 위치를 찾아낼 필요가 있다.

(1) 선단이 날카로운 톱날모양의 드로스

톱날모양의 드로스는 용융금속을 절단홈 내로부터 배출할 때 보조가스의 압력 부족이 지배적인 요인이다. 고에너지 밀도이기 때문에 용융금속은 고온이지만 상부의 절단홈 폭이 너무 좁아서 보조가스를 충분히 절단홈 안으로 불어넣지 못하는 현상이다. 용융금속의 점성은 낮고 절단홈에서 아래로 크게 늘어난다. 대책으로는 초점위치를 내려서 상부 절단홈 폭을 넓힐 필요가 있다.

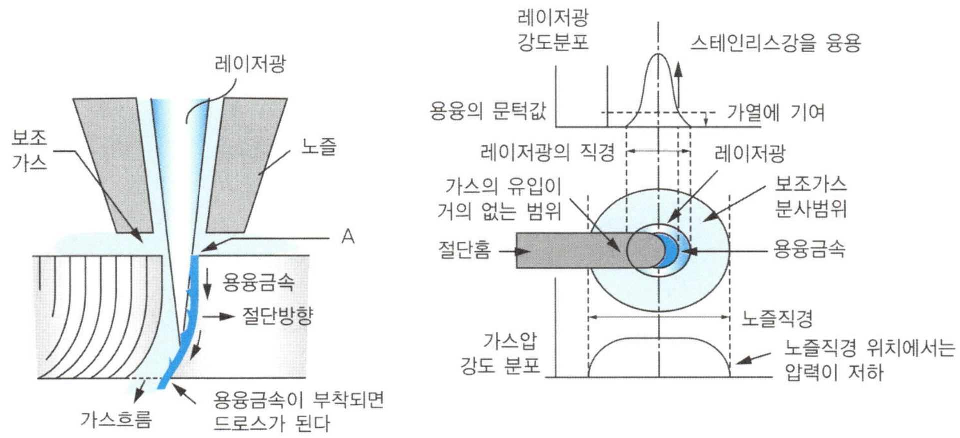

(1) 횡단면도 (2) 피가공물 표면A 에서의 레이저광과 보조가스의 강도 분포

그림 4.8.1 드로스 발생 상태

(2) 구슬 형상의 드로스

초점위치를 많이 내리면 절단홈의 상부폭이 넓어져 하부폭이 일시에 좁아지기 때문에 테이퍼(taper) 정도가 커진다. 절단홈의 단면적이 증가하는 것은 용융금속의 양도 증가하여 용융금속의 온도도 내려간다. 이 저온의 용융금속은 유동성이 악화되어 하부 절단홈 표면에서 굳어진다. 절단홈 단면적을 작게 하여 용융금속을 고온으로 할 필요가 있다.

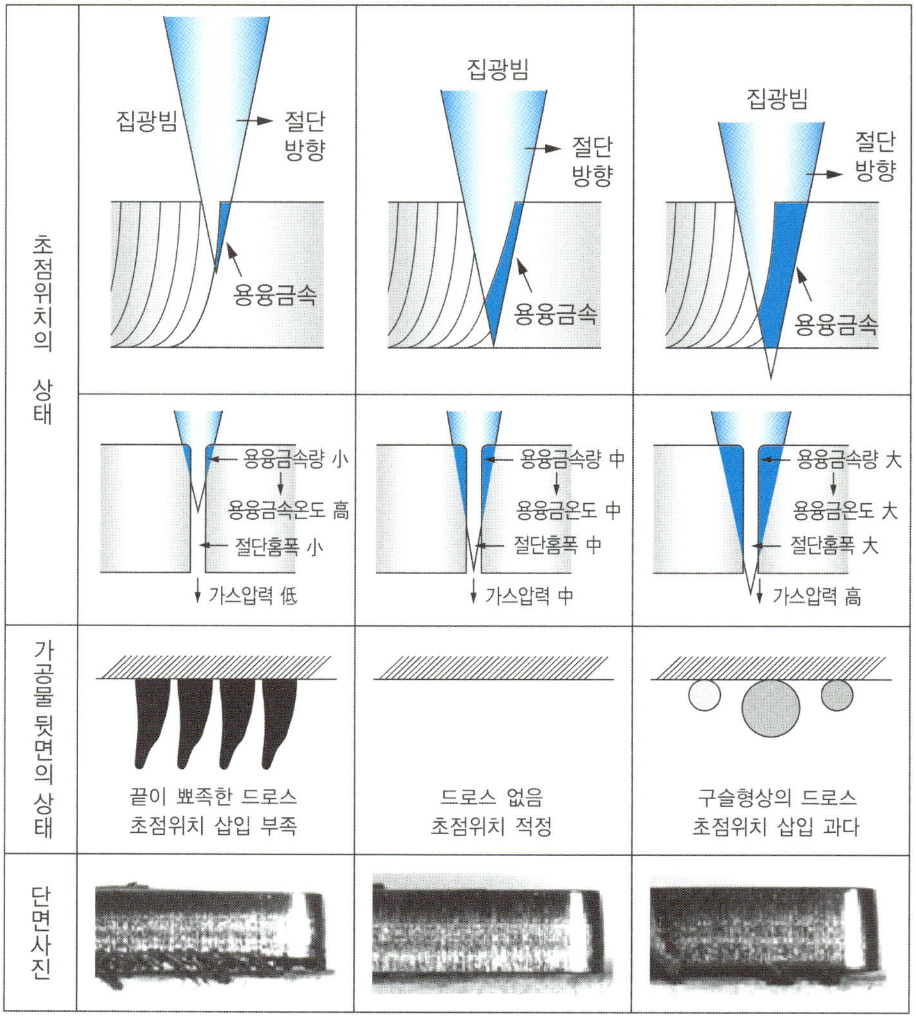

그림 4.8.2 초점위치와 드로스의 관계

4.9 CO_2 레이저에 의한 유기 플라즈마 절단

현 상

스테인리스강의 무산화 절단에서는 고압의 질소가스를 보조가스로 사용한다. 가공대상의 재료 두께가 클수록 노즐 직경을 크게 하고 보조가스압력도 높게 설정하기 때문에 가스소비량은 증가한다.

CO_2 레이저에서는 이 가스소비량을 줄이기 위해 절단홈내에 유기 플라즈마를 발생시켜 유기 플라즈마의 열을 이용하여 절단하는 방법이 있다. 일반적으로 레이저 가공에 있어서는 유기 플라즈마는 가공 능력이나 가공 품질을 열화시키지만 스테인리스강의 무산화 절단에서 유기 플라즈마 절단방법을 사용하면 가스 소비량을 20~30% 줄이는 것이 가능하다.

원 리

그림 4.9.1에 나타낸 것처럼 통상의 무산화 절단의 가공조건에서는, 초점위치를 재료 두께 내부 안쪽으로 내려서 고압의 보조가스 조건으로 설정한다. 그러나 유기 플라즈마를 절단홈내로 가두어서 발생시키기 위해서는 레이저광에 의해 용융하는 금속이 보다 고온이 될 수 있도록 하여 절단홈내에서 발생하는 유기 플라즈마가 성장하도록 가공조건을 설정한다.

구체적으로는 아래와 같이 설정한다.

① 초점 위치를 내리는 양은 통상의 무산화 절단보다 작게 한다. 이것은 보다 에너지밀도가 높은 레이저광을 조사하게 된다.

② 보조가스 조건은 통상의 무산화 절단보다 낮은 압력으로 설정한다. 이것은 유기 플라즈마를 절단홈내에 가두게 된다.

③ 노즐 직경을 통상의 무산화 절단보다 작은 직경으로 한다. 이것도 유기 플라즈마를 절단홈에 가두게 된다.

④ 노즐과 피가공물 사이의 거리는 통상의 무산화절단보다 약간 넓게 한다. 이것은 노즐과 피가공물과의 사이에 유기 플라즈마가 성장하는 공간을 만들게 한다.

그림 4.9.2는 재료 두께 16 mm의 STS304스테인리스강의 보통의 절단면과 유기 플라즈마 절단면을 비교할 것이다.

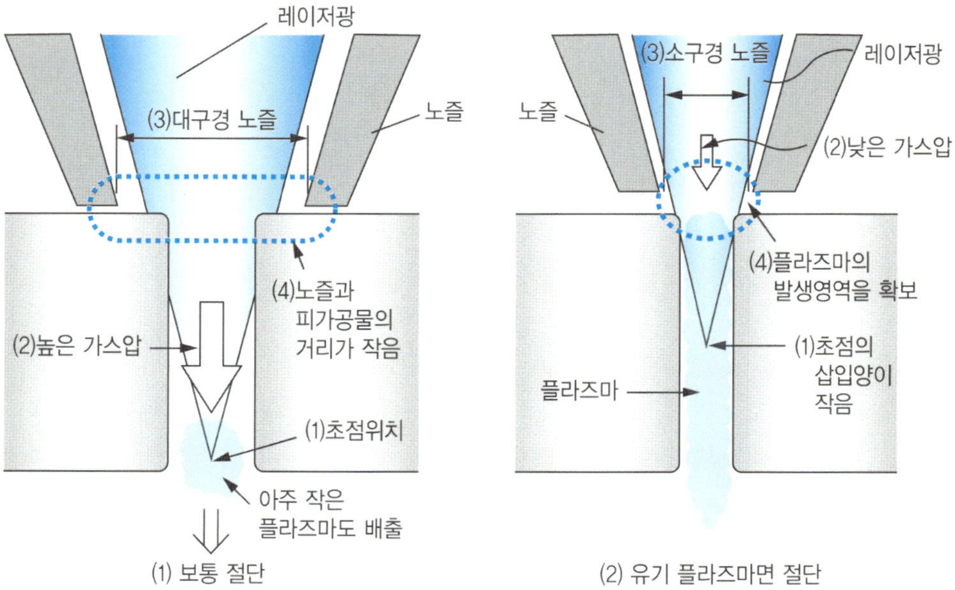

그림 4.9.1 유기 플라즈마의 발생

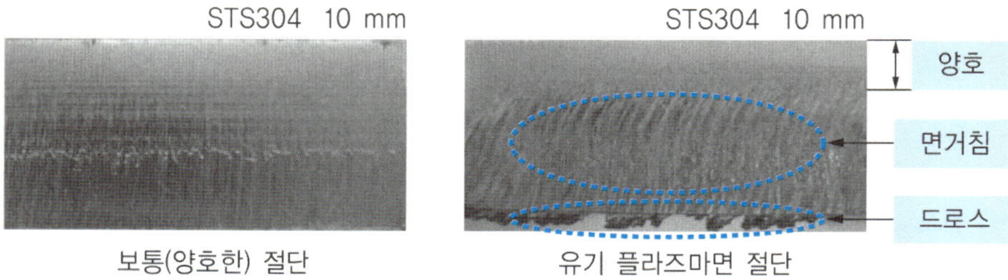

발진기	최대 재료 두께	보통(양호한)절단		플라즈마 면절단	
		절단속도	노즐 (가스압력)	절단속도	노즐 (가스압력)
2 kW	8 mm	0.5 m/min	ø3.0 (1.4 MPa)	좌동	좌동
	12 mm	–		0.25 m/min	ø3.0 (1.6 MPa)
4 kW	12 mm	0.5 m/min	ø3.5 (2 MPa)	0.6 m/min	ø3.0 (1.5 MPa)
	20 mm	–		0.2 m/min	ø4.0 (1.6 MPa)

그림 4.9.2 CO_2레이저에 의한 STS304스테인리스강 10 mm의 절단면과 가공조건

유기 플라즈마 절단면은 상부면에서 부터 2 mm정도는 양호한 절단면 거칠기가 얻어지지만 그 아래 영역은 거친 절단면으로 된다. 유기 플라즈마가 발생하면 금속의 큰 증발 압력이 발생하여 이 압력이 용융금속을 절단홈내에서 배출시킴과 동시에 절단면의 거칠기를 악화시킨다. 유기 플라즈마는 레이저광을 흡수하는 특성이 있어 레이저 조사는 연속해서 유기 플라즈마를 발생시킨다. 이 방법은 재료 두께에 제한이 있지만 절단속도의 향상과 보조가스의 소비량을 줄이는데 유효하다.

4.10 두께 0.1 mm이하의 스테인리스강 절단 대책

현 상

박판 재료를 절단하는 경우에는 초점위치의 미세한 변화에도 가공 성능에 영향을 미친다. 피가공물의 재료 두께가 0.1 mm이하의 극박판의 절단에서는 침상 핀이나 그리드(grid) 등의 일반적인 재료의 지지방법에서는 그림 4.10.1에 나타낸 것처럼 피가공물을 안정하게 지지하는 것이 곤란하게 된다.

원 인

극박판의 저출력 조건에서는 아주 작은 비초점(defocusing)에도 재료 표면에서 레이저광의 반사가 일어나 용융능력이 현저히 저하한다. 절단 중의 가공 가스압력이나 열변형 축적에 의한 재료의 휨에 의해서도 마찬가지로 반사가 일어난다. 이들 극박판에 대해서 그림 4.10.2에 나타낸 방법으로 가공을 실시한다.

대 책

(1) 간이받침 지그

아크릴이나 재료 두께 1~2 mm의 철판에 가공형상보다 약간 큰 치수로 사각 구멍을 내어 그 위에 극박판의 피가공물을 붙여서 절단한다. 단, 이 방법에서는 피가공물의 형상치수가 큰 경우에 사각구멍의 중심부에 가공위치가 있으면 휨의 발생을 피할 수 없어 가공이 곤란해진다.

(2) 알루미늄 허니컴

알루미늄 허니컴(honeycomb) 위에 피가공물을 얹어서 가공하는 방법이다. 피가공물의 휨이 적어져 비초점은 없어지지만 알루미늄 허니컴과 접촉하는 표면 부분에서는 상처나 오염이 생길 경우가 있다.

(3) 받침 지그

가공하는 프로그램을 응용해서 절단 형상보다 약 1 mm 큰 형상을 아크릴이나 철판으로 가공하여 그 위에 피가공물을 붙여서 절단한다. 가공형상근처까지 정확히 지지되기 때문에 가공정도는 보다 향상된다.

(4) 공유절단

아크릴이나 두꺼운 종이 및 베니어판 등을 지지재로서 그 윗면에 피가공물을 붙여 지지재와 동시에 절단하는 방법이다.

지지재로부터 발생하는 가스로 피가공물의 뒷면이 오염되는 것에 주의가 필요하다.

(5) 적층절단

피가공물은 하나로는 휘지만 수십 장을 겹치면 재료 두께가 커져 변형도 작아지기 때문에 안정된 가공이 가능하다. 밀착시킨 가공에서는 만약 드로스가 발생하여도 맨 아래판 뒷면에 발생하는 것이 거의 전부이며 맨 아래쪽의 1장만 버리는 재료로 취급하면 된다.

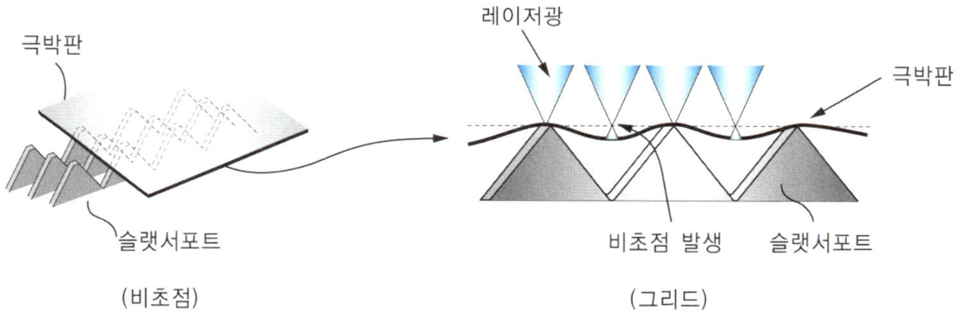

그림 4.10.1 극박판 절단에서의 비초점

방법(1) 아크릴이나 1~2mm철판에 사각홀을 자르고
그 위에 초박판을 얹어 테이프로 붙인 후 가공한다.

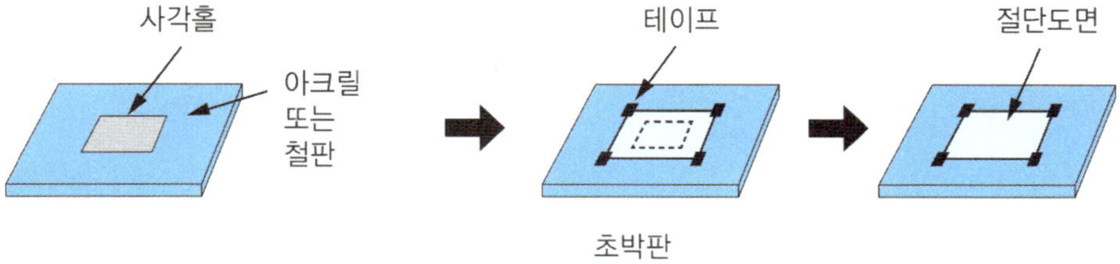

방법(2) 알루미늄 허니컴을 구입하여 재료를 그 위에 올려 가공한다.

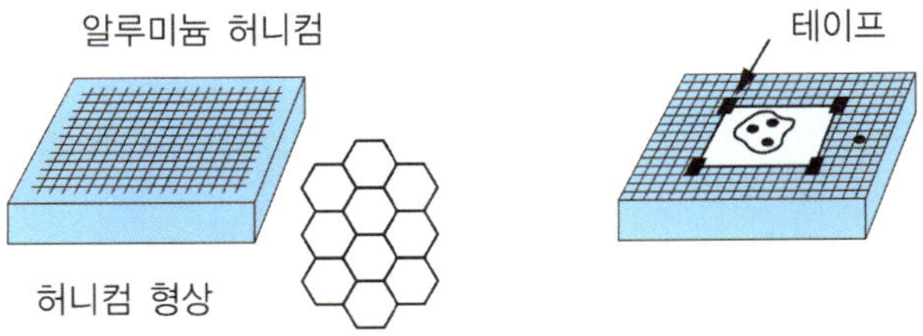

그림 4.10.2 극박판의 절단방법(1)

방법(3) 아크릴이나 철판을 가공하는 도면보다 1 mm정도 큰 면적으로 잘라내어(업셋 외측에 1 mm) 그 위에 재료를 붙여서 가공한다(가공시 위치 맞춤이 필요).

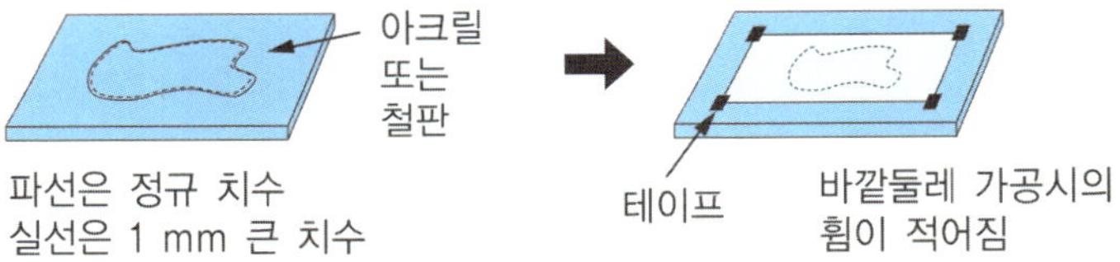

방법(4) 목재나 아크릴에 재료를 붙여서 상하를 동시에 절단한다.

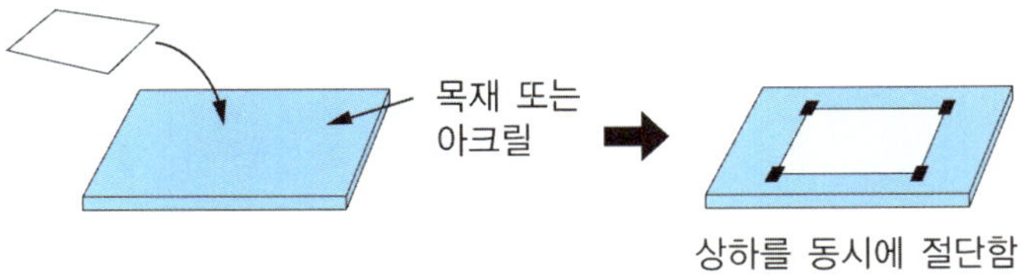

방법(5) 각 부재를 밀착시켜 겹침가공을 한다.

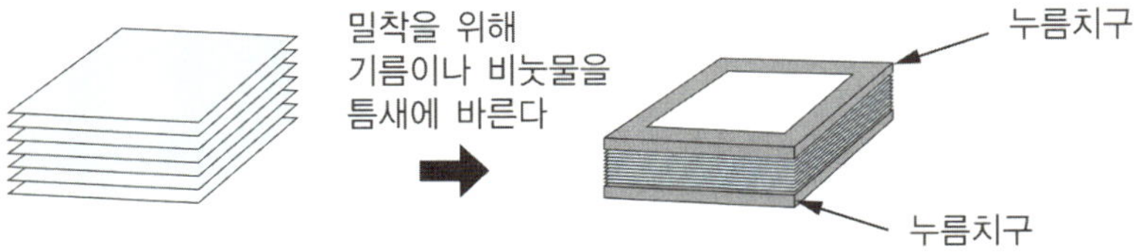

그림 4.10.2 극박판의 절단방법(2)

4.11 스테인리스강 무산화 절단부 뒷면의 버닝 저감 방법

현 상

스테인리스강의 무산화 절단시 그림 4.11.1에 나타낸 것과 같이 피가공물의 표면에는 버닝(burning)은 발생하지 않지만 뒷면에서는 절단홈을 따라 양쪽에 버닝이 발생한다. 판 두께가 두꺼울수록 버닝의 폭은 넓으며 색깔도 짙어진다.

원 인

피가공물 뒷면에서의 버닝이 발생하는 것은 그림 4.11.2와 같이 절단홈의 주위가 용융금속에 의해 온도가 상승하여 그 고온 부분이 공기 중에 포함되어 있는 산소와 접촉하여 산화되기 때문에 발생하는 현상이다. 피가공물 표면의 절단홈 주위는 노즐로부터 분출하는 질소가스로 보호되어 공기와의 접촉이 차단되기 때문에 버닝은 발생하지 않는다. 뒷면은 절단홈으로부터 빠져나오는 질소가스가 뒷면을 보호하지 못하기 때문에 고온부분이 공기와 접촉하여 버닝이 발생한다.

대 책

뒷면에 발생하는 버닝을 방지하기 위해서는 그림 4.11.3에 나타낸 바와 같이 뒷면에서의 절단홈 주위의 온도 상승을 방지하는 것과 공기와의 접촉을 방지하는 것이 필요하다.

(1) 온도 상승을 방지

절단홈 주위의 온도 상승을 방지하기 위하여 보조가스의 압력을 높게 설정하여 용융금속의 배출속도를 높이고 절단속도를 고속조건으로 한다. 또한 레이저광 통과 후에 절단홈 주위를 신속하게 냉각시킨다.

(2) 공기와의 접촉을 방지

절단홈 주위가 공기와 접촉하는 것을 방지하기 위해서는 재료 표면에 피막을 씌워 재료 표면이 직접 공기와 접촉하지 못하게 하면 된다. 스패터(spatter) 방지제를 절단하기 전에 피가공물의 뒷면에 도포해서 절단을 행한다. 이는 피가공물의 절단홈 주위의 고온부분이 공기와 접촉하는 것을 막는다.

(3) 산화층의 제거

금속재료의 산화층을 제거하는 약품이 있다. 성분은 산성의 수용액상이 일반적이고 비교적 간단하고 양호하게 제거하는 것이 가능하다.

사용상 주의 할 점은 산과 반응하여 분해하는 물질이나 분해하여 가스를 발생하는 물질 등의 첨가 또는 혼합을 피하여야 한다.

숏블라스트(shotblast) 원리로 산화층 부분에 연마입자(abrasive grain)나 고무재 등의 연마제를 분사하여 표면을 깍아내는 작용을 응용하는 방법이 있다. 재료표면에 요구되는 마무리 거칠기나 광택도에 따라서 연마제의 선택을 달리한다.

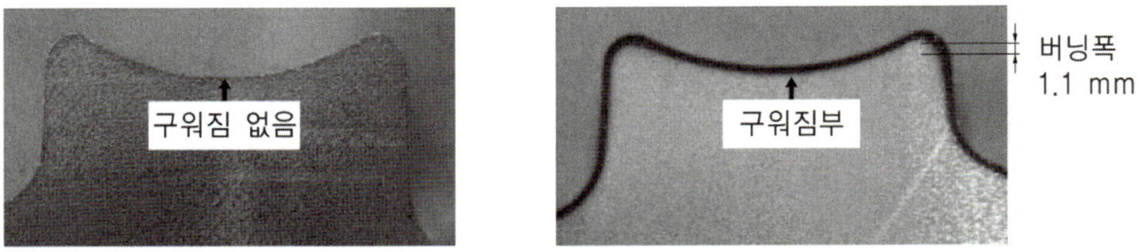

(1) 표면 사진 (구워짐이 발생하지 않음)   (2) 뒷면 사진 (구워짐이 발생)

그림 4.11.1 절단홈 주위의 구워짐(산화)

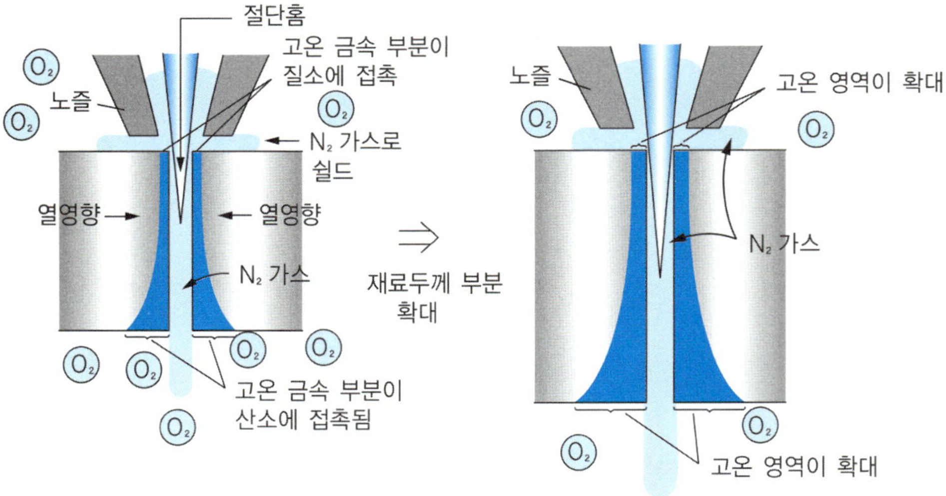

그림 4.11.2 버닝의 발생

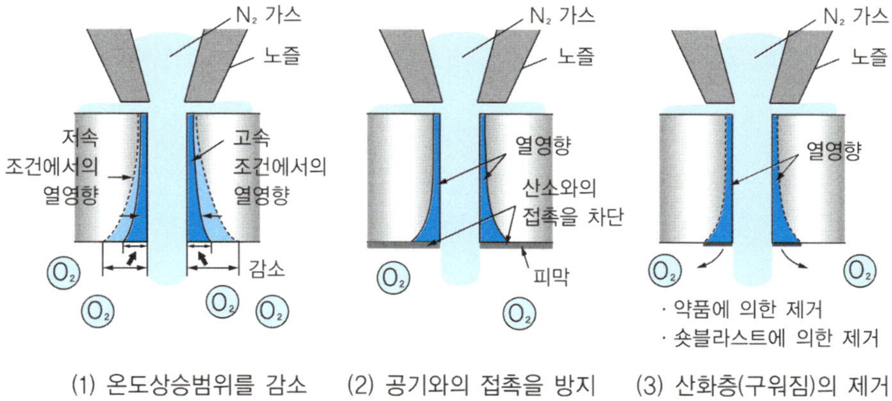

그림 4.11.3 버닝의 대책

4.12 시트 부착 스테인리스강의 절단 방법

현 상

스테인리스강의 표면에 상처를 방지하기 위해서 시트를 부착한 재료가 있으며 그 시트를 윗면에 부착한 상태로 스테인리스강을 한 번에 레이저로 절단하는 것에 대한 요구가 증가하고 있다. 이 절단에서는 시트가 절단 중에 벗겨지거나 불연속적인 절단이 되는 경우가 있다.
또한 양면 시트가 부착된 스테인리스강의 절단에 대한 요구도 늘어나고 있다. 표면 시트 부착 스테인리스강의 절단에서는 드로스가 발생하기 쉽다.

원 인

시트가 불연속적인 절단으로 되는 원인은 레이저광 파장의 영향이다. 특히 파이버 레이저에서는 가공 가능한 시트는 한정되어 있다.

표면 쪽의 시트가 벗겨지는 원인은 그림 4.12.1과 같이 절단홈으로 흘러들어 가지 않고 피가공물 표면으로 도망가는 보조가스가 시트와 재료 표면 사이에 침투하여 시트를 벗겨내기 때문이다. 이러한 박리가 일어나는 요인으로는 그림 4.12.2에 나타낸 레이저 가공조건과 시트재의 두 가지가 있다.

(1) 가공조건의 요인

레이저광에 의한 시트 단면의 용융상태가 벗겨짐에 영향을 미친다. 시트 단면의 용융범위가 커지면 열에 의해 용착제의 강도가 저하하여 시트가 벗겨진다.

(2) 시트재의 요인

시트와 금속재료와의 용착성이 낮으면 가공 중의 열에 의해 부착된 시트에 수축력이 발생하여 시트의 끝이 벗겨진다. 이것이 기점으로 되어 시트와 재료와의 틈새에 보조가스가 일시에 침투하여 큰 벗겨짐이 일어난다.

대 책

(1) 가공조건의 요인

시트를 절단하는 단면에서 레이저광의 빔모드 강도분포가 가파르게 되도록 한다. 레이저광의 흐트러짐이 없도록 주의 한다. 시트재의 열 영향을 작게 하기 위해 가능한 한 고속 조건으로 설정 한다.

또한 가공형상도 가장자리나 작은 직경의 홀 가공부에서는 벗겨지기 쉽기 때문에 코너에 R(round)처리 등의 형상 변경도 필요하다.

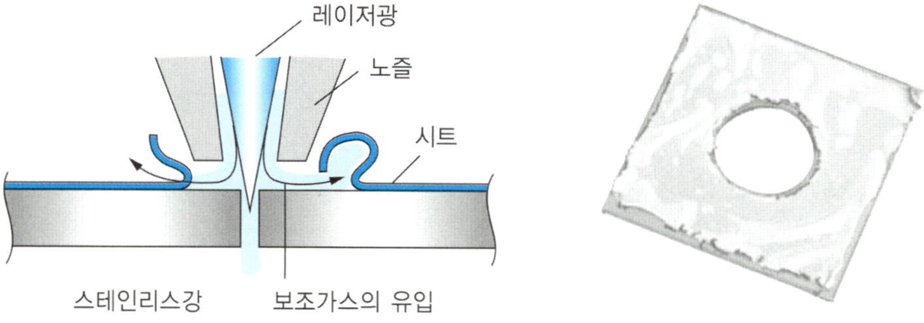

(1)보조가스의 흐름 (2)박리된 모양

그림 4.12.1 시트의 박리

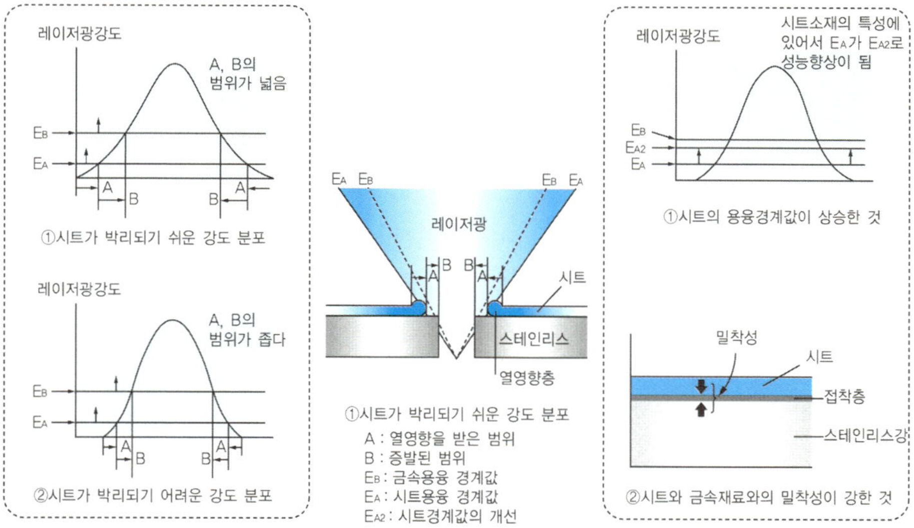

(1)가공조건의 요인 (2)시트재의 요인

그림 4.12.2 시트 벗겨짐의 요인

(2) 시트재의 요인

시트의 접착성, 내열성, 레이저광의 흡수성을 향상시킨 레이저 절단 전용 시트재가 시트 제조사로 부터 판매되고 있다. 성능을 확인하여 사용하여야 한다. 레이저 절단용 뒷면 시트에 대해서도 연구가 진행되고 있다.

4.13 두께 1 mm 재료 가공시의 변형 감소 방법

현 상

스테인리스강의 직사각형 형상은 단축의 폭치수(예에서는 50 mm)가 양단의 치수와 중앙부의 치수에 차이가 생긴다. 한 예로 그림 4.13.1에는 양단이 50 mm인 것에 대해서 중앙부는 49.7 mm가 되어 0.3 mm정도 작다.

원 인

그림 4.13.2에 나타낸 것처럼 레이저에 의한 절단홈 부분의 용융금속이 가진 열은 피가공물의 온도를 상승시킨다. 이 높은 온도에서 팽창한 상태의 재료를 절단하기 때문에 절단 후에 온도가 내려가 가공 상태가 수축하는 경우와 약 0.5 mm의 절단홈내에서 가공물이 어긋나는 경우, 이 두 가지의 요인으로 절단 치수의 오차가 생긴다.

대 책

절단홈 내에서의 가공물의 어긋남을 억제하는 것은 외측과 가공물의 연결부를 마련하는 것이 그 대책이다. 연결부를 붙이는 방법은 절단을 일단 중단하고 가공 궤적을 약간만 이동시켜 절단을 개시하는 마이크로 조인트 방식을 취한다. 마이크로 조인트부에서는 가공물과 바깥쪽과의 거리가 강제적으로 유지되기 때문에 변형이 방지된다.

열 팽창한 재료를 절단 한 후 냉각되어 수축하는 현상은 길이 방향의 치수가 줄어드는 것에도 나타난다. 이 치수 변화의 대책은 수축 비율 보정을 가공 형상의 NC프로그램에 반영하는 것이다. NC에는 스켈링 기능이 있어 한축 방향 또는 이축 방향에의 치수에 임의로 배율을 주는 것이 가능하다.

기준 위치에서의 구멍 가공의 피치 정확도가 요구되어지는 경우가 있다. 그림 4.13.3은 열변형에 의한 치수 오차의 보정을 쉽게 하기 위한 프로그램의 작성 방법을 나타낸다. 가공형상을 기준 위치로부터의 거리에 따라 복수로 분할(예를 들면, A, B, C)한 부분을 서브프로그램화 한다. 프로그램 기준 위치를 X_0로 부터 거리 H_A, H_B, H_C의 위치에 각각을 배치하는 프로그램을 구성한다.

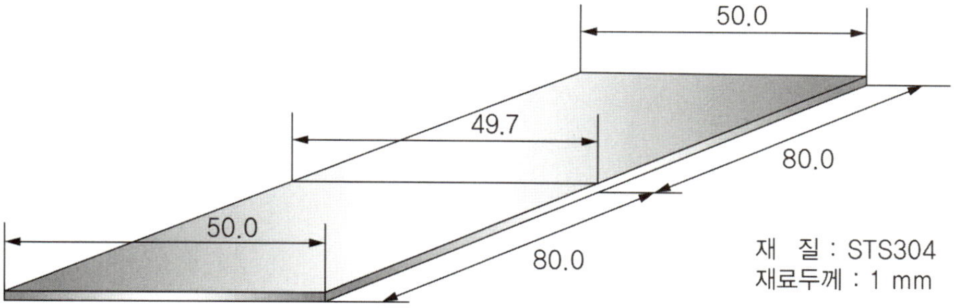

그림 4.13.1 스테인리스강의 직사각형상에 있어서의 절단 치수

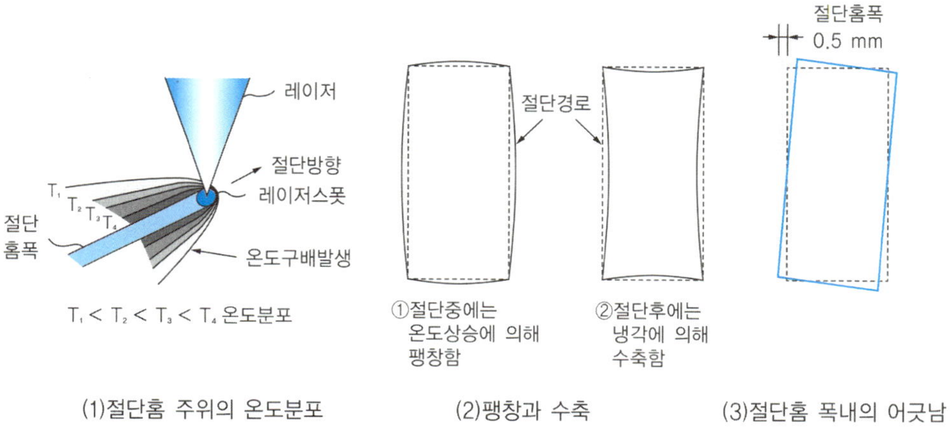

그림 4.13.2 변형의 원인

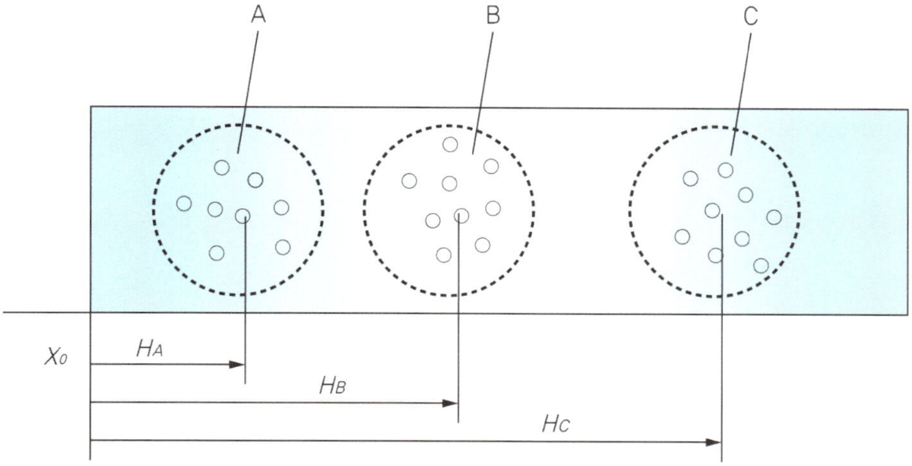

그림 4.13.3 열변형의 보정

이 거리 H_A, H_B, H_C를 치수 오차에 따라 조정함으로서 열변형을 쉽게 수정할 수 있다.

드물게 연강 압연재료의 가공에서는 가공 위치에 따라 변형의 정도가 다르게 나타나는 경우가 있다. 연강 압연재의 압연 중에 냉각을 실시하였지만 소재의 양 끝단부에서는 냉각이 불충분하여 잔류응력이 높아져 있을 가능성이 있다. 레이저 절단에 의해 응력이 해소되면서 변형이 발생한다.

4.14 스테인리스강 무산화 절단시의 적정 노즐 선택

현 상

후판을 무산화 절단하는 경우 아주 작은 조건 변화에도 품질이 나빠지기 쉬운 것은 드로스의 발생 때문이다. 적정한 노즐을 선택하게 되면 외부 요인에 의해 양호한 절단 조건이 변화하더라도 드로스의 발생을 최소화할 수 있다.

박판을 무산화 절단하는 경우에는 고속 절단에서 플라즈마가 발생하여 절단면의 거칠기를 악화시키는 경우가 있다. 방지 대책으로 노즐 선택이 중요하며 적정한 선택에 의해 안정된 가공이 가능하다.

원 인

(1) 후판절단

드로스의 제거에는 보조가스의 유동성이 중요한 역할을 한다. 노즐로부터 분출되는 보조가스는 노즐의 출구로부터 멀어질수록 가스 압력은 저하한다. 그 때문에 피가공물이 후판일수록 판의 아랫면이 노즐 선단으로부터 멀어지기 때문에 드로스를 제거하기가 어렵게 된다. 그림 4.14.1에 나타낸 가스 압력이 높은 상태로 유지되고 있는 포텐셜 코어의 길이는 노즐 직경에 비례하여 길어진다. 후판 절단에서는 재료 두께에 해당되는 거리를 고압으로 유지시킬 필요가 있기 때문에 큰 노즐 직경이 필요하다.

(2) 박판절단

박판의 고속절단에서 유기 플라즈마가 발생하는 것은 용융금속의 온도가 급격히 상승하기 때문이다. 그림 4.14.2에 나타낸 것과 같이 품질이 열화되는 것은 노즐과 피가공물 사이에 유기플라즈마가 크게 성장하는 공간이 있는 경우이다.

대 책

(1) 후판절단

가공에 적정한 대구경 노즐을 사용하여 가스 압력을 높게 설정하면 가스의 소비량은 증가한다. 그림 4.14.3에 나타낸 것처럼 노즐로부터 분사된 보조가스는 절단홈 내로 흘러들어가 실제 가공에 사용되는 비율은 낮고 거의 재료 표면위로 흐르지만 노즐과 재료와의 간격을 좁히면 노즐에 뚜껑을 덮은 상태가 된다.

노즐 아래에 피가공물을 배치하여 실제의 가공과 가까운 상태에서 가스유량을 측정한 결과 개방(노즐아래에 아무것도 없는)하여 측정한 유량보다 20~30% 적었다.

(2) 박판절단

노즐과 피가공물 사이에 유기플라즈마를 성장시키기 위해 그림 4.14.2에 나타낸 것과 같이 노즐 직경을 작게 하고 또한 노즐과 재료 사이의 간격을 좁혀서 공간을 좁게 만든다. 10 m/min 이상의 속도설정에서 주의가 필요하다.

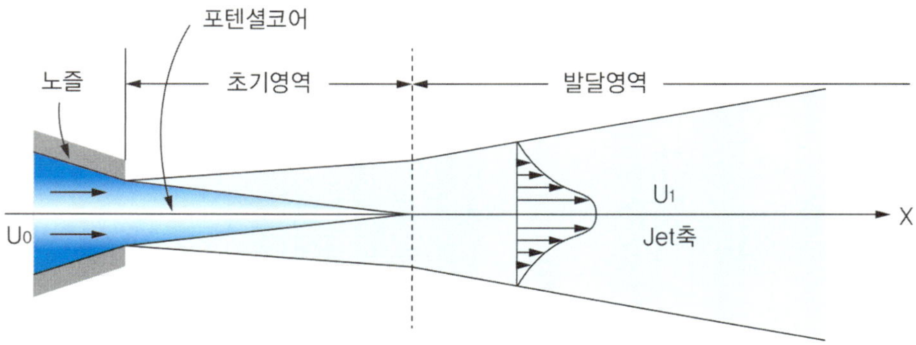

그림 4.14.1 포텐셜 코어

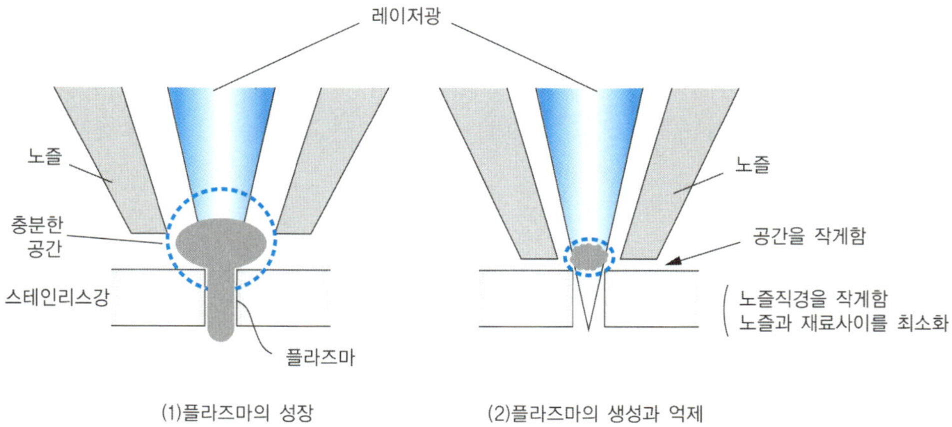

그림 4.14.2 박판고속절단에 있어서의 플라즈마 발생

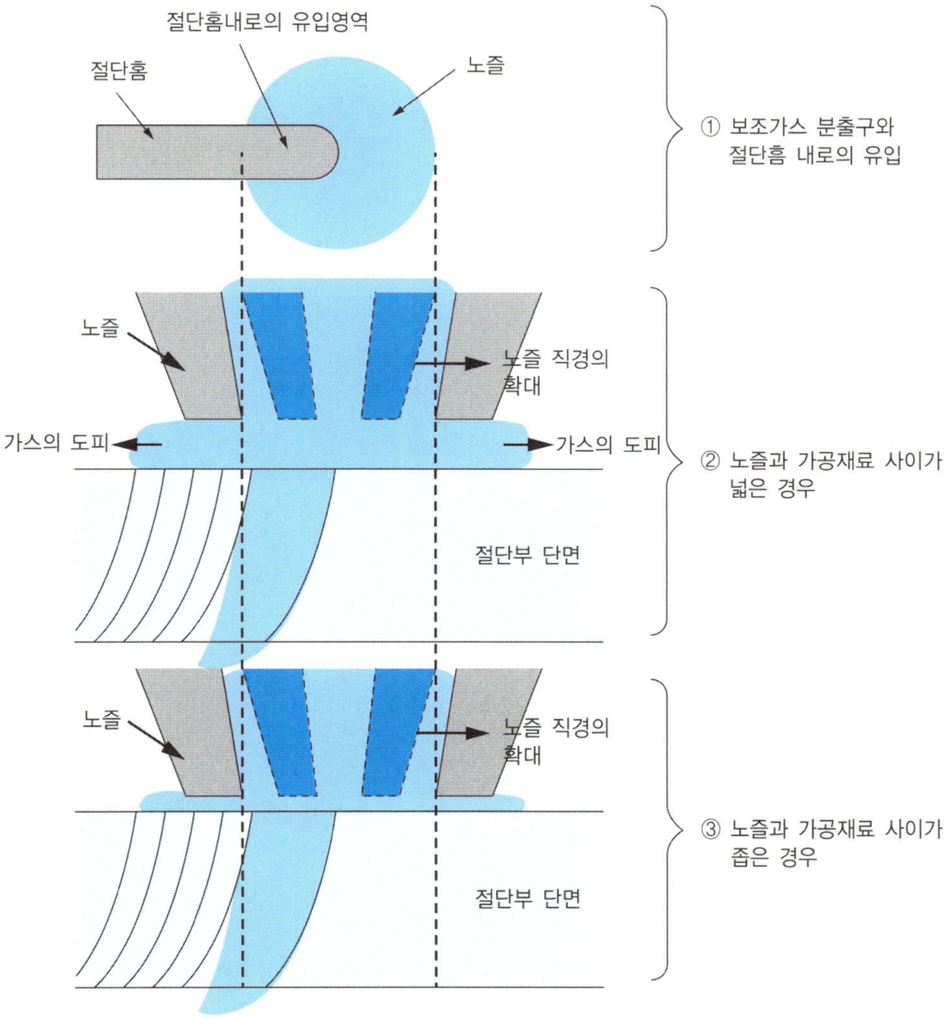

그림 4.14.3 후판 절단에서의 가스의 흐름

CHAPTER 5 알루미늄재료의 절단

5.1 파이버 레이저와 CO_2 레이저에 의한 알루미늄의 절단성능 비교

현 상

(1) 절단속도

그림 5.1.1은 출력 2.5kW의 파이버 레이저 및 CO_2 레이저로 알루미늄 합금 (A5052)을 절단한 경우의 재료두께 및 절단속도의 관계를 나타내고 있다. 알루미늄 합금의 절단에서는 보조가스로 질소가스를 사용하고 있다. 박판일수록 속도차이는 크게 되어 그림의 데이터와 같이 재료두께 1 mm의 절단시 CO_2 레이저는 최대 절단속도가 4.5 m/min 이지만 파이버 레이저에서는 최대 절단속도가 27 m/min 가 된다. 재료두께가 커질수록 두 레이저의 속도차이는 급격하게 감소한다. 한편, 주요한 가공조건은 다음과 같다.

- CO_2 레이저
  출력: 2.5 kW
  가공렌즈 초점거리: 127 mm (5")
  보조가스 종류: 질소
  보조가스 압력: 0.8~1.2 MPa
- 파이버 레이저
  출력: 2.5 kW
  가공렌즈 초점거리: 1016 mm (4")
  보조가스 종류: 산소
  보조가스 압력: 0.6~1.2 MPa

(2) 절단품질

절단면의 조도는 스테인리스강의 절단에서와 마찬가지로 파이버 레이저의 경우가 CO_2 레이저의 경우보다 좋지 않다. 피가공물의 재료두께가 커질수록 그 차이는 커진다. 파이버 레이저와 CO_2 레이저의 절단에 따라 뒷면에 발생하는 드로스(dross)의 상태는 차이가 거의 없다. 드로스의 발생량은 재료두께가 커질수록 보조가스압력과 초점위치의 조정으로 인해 변화되는 절단홈의 폭은 영향을 받기 쉽다.

원 리

알루미늄 절단의 메커니즘을 그림 5.1.2에 나타낸다. 박판 절단에서는 드로스의 발생이 적기 때문에 용융능력을 우선으로 하는 설정을 진행한다. 집광 스폿(spot)을 피가공물의 표면으로 설정하고(z=0) 표면에 대한 레이저광의 에너지 밀도를 최대한 높게 한다. 이를 위해서는 집광특성이 높은 (빔 스폿 직경이 작게 되는) 파이버 레이저가 유리하다. 그러나 후판 절단에서는 드로스의 발생을 방지하기 위해서 초점위치를 조정하여 절단홈의 폭을 넓혀서 보조가스가 용융금속을 누르는 힘을 확보할 필요가 있다. 그로 인하여 가공부에서의 에너지 밀도가 저하하여 파이버 레이저와 CO_2 레이저의 절단속도의 차이는 작아진다.

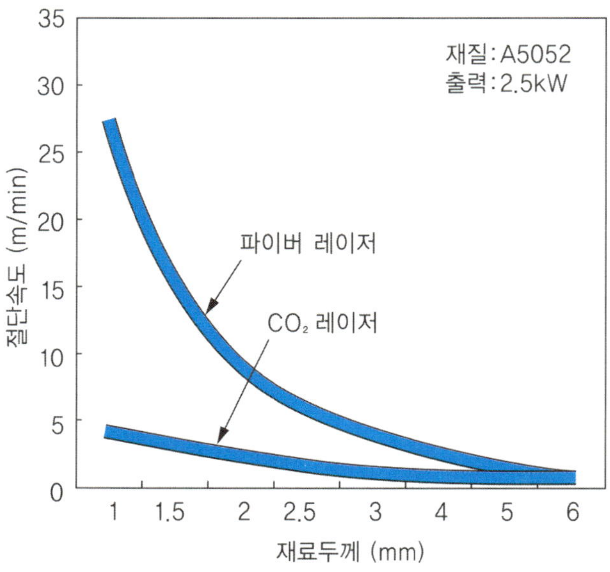

그림 5.1.1 알루미늄 절단에 있어서의 능력비교

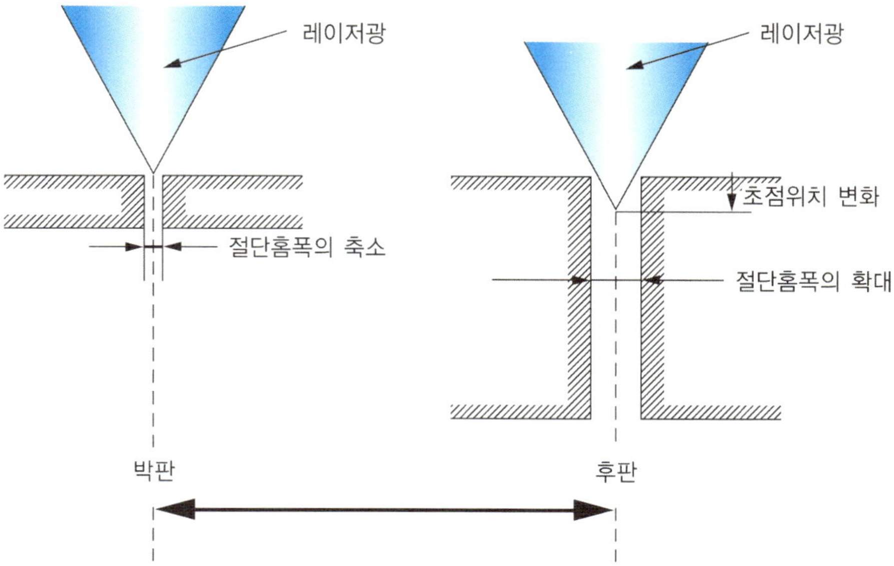

그림 5.1.2 후판 절단에 있어서의 가공작용

5.2 알루미늄 융기부의 노즐 접촉부 대책

현 상

피어싱을 실시하게 되면 용융된 알루미늄이 피어싱 홀 주위에 섬유 모양 또는 막 모양으로 늘어붙는 경우가 있다. 이러한 섬유 모양의 알루미늄을 융기부라고 부른다. 그림 5.2.1과 같이 이러한 융기부가 노즐에 접촉하게 되면 가공기가 정지하게 된다.

원 인

노즐과 피가공물 사이의 간격은 그 공간을 일정하게 유지하게 하는 정전용량 센서에 의해 제어되어 초점위치가 정확하게 설정된다. 그런데 피어싱으로 용융된 금속이 분출할 때 발생하는 융기부가 노즐과 접촉하게 되면 피가공물과 노즐이 접촉했다고 인식하여 가공기가 정지하게 된다.

대 책

대책으로는 다음의 그림 5.2.2에 보이는 내용을 실시한다.

(1) 융기부는 레이저광의 조사에 따라 서서히 성장한다. 피어싱 가공시간이 길어질수록 융기부는 커지기 때문에 출력을 높게 설정해서 조사시간(피어싱 시간)을 될 수 있는한 짧게 설정하여야 한다. 단지 출력이 클수록 홀의 직경이 크게 되어 홀 표면의 주위로 비산하는 용융금속이 많아지므로 주의하기 바란다.

(2) 융기부의 높이는 보통 1~2 mm이다. 피어싱 도중과 피어싱 위치로부터의 일정거리(피어싱 라인)의 절단까지만 노즐위치를 융기부의 높이 이상으로 설정하여 노즐과 융기부의 접촉을 피하는 방법이 있다. 이러한 피어싱 라인에서는 뒷면에 드로스가 발생한다.

(3) 피어싱 완료 후 절단 시작으로부터의 어느 정도의 가공범위까지만 정전용량 센서를 off하는 방법이 있다. 이러한 방법은 가공기 NC에 탑재하고 있는 기능을 사용하기 때문에 사용하고 있는 가공기가 이러한 기능을 보유하고 있는지 확인할 필요가 있다. 단, 노즐의 손상을 고려하여야 한다.

(4) 융기부의 발생범위가 큰 경우에는 절단 중에도 노즐이 융기부에 접촉하는 경우가 있다. 이것을 방지하기 위해서는 피어싱 후에 융기부를

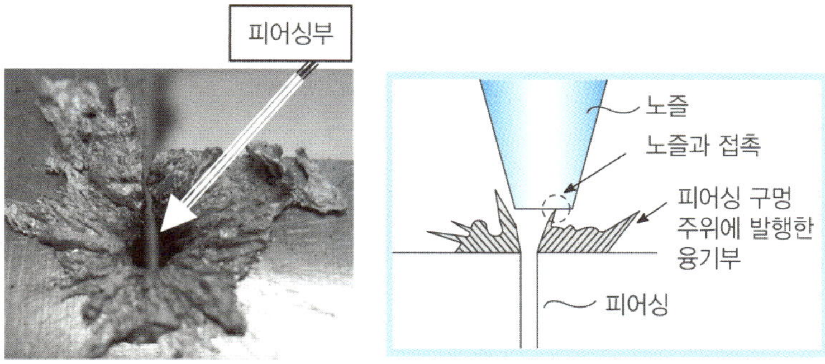

(1) 재료두께 12mm A5052 (2) 노즐과 융기부의 접촉

그림 5.2.1 융기부 발생에 의한 문제점

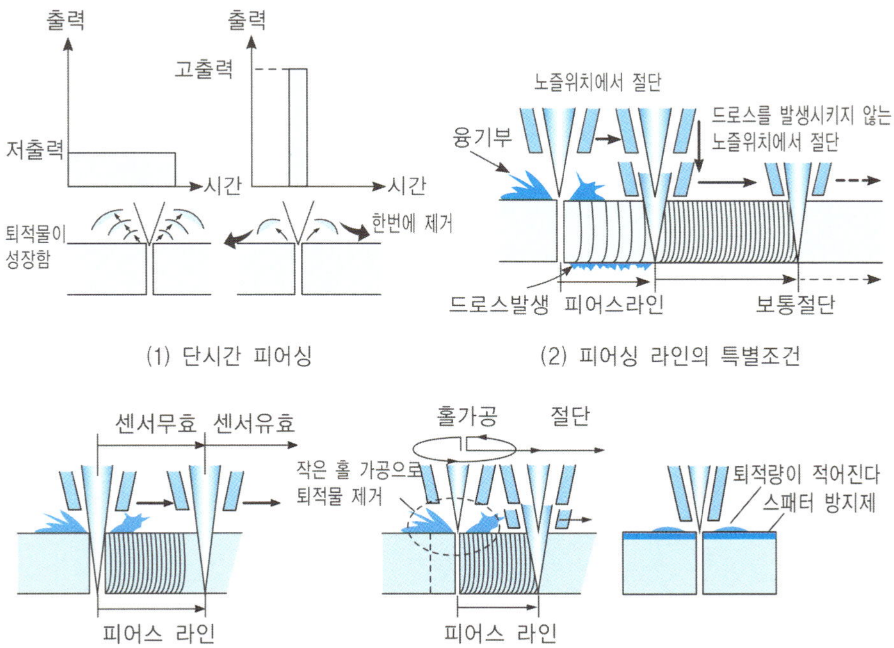

(3) 정전용량 검지 무효 기능 (4) 피어싱 홀 주위의 절단 (5) 스패터 방지제의 도포

그림 5.2.2 알루미늄 융기부 대책

포함한 피어싱 구멍 주위를 절단하여 제거하는 방법이 있다. 절단하는 방법은 정전센서를 오프 상태로 하여 피어싱부를 중심으로 직경 3 mm 정도의 홀 가공을 하여 융기부를 동시에 절단한다. 이러한 경우에는 홀을 가공하는 가공시간 및 절단을 위한 비용이 더 필요하게 된다. 가공 홀 직경은 용융금속의 비산범위에 따라서 조절한다.

5.3 후판 엣지부 가공시의 용융 분출 방지대책

현 상

보조가스로 질소가스나 에어를 사용하여 알루미늄이나 스테인리스강을 절단하는 경우에 가공형상에 예각인 엣지(edge)부가 있으면 가공이 어렵게 된다. 그림 5.3.1에 보이는 바와 같이 엣지 선단을 절단한 직후에 용융된 금속이 피가공물 표면에 분출되어 올라와 절단홈이 형성되지 못하여 분리가 불가능하게 되는 현상이다. 이러한 경향은 재료 두께가 클수록 발생하기 쉽게 된다.

원 인

플라즈마 발생은 레이저 조사에 의한 국부적인 재료의 가열과 이 때의 재료표면에서부터 방출되는 고온의 증기가 플라즈마 상태로 된 것이다. 그림 5.3.2와 같이 발생한 플라즈마는 조사된 레이저광을 흡수하기 때문에 일단 발생하면 절단홈내를 레이저광이 다중반사하는 가공 메커니즘이 유지될 수 없게 되어 절단홈 형성이 곤란해진다. 그 결과 용융금속이 상부로 분출된다. 그러나 이러한 플라즈마의 발생을 연속적으로 일으켜 큰 증발압력을 절단에 이용하는 것도 가능하다(다른 장의 플라즈마 면절단을 참조). 엣지 가공에서는 레이저광이 엣지 선단부를 통과하여 가공방향이 변경된 순간에 절단홈내 용융금속의 흐름이나 가공가스의 흐름이 흐트러져 일시적으로 피가공물이 고온으로 되어 플라즈마가 발생한다. 엣지 각도가 작을수록 이러한 현상이 발생하기 쉽다.

대 책

(1) 그림 5.3.3과 같이 엣지부에는 선단부까지를 고속도의 조건으로 가공한 후에 가공방향을 변화시키는 위치에서 저속도의 조건으로 변경한다. 저속도의 조건에서는 엣지부의 용융금속 흐름이나 가스의 흐름을 안정화시키는 펄스 절단조건을 사용하고 그 이후에 고속도의 조건으로 되돌아간다. 저속조건에서 고속조건으로 변환할 때 변환 위치에서 절단면에 흠집이 발생하는 것을 방지하기 위해서는 저속조건에서 절단이 완료된 위치로 레이저광의 위치를 되돌려서 다시 고속조건으로 전환하여 재

가공하는 제어방법도 일반화되어 있다. 또한 급격한 절단속도의 변화도 용융금속의 흐름이나 보조가스의 흐름을 불안정하게 하여 플라즈마를 발생시키기 쉽게 만든다. 가공방향을 변화시킨 후로부터 절단속도를 서서히 증가시키는 제어가 중요하게 된다.

(2) 가공의 궤적을 변경하는 것으로도 불안정한 가공을 개선하는 것이 가능하다. 엣지 선단부에 코너 R(round)값을 넣어 형상을 변경하게 하는 것으로 절단홈 상부의 레이저광에 의해 용융된 금속이 절단홈의 하부로 향해 부드럽게 흘러 플라즈마 발생을 억제한다.

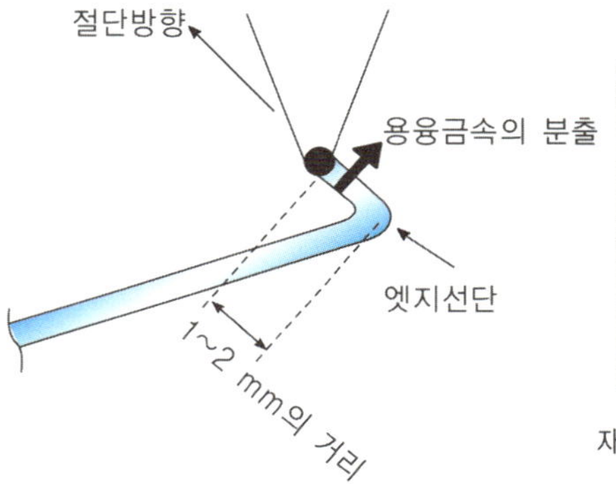

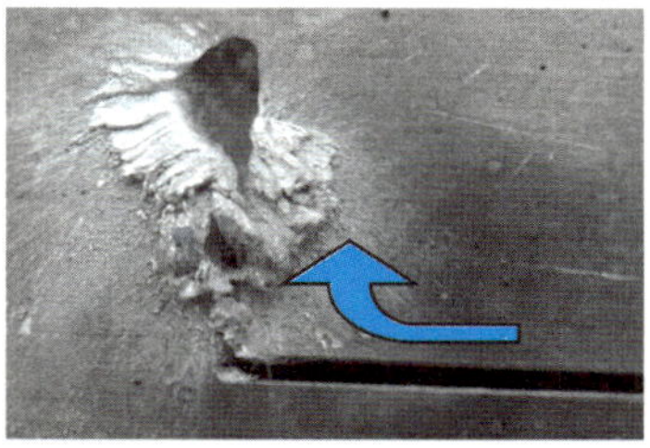

재료두께 12mm에 90° 의 각도로 절단

그림 5.3.1 엣지부에서의 분출

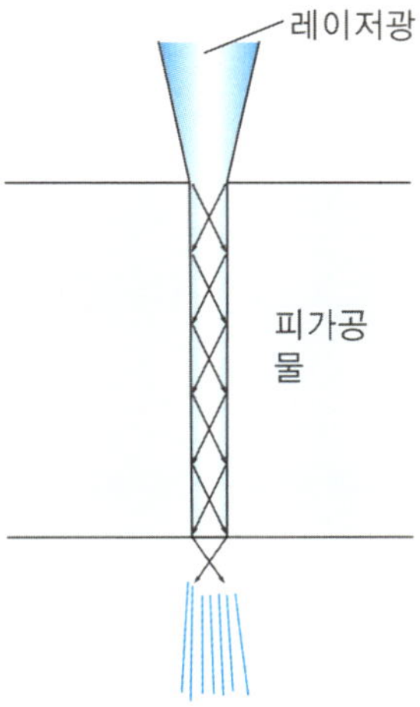

(1) 다중반사에 의한 가공의 진행

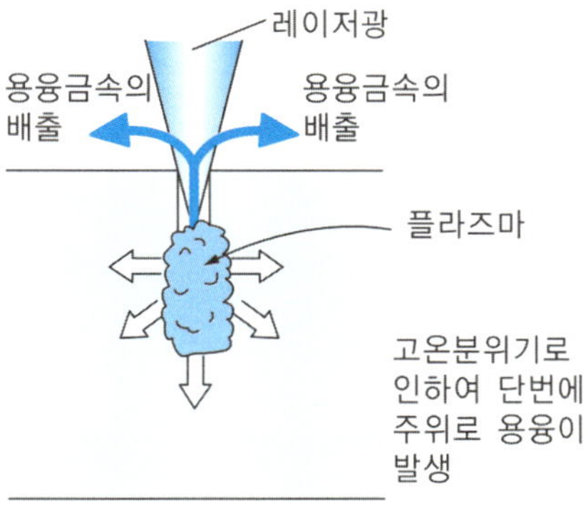

(2) 플라즈마의 발생에 의한 가공의 진행

그림 5.3.2 용융금속의 발생 원리

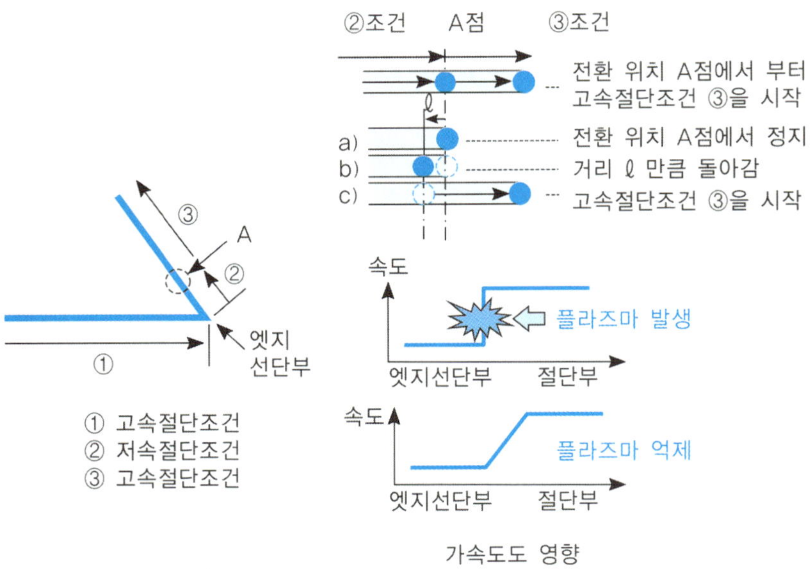

(1) 조건의 변경

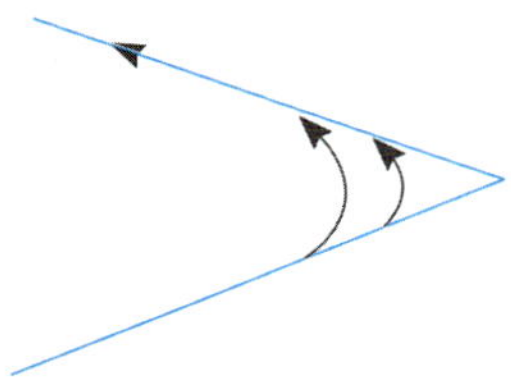

(a) 코너R의 부가

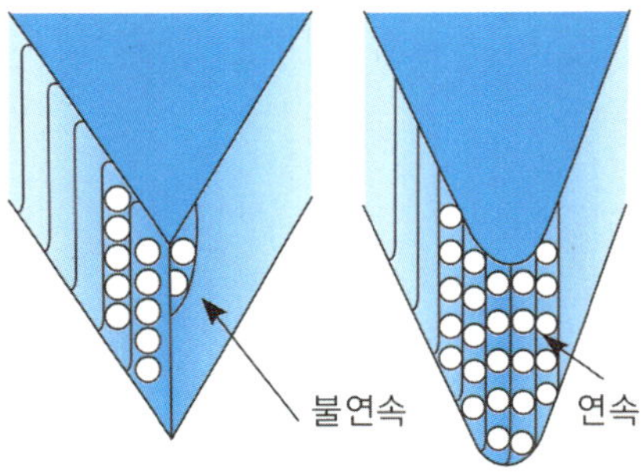

(b) 용융금속의 흐름

(2) 절단궤적의 변경

그림 5.3.3 엣지부의 분출 대책

5.4 알루미늄의 불안정한 표면 마킹 대책

현 상

알루미늄 등의 고반사 재료서에의 표면마킹은 레이저광의 반사가 일어나기 쉽고, 연속가공을 실시하는 경우에는 안전에 대한 충분한 주의가 필요하다. 일반적으로 CO_2 레이저 절단의 가공기로 실시하는 표면마킹은 선이 반점무늬가 되거나 전혀 표면마킹이 되지 않기도 한다 (그림 5.4.1). 이러한 상태에서 출력을 증가시키면 표면 마킹선이 두껍게 되거나 전반사 상태가 되기도 한다.

원 인

표면마킹은 가공재료 표면층의 일부를 용융시키는 것이 가공의 원리이다. 이러한 용도에는 아주 적은 양의 레이저광 흡수가 요구되기 때문에 알루미늄과 같은 고반사 재료에서의 표면마킹은 아주 어렵다. 표면 용융이 발생하지 않는 상태에서는 레이저 출력을 증가시켜도 전반사 상태가 되어 안전상 큰 문제가 된다. 또한 알루미늄은 열전도율이 높기 때문에 출력이 큰 가공조건을 필요로 하지만 흡수가 진행되면 용융이 급격하게 진행되어 표면 마킹선이 두껍게 되거나 표면 마킹선의 표면품질이 나빠진다.

대 책

고반사 재료에서 아주 적은 표면용융을 발생시키기 위해서는 그림 5.4.2에 나타낸 방법이 유효하다.

(1) 에너지 밀도를 높게 한다.

가공렌즈의 사양으로는 초점거리가 짧은 단초점 렌즈를 사용한다. 단초점 렌즈일수록 초점 스폿 직경이 작아지기 때문에 작은 출력으로 피가공물을 용융시키는 기능이 높아진다. 또한 단위 시간당의 에너지 밀도를 높이기 위해서는 높은 첨두 출력 및 구형파 펄스 조건을 설정하여 1펄스당 에너지를 높게 하는 것이 효과적이다.

(2) 레이저광의 흡수율을 높게 한다.

피가공물 표면에서 레이저광의 흡수율을 높이기 위해서는 빔 흡수제를 재료표면에 도포하는 것이 효과적이다. 단지 이러한 방법에서는 가공 후에 빔 흡수제를 제거하는 후공정이 늘어난다. 또한 보통 표면마킹에서는 질소를 사용하지만 가공부를 산화시키는 방법으로도 빔 흡수율을 향상시키는 것이 가능하므로 보조가스에 산소가스를 사용하는 것이 효과적이다. 알루미늄 소재의 표면 거칠기나 종류도 영향을 미친다. 거친 표면일수록 또한 합금성분이 많을 수록 레이저광이 잘 흡수되는 경향이 있다.

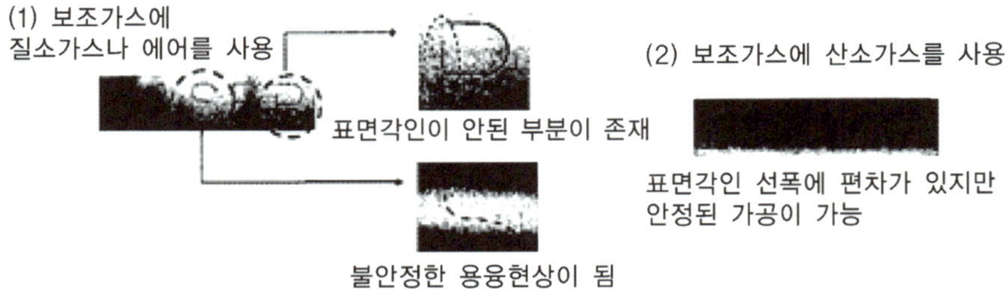

그림 5.4.1 A5052에 있어서 표면각인 불량의 현상

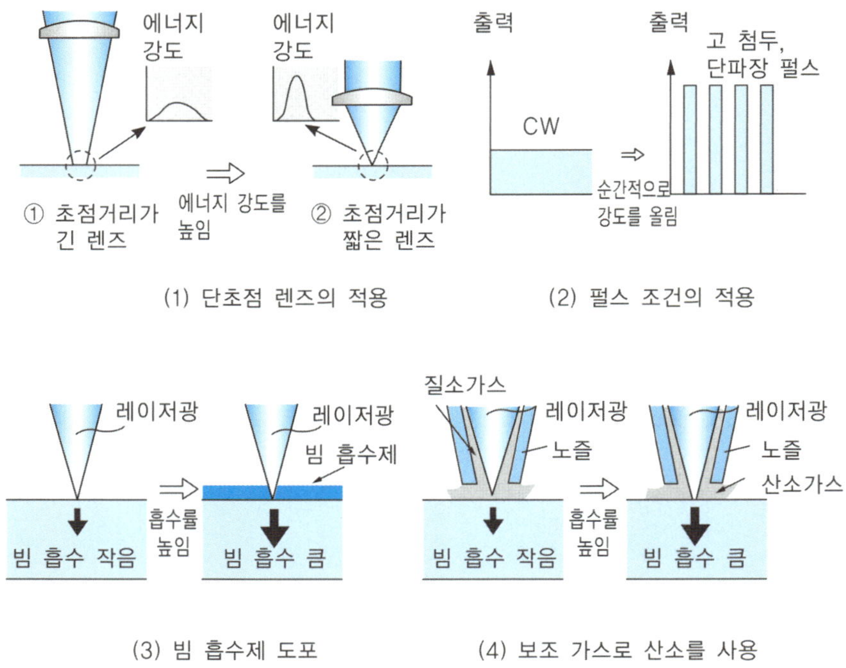

그림 5.4.2 레이저광의 반사대책

(3) 파이버 레이저를 사용한다.

CO_2 레이저 보다 파장이 짧은 파이버 레이저는 알루미늄 표면에서 반사율이 낮으므로 저출력에서도 양호한 표면각인이 가능하다. 그림 5.4.3에 알루미늄 (A1100)에 있어서 선폭 0.17 mm의 표면각인 샘플을 나타낸다.

이상과 같이 알루미늄의 표면마킹 방법을 설명하였지만 CO_2 레이저에 의한 표면 마킹선의 두께나 마킹선 표면의 매끄러움 정도는 다른 재료가공의 경우보다 좋지 않다. 알루미늄 재료의 절단 및 표면마킹 품질을 중시하는 경우에는 파이버 레이저를 추천한다.

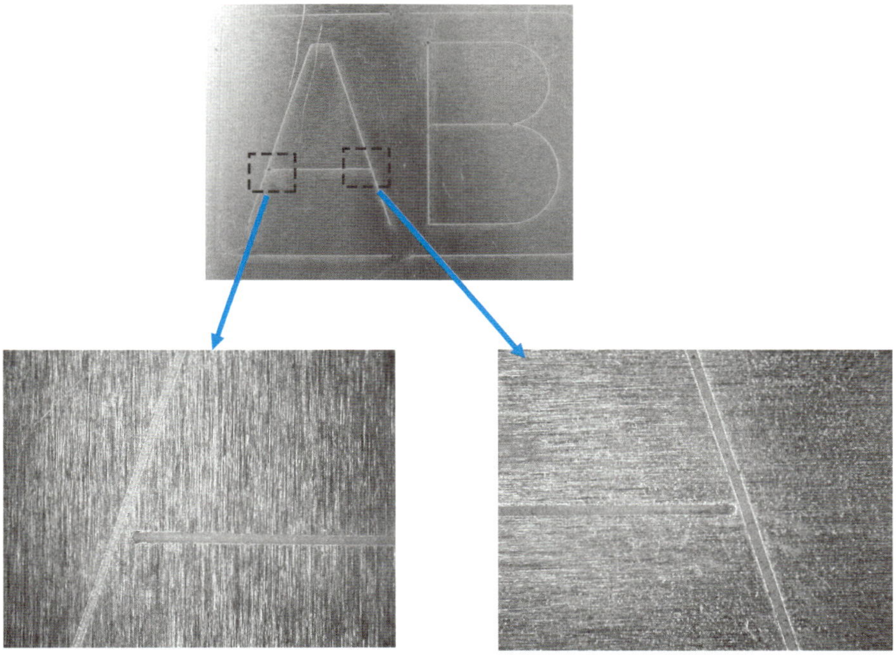

레이저: 파이버 레이저, 출력: 120W, 속도: 5m/min, 표면각인 선폭: 0.17mm

그림 5.4.3 알루미늄(A1100)에의 표면각인

5.5 알루미늄 절단시의 불안정한 피어싱 대책

현 상

금속재료의 레이저 가공에 있어서 고체상태의 금속에서 레이저광의 반사율은 높지만 용융이 시작되면 반사율이 저하하고 레이저광이 한번에 흡수되어 자연스러운 절단이 진행된다. 이러한 금속재료의 가공특성 때문에 알루미늄은 연강이나 스테인리스강보다도 가공시 고출력이 필요하고 또한 피어싱 가공에서는 불안정한 현상이 발생하기 쉽다. 특히 가공대상의 재료두께가 작아질수록 양호한 가공품질을 얻기 위해서 출력을 낮게 설정하기 때문에 그림 5.5.1과 같이 가공이 불안정하게 된다.

원 인

알루미늄은 다른 금속에 비해 레이저광에 대한 반사율이 높고 큰 열전도율 때문에 가공을 어렵게 한다. 고반사 재료에 대한 피어싱에서의 초점위치 설정방법은 최대 에너지 밀도가 얻어지는 초점 스폿을 피가공물 표면에 설정 (Z=0) 하는 것이다. 피어싱이 안되는 것은 초점위치가 피가공물 표면에 대해서 최적치로부터 벗어나 있기 때문이다. 이러한 현상의 원인은 피가공물 측의 원인과 레이저 가공기 측의 원인으로 나누어진다.

대 책

(1) **피가공물 측 원인에 대한 대책** (그림 5.5.2)

알루미늄 중에서도 특히 반사율이 높은 A1100 등에서는 레이저광의 반사율을 낮추기 위해서 빔 흡수제를 재료표면에 도포한다. 빔 흡수제로는 스패터 방지제나 레이저 가공용으로 시판되고 있는 빔 흡수제를 사용하여야 한다. 피어싱이 되지 않는 현상은 판두께 1 mm 이상의 박판에서도 발생하고 또한 박판일수록 발생하기 쉬워진다. 레이저광 조사부에서의 국부적 또는 순간적으로 발생하는 열변형이나 보조가스 압력에 의한 재료의 휘어짐 때문에 초점위치로부터 벗어나게 되기 때문에 재료를 잘 고정하여야 한다.

(2) 가공기 측 원인의 대책 (그림 5.5.3)

집속 빔의 초점위치가 적정치로부터 벗어나고 있거나 벗어났을 경우의 간단한 대책으로는 에너지 밀도가 높아지는 고출력이나 단위 시간당의 밀도가 높아지는 고첨두 구형파 펄스 조건으로 설정하는 방법 등이 있다. 열렌즈작용의 발생으로 레이저광의 조사 중에 초점위치가 변화되는 것도 고려될 수 있다. 대책으로는 광학부품의 크리닝을 실시하거나 크리닝의 효과가 없을 때는 교환하는 것이 좋다.

표면에 레이저광 조사의 흔적이 나타남

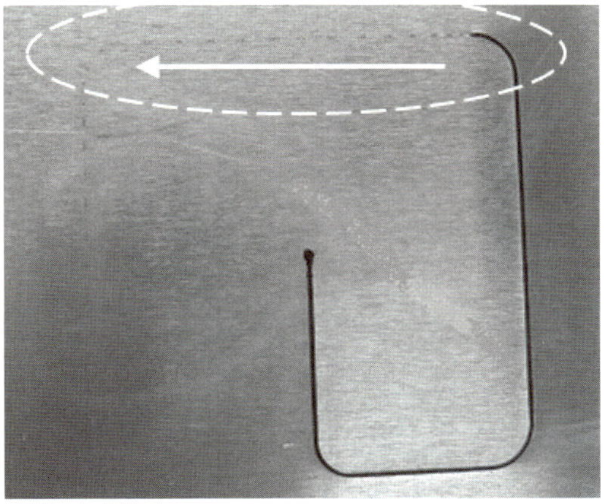

A5052
1mm의 절단

레이저광이 반사되면 이후 절단이 되지 않음

그림 5.5.1 CO_2 레이저에 의한 알루미늄 절단에 있어서 반사

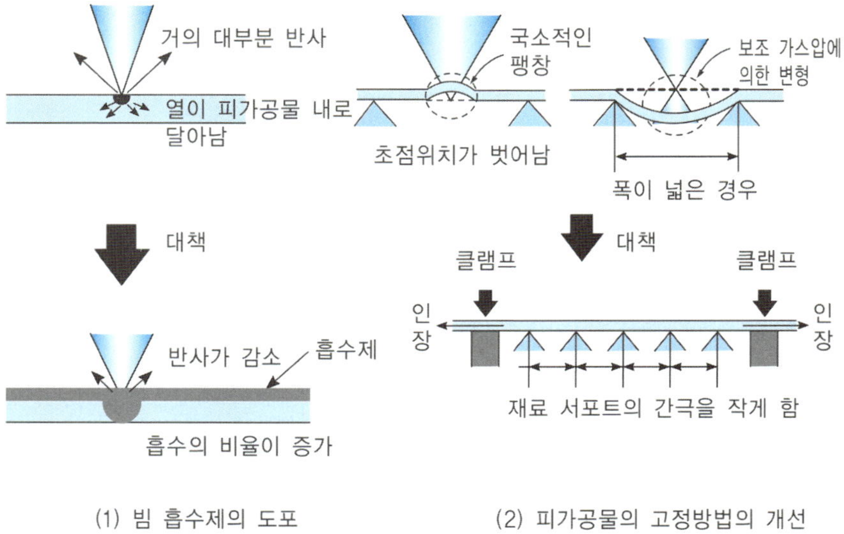

그림 5.5.2 피가공물측 원인의 대책

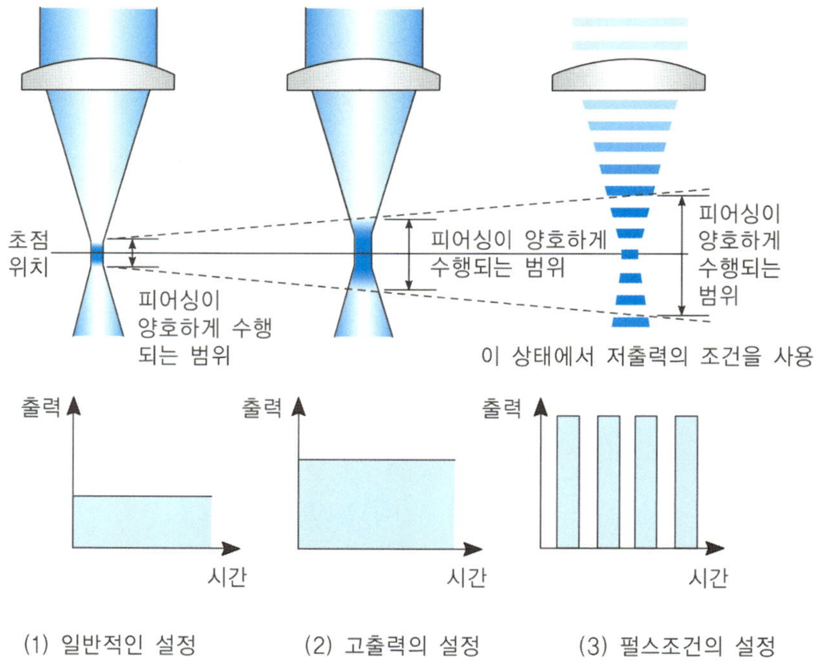

그림 5.5.3 가공기측 원인의 대책

CHAPTER 6 동의 절단

동은 알루미늄보다 레이저광의 반사율이 높아 레이저 절단이 어려운 재료이다. 여기에서도 먼저 가공재료 표면에서 레이저광의 반사와 가공재료 내부 열의 흐름에 의해 발생하는 현상을 이해할 필요가 있다. 동의 절단에서는 특이한 방법으로 가공성능을 향상시키지만 반사광에 대한 대책에 있어서도 다른 재료와는 또 다른 주의가 필요하다.

6.1 동의 파이버 레이저와 CO_2 레이저의 절단성능 비교

현 상

(1) 절단속도

그림 6.1.1은 출력 2.5 kW의 파이버 레이저와 CO_2 레이저로 동(C1100)을 절단한 경우의 재료두께와 절단속도와의 관계를 나타내고 있다. 동의 절단에서는 보조가스로 질소가스를 사용하게 되면 가공 중에 반사광이 발생하기 쉽기 때문에 산소가스를 사용한다. 그림 6.1.1에 나타낸 것처럼 재료두께 1 mm의 절단시, CO_2 레이저의 절단속도는 1 m/min 이고 파이버 레이저는 12 m/min 이 된다. 즉 박판일수록 절단속도 차이는 커진다는 것을 알수 있다. 또한, 재료 두께가 커질수록 속도차이는 급격하게 작아진다. CO_2 레이저에서 판 두께가 3 mm 보다 두껍게 되면 절단이 어렵게 되지만 파이버 레이저에서는 6 mm 까지 절단이 가능하다. 또한 주요한 가공조건은 다음과 같다.

- CO_2 레이저
  출력: 2.5 kW
  가공렌즈 초점거리: 127 mm (5″)

보조가스 종류: 산소
보조가스 압력: 0.3~0.5 MPa

- 파이버 레이저
  출력: 2.5 kW
  가공렌즈 초점거리: 102 mm (4″)
  보조가스 종류: 산소
  보조가스 압력: 0.3~0.5 MPa

(2) 절단품질

그림 6.1.2는 파이버 레이저로 절단한 재료 두께 6 mm의 절단면과 상부 및 하부의 절단홈 (kerf)을 나타내고 있다. 다른 재료에서의 절단 품질과는 달리 절단면의 상부 드래그 및 하부 드래그의 차이가 선명하지 못하다. 절단면의 조도 R_{max}는 상부에서 하부에 걸쳐 20~30 ㎛의 범위에 있고 이러한 차이는 작아지고 있다. 상부 절단홈의 폭이 0.45 mm 인데 비해 하부 절단홈의 폭은 반으로 감소하여 0.22 mm이었다. CO_2 레이저의 출력 2.5 kW로는 재료 두께 6 mm의 동 절단은 곤란하지만 출력 4 kW로 재료 두께 6 mm를 절단한 경우에는 절단홈의 폭은 넓어졌지만 절단면의 조도는 거의 비슷하다.

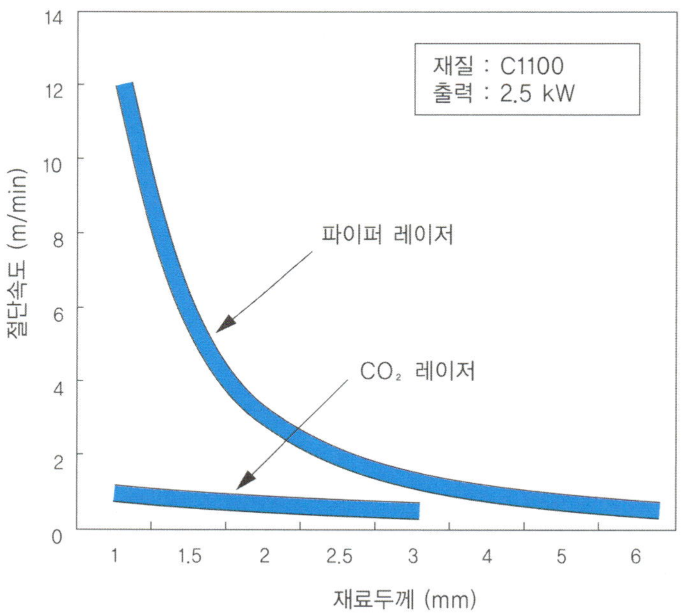

그림 6.1.1 동절단에 있어서 파이버 레이저 및 CO_2 레이저의 능력비교

원 리

동의 절단 속도가 스테인리스강이나 연강의 경우보다 느린 것은 그림 6.1.3에 보는 바와 같이 레이저광의 높은 반사율 및 큰 열전도율에 의한 용융금속의 온도저하 때문이다. 금속의 반사율은 용융이 개시되면 급속히 저하하기 때문에 레이저광이 동에 조사되는 초기단계에 한번에 피가공물을 용융시킬 필요가 있다. 따라서 CO_2 레이저 보다도 파장이 짧고 반사율이 낮은 파이버 레이저의 절단능력이 높다. 가공렌즈의 초점거리는 빔 스폿 직경을 작게 하여 에너지 밀도를 높이는 단초점 렌즈가 효과적이다. 동의 절단면에 있어서 상부 드래그와 하부 드래그 간의 차이가 명확하지 않게 되는 것은 절단홈의 상부에서 레이저에 의해 가열된 피가공물의 용융금속 열이 급속히 감소하기 때문이다. 이러한 열의 전달 정도는 열전달율로 표현된다. 구체적으로는 열전단율은 물질의 양면에 1℃의 온도차가 있을 경우 1 m^2 당 1시간에 전달되는 열량이 된다. 열전도율의 값이 크면 클수록 이동하는 열량은 커지고 열이 전달되기 쉽다. 표 6.1.1에는 각종 재료의 열전달율이 나타나 있는데 동은 표 중에서 두 번째로 큰 열전달율을 보이고 있다.

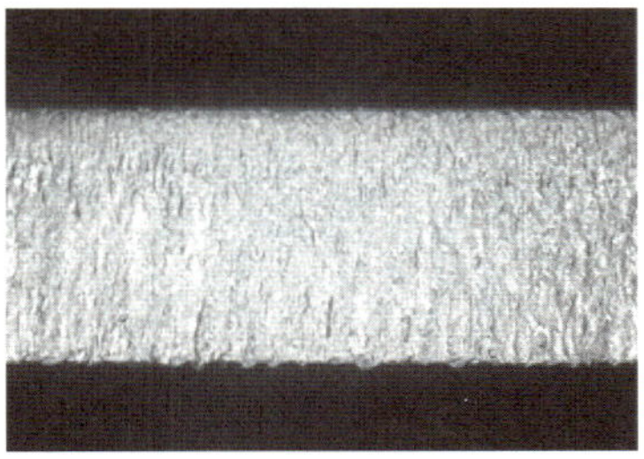

(1) 절단면 확대사진

면 거칠기(Rmax)		
상부	중앙부	하부
20.6μm	27.4μm	29.8μm

(2) 절단면 거칠기

	상부	하부
단면 사진	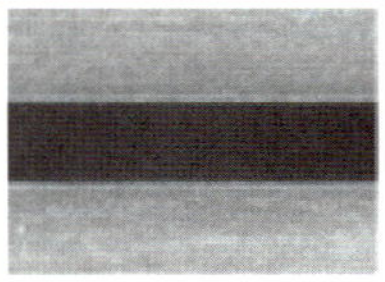	
절단홈폭	0.45mm	0.22mm

(3) 절단홈의 폭

재질 및 재료두께: 동(C1100)·6mm
레이저: 파이버 레이저
출력: 2.5kw
속도: 3m/min

그림 6.1.2 동의 절단면 거칠기 및 절단홈의 폭

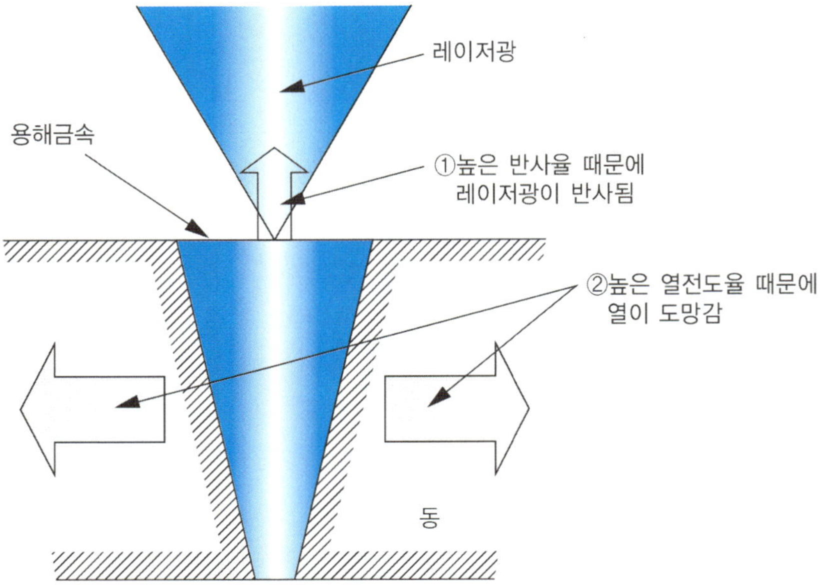

그림 6.1.3 동의 절단능력저하 메커니즘

표 6.1.1 각종 금속의 열전도율

열전도율(W·m^{-3}·K^{-1})						
은	동	금	알루미늄	황동	철	스테인리스
420	398	320	236	106	84	16.7~20.9

6.2 동 절단시의 문제점과 대책

현 상

박판의 동 절단에서는 그림 6.2.1과 같이 다른 재료에 비해서 가공 중의 열변형 양이 커진다. 특히 절단 후 남은 폭이 좁은 경우에는 상하방향의 열변형량이 커지기 때문에 절단 노즐의 동작에 장애가 되어 연속가공을 방해하게 된다. 절단한 부재나 스크랩(scrap)이 칩(chip) 박스로 떨어지고 이러한 부재에 레이저광이 반사되게 된다. 반사광은 그림 6.2.2와 같이 떨어진 재료로 부터의 반사각도가 일정하지 않기 때문에 충분한 주의가 필요하다.

원 인

동은 레이저광의 반사율이 높고 열전도도가 높기 때문에 레이저광에 의해 용융되는 열은 모재내로 빠져나가게 되어 다른 재료의 절단에 비하여 높은 출력이 필요하다. 또한 절단 중에 큰 열변형이 발생하기 때문에 초점위치가 어긋나 가공불량도 발생하기 쉽다.

대 책

그림 6.2.3에 가공 공정을 분할하여 각 가공에서의 주의사항을 나타내고 있다.

1. 동 절단시 기본적으로 레이저광의 반사율을 낮추기 위해서 피가공물의 표면에 빔 흡수제를 도포함으로써 가공시 레이저광의 흡수를 높여 가공 에너지를 크게 할 필요가 있다.
2. 피어싱에서는 레이저광의 조사와 동시에 피가공물이 급격하게 변형되는 것을 고려해야 한다. 초점위치가 벗어나도 양호한 가공이 될 수 있도록 용융시키는 에너지를 높은 조건으로 설정해야 한다. 높은 첨두출력, 구형펄스 파형 및 저주파수로 설정함으로서 1펄스당 가공에 사용하는 에너지가 커지게 된다.
3. 양호하게 절단되고 있는 상태가 악화되는 경우에는 레이저광의 조사 중에 초점위치가 변화되었다고 생각해 볼 수 있다. 이러한 변화는 광학부품이 오염되어 열렌즈 작용이 발생했거나, 피가공물의 열 변형 때

문에 초점위치가 어긋났기 때문이다. 열렌즈에 대한 대책은 광학부품을 깨끗하게 크리닝해야 하며 그래도 변화가 없으면 부품을 교환하여야 한다. 열 변형의 대책으로 마이크로 조인트를 만들거나 워크 클램프로 변형을 억제하는 것을 들 수 있다.

4. 칩 박스에 떨어진 절단 재료나 스크랩으로부터의 반사광의 방지를 위해서는 피가공물의 앞과 뒷면에 빔 흡수제를 도포하여 레이저광을 흡수하도록 하는 것이 효과적이다.

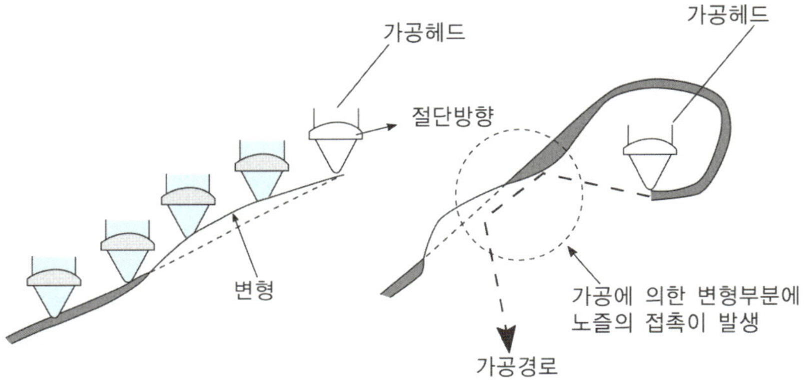

그림 6.2.1 절단 중에 변형에 충돌하는 예

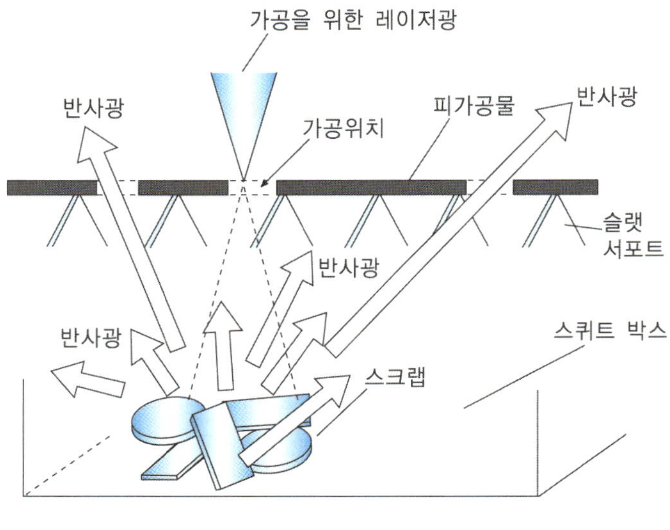

그림 6.2.2 레이저광의 반사

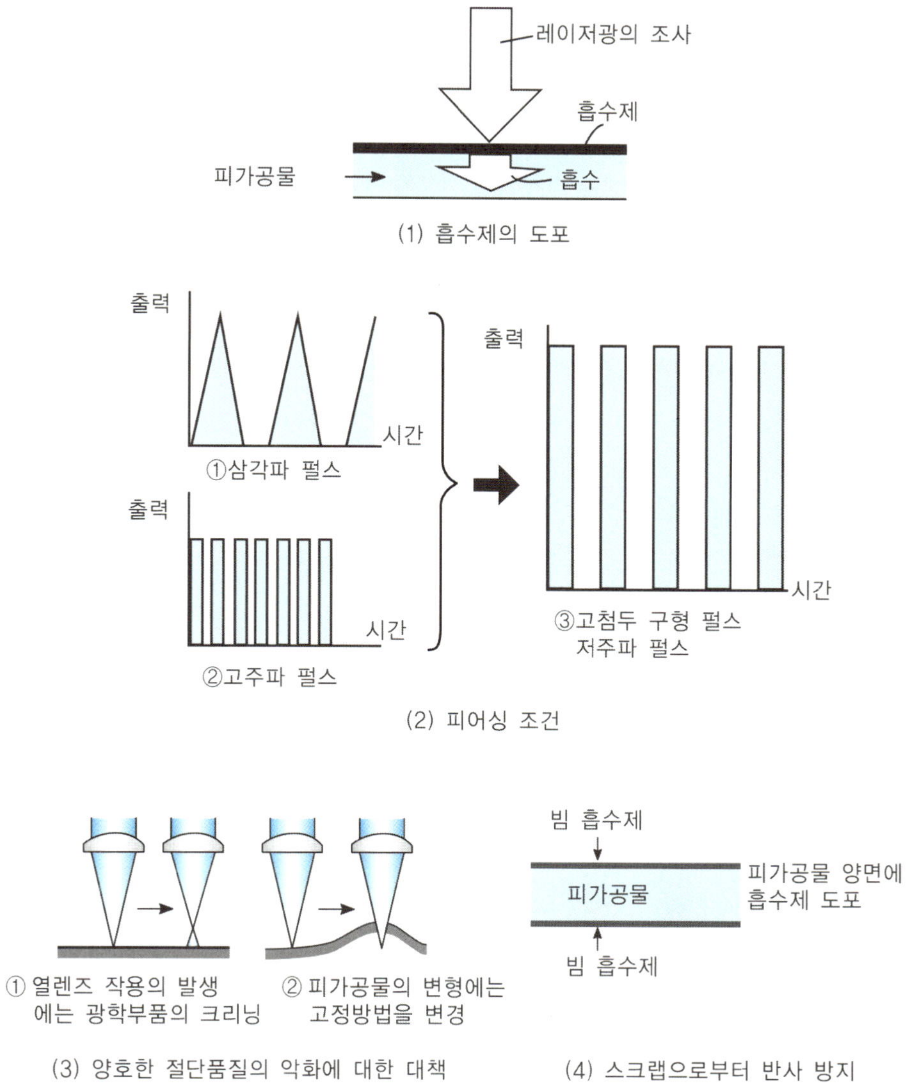

그림 6.2.3 동절단에 있어서 주의사항

6.3 동 가공시의 간헐적인 피어싱 불량에 대한 대책

현 상

일반적인 금속재료에 있어서 고체상태의 금속은 레이저광에 대해 반사율이 높지만 일단 용융이 시작되고 절단이 진행되면 반사율이 저하하면서 레이저광의 흡수가 단번에 증가하여 연속적인 절단이 일어난다. 이러한 금속재료 중에 반사율이 보다 높은 동은 연강이나 스테인리스강 보다도 더 절단이 어렵게 되고 특히 재료 두께가 작아질수록 피어싱은 어려워지는 경향이 있다.

원 인

동은 다른 금속에 비해 레이저광에 대한 반사율과 열전도율이 높기 때문에 가공이 어렵다. 고반사 재료에 대한 초점위치 설정의 기본은 최대에너지 밀도가 얻어지는 초점 스폿을 피가공물의 표면에 설정 (Z=0)하는 것이다. 피어싱이 되지 않는 것은 초점위치가 최적치로부터 벗어났기 때문이다. 이러한 원인으로는 그림 6.3.1 및 6.3.2에 나타낸 바와 같이 피가공물 쪽의 원인과 레이저 가공기 쪽의 원인이 있다.

대 책

(1) **피가공물쪽의 원인 및 대책**

피가공물의 표면에서 레이저광의 반사율을 낮추기 위해서는 빔 흡수제를 피가공물 표면에 도포하는 것이 기본이다. 빔 흡수제로는 일반적인 용접용 스패터 방지제나 레이저 가공용으로 시판되고 있는 빔 흡수제를 사용하고 그 도포가 균등하게 되어 있는지 확인하여야 한다. 레이저광의 조사에 의해 국부적인 열변형이 순간적으로 발생하는 것으로서 초점위치가 적정치로부터 벗어나는 경우가 있다. 열변형의 발생보다도 더 빨리 피어싱이 완료 될 수 있도록 높은 첨두 출력, 구형파 펄스 (rectangular pulse)에 저주파수로 설정하여 고에너지 밀도의 가공조건으로 만들어야 한다.

(2) 레이저 가공기측의 원인 및 대책

광학부품의 오염에 의한 열렌즈작용 때문에 가공 중에 적정한 초점위치가 벗어날 수 있다. 대책으로는 높은 첨두 출력, 구형파 펄스, 또한 저주파수의 고에너지 밀도에 의한 가공조건으로 설정해야 한다. 피어싱이 되지 않는 현상은 재료 두께 1 mm 이하의 박판 동재료에서도 발생한다. 피가공물을 아래로부터 지지하고 있는 슬랫(slat) 서포트나 톱니형 지지대의 간극이 넓을 경우 보조가스의 압력으로 인해 재료의 휨이 발생한다. 피가공물의 지지방법이나 고정방법을 확인하고 에너지 밀도를 최대로 설정하는 조건으로 재검토 할 필요가 있다.

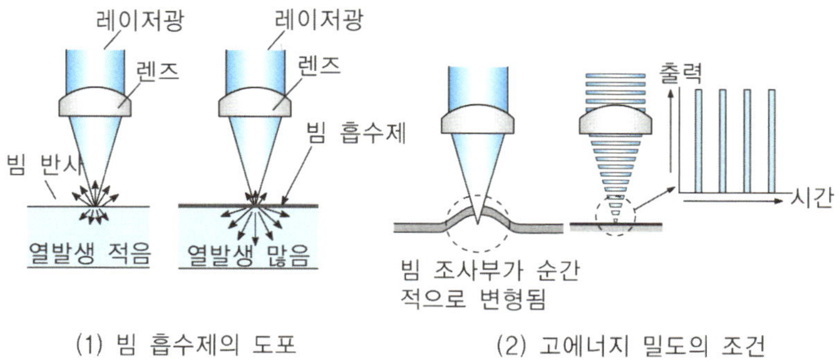

그림 6.3.1 피가공물 측의 원인 및 대책

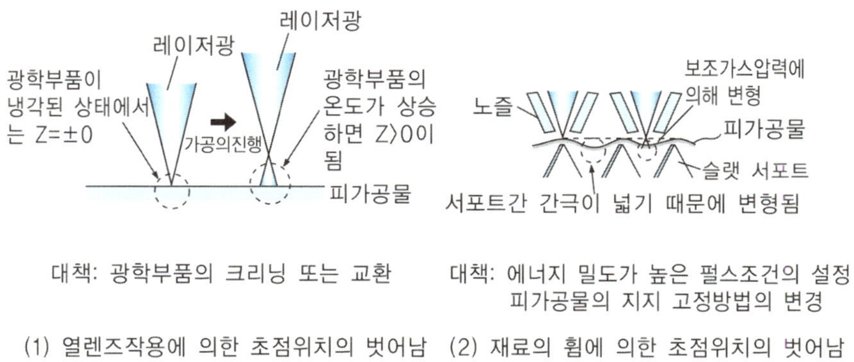

그림 6.3.2 레이저 가공기 측의 원인 및 대책

6.4 동의 미세 가공

현 상

레이저광의 반사율이 큰 동은 낮은 레이저 출력을 사용하는 미세 절단이나 표면각인에서 가공이 어려운 문제가 있다. 미세한 절단에서는 가공 중에 반사가 발생하여 절단이 중단되거나 열 영향으로 인해 용락이나 변형이 발생하게 된다. 표면각인에서는 각인선의 크기가 제어 될 수 없게 되거나 가공 중에 반사가 발생하여 표면각인이 중단되거나 한다.

원 인

저출력의 조건설정을 필요로 하는 미세가공에서는 재료의 용융범위를 작게 하기 위해서 가공에 필요한 최소한의 에너지를 조사하게 된다. 이러한 재료의 용융이 발생하는 한계 에너지 강도인 임계 에너지값이 파이버 레이저와 CO_2 레이저는 크게 다르다. 임계 에너지값 이하의 에너지 강도에서는 반사가 발생하고 임계 에너지값 이상에서는 용융이 발생한다. 레이저광의 파장 및 반사율의 관계에 의해 결정되는 임계 에너지값은 커지면 커질수록 재료에 대한 입열이 증가하게 된다.

대 책

CO_2 레이저에 비해 동의 반사율이 작은 파이버 레이저는 레이저 출력을 낮추어 가공할 수 있기 때문에 미세가공을 비교적 용이하게 수행할 수 있다. 그림 6.4.1은 재료 두께 0.5 mm의 순동을 절단한 샘플을 나타내고 있다. CO_2 레이저에 의한 동의 절단에서는 레이저광의 흡수가 촉진될 수 있도록 하기 위해서 재료표면에 흑화처리를 할 필요가 있지만 파이버 레이저에서는 흑화처리 없이 직경 1 mm의 천공작업인 미세 엣지 가공이 가능하다. 또한 가공이 더욱 어려운 표면각인 가공에서는 CO_2 레이저로 가공이 불가능하였다. 하지만 이러한 가공에서도 재료의 반사율이 작은 파이버 레이저를 사용하게 되면 그림 6.4.2에 나타낸 바와 같이 표면 각인이 가능하다. 동재료 표면에서의 깊이 0.2 mm 정도가 용융되어 이후 용융금속이 입자 모양으로 응고하는 상태가 된다. 이러한 응고금속으로 인하여 거친 표면상태를 피할 수 없지만 절단용 레이저 가공기에서도 동의 표면각인은 가능하다. 이러한 절단이나 표면각인 가공에서는 레이저광의 반사를 될 수 있는 한 억제하기 위해서 보조가스로는 산소가스를 사용하여 용융부를 산화시키는 것도 중요하다.

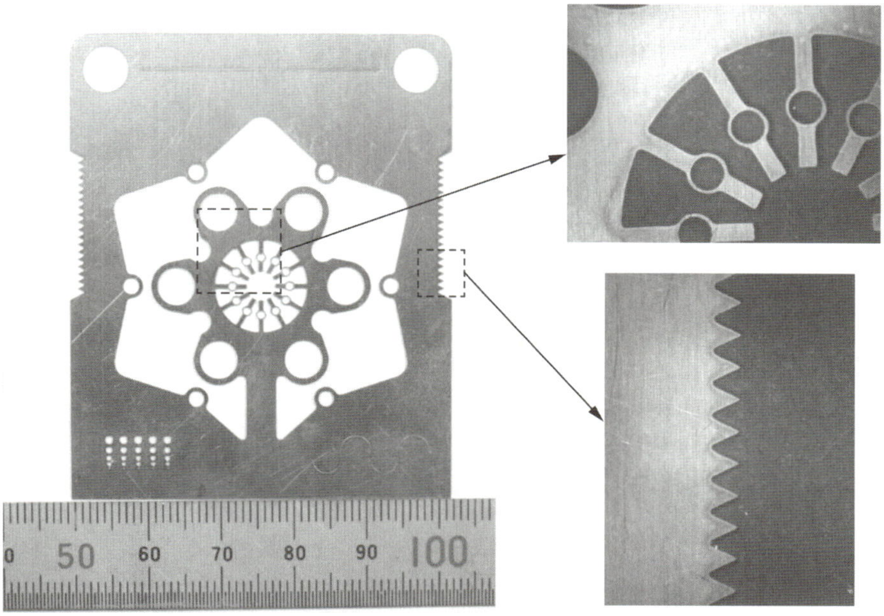

재질: 동 (C1100) 재료두께 0.5mm

그림 6.4.1 동의 미세절단

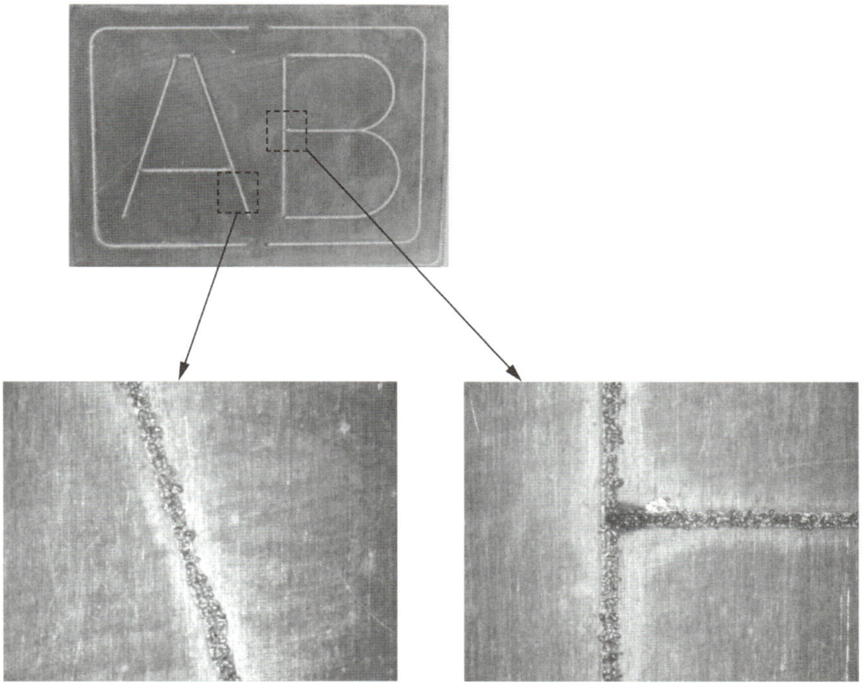

레이저: 파이버 레이저, 출력: 400W, 속도: 5m/min

그림 6.4.2 동(C1100)의 마킹

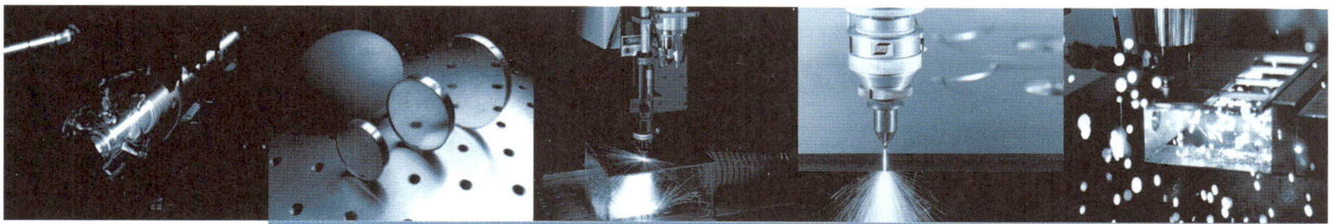

CHAPTER 7 고장력 재료 / 탄소강 재료의 절단

여기에서 다루고 있는 사례는 레이저 절단의 적용 예로서는 그다지 많은 것은 아니지만, 가공의 적용확대를 검토하고 있는 분들의 요구에 맞추어져 있다. 가공기에 의해 절단품질에 변화를 일으키는 요인은 다른 재료가공의 경우와 동일하다. 가공품질에 대해서는 절단면에서의 경화현상을 해설하고 있으므로 이러한 특성을 잘 이해하여 적절한 가공을 해야 한다.

7.1 두께 3.2mm 고장력강 절단시의 드로스 발생 대책

현 상

고장력강은 강도를 유지하면서 판두께를 얇게 하여 경량화를 달성하는데 사용되는 재료이다. 특히 자동차용 재료로 많이 사용되고 있으며, 레이저 절단의 요구도 증가하고 있다. 여기서는 3 ~ 4시간의 연속가공시 시간경과에 따라 가공품질이 열화되는 것에 대한 대책이다. 따라서 적정한 가공조건일지라도 가공 상황이 변화하는 것을 전제로 한다.

원 인

드로스(dross)의 발생원인은 용융금속이 절단홈에서 부드럽게 배출되지 않기 때문이다. 시간이 경과함에 따라 레이저광의 에너지 분포와 보조가스(assist gas) 흐름에 변화가 일어남으로써 용융금속의 점성에 영향을 주는 재료의 온도가 변화됨에 따라 절단홈 폭(kerf width)이 변화하여 용융금속의 온도와 배출 모멘텀 조건이 적정범위를 벗어나게 되어 발생한다고 생각된다.

대 책

그림 7.1.1에 나타낸 것과 같이 드로스의 발생 상황과 피어싱(piercing)시 용융금속의 비산 상황따라 원인 파악 및 대책을 결정한다.

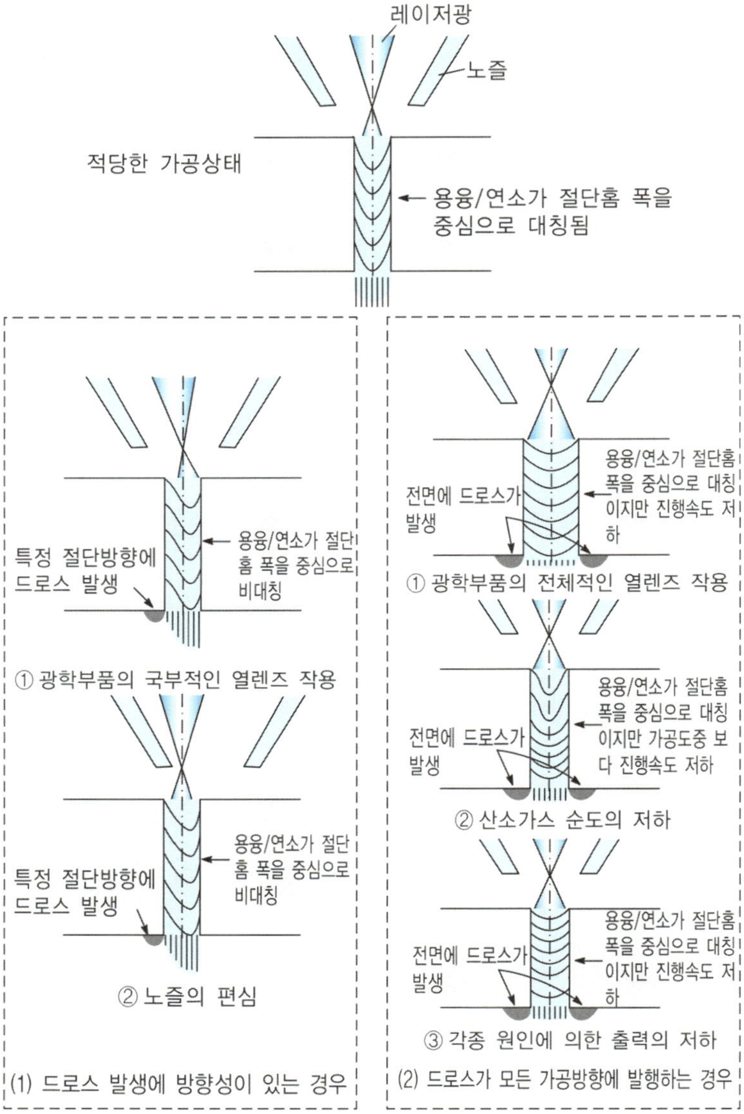

그림 7.1.1 드로스의 발생원인

(1) 드로스 발생에 방향성이 있는 경우

① 품질이 열화된 부분과 열화하지 않는 부분의 절단홈의 폭을 비교한다. 절단홈의 폭에 차이가 있는 경우에는 가공렌즈 및 PR미러의 오염으로 인해 열렌즈(thermal lens)가 발생하여 빔모드가 변했기 때문이다. 이 현상의 확인방법으로는 절단폭을 측정하는 슬릿(slit)가공 프로그램을 네스팅(nesting) 중에 배치하는 것도 하나의 노하우이다.

② 피어싱시 홀(hole) 주위에 발생하는 스패터(spatter)의 비산방향을 확인한다. 피어싱 홀 주위에 스패터가 균등하게 비산하지 않는 경우 노즐에 편심이 발생한 것이다. 이 경우 빔이 어긋나는 원인을 확인한다.

(2) 드로스가 모든 가공방향으로 발생하는 경우

① 가공시작 직후의 렌즈가 냉각되어 있는 상태와 레이저광으로 가열된 상태에서 가공품질에 차이가 난다면, 광학부품의 열렌즈 작용이 발생한 것이다.

② 보조가스 용기로 고압봄베를 사용하고 있는 경우에는 드물게 산소가스 순도의 불균형이 드로스를 발생시킬 수 있다. 납품실적이 있는 가스봄베로 교환하고 가공품질에 변화가 없는지 확인한다.

③ 갑자기 드로스가 발생하여 복구되지 않는 경우는 빔모드 및 출력의 돌발적인 변화가 원인이다. 레이저광이 통과하는 광로 내에 유해가스가 침입하지 않았는지, 광학부품이 손상되지 않았는지 등을 확인한다.

7.2 탄소강 및 공구강 절단시의 주의사항

현 상

탄소강(S45C) 및 공구강(SK재)은 절단품질에 영향을 주는 실리콘(Si)과 망간(Mn) 성분은 SS400에 가까지만, 탄소(C)가 많은 것이 특징이다. 합금성분의 규격이 엄격하게 관리되고 있기 때문에 재료 롯트(lot) 차이에 의해서 가공성능에 차이가 나는 경우는 거의 없다. 가공조건도 SS400의 절단시 사용되는 출력·속도의 관계와 거의 동등한 조건을 사용할 수 있다. 피어싱 실시 중에는 탄소가 연소하여 밝게 비산하는 불꽃이 발생하지만, 버닝(burning)의 발생에는 영향을 주지 않는다.

원인과 주의사항

탄소강과 공구강은 담금질이 되는 재료임으로 레이저 절단 중에 절단홈 주위에는 담금질 층이 형성된다. 절단 후에 경화 열처리를 필요로 하는 가공 부품에는 그 열처리를 생략할 수 있는 메리트가 있다. 레이저 절단에 의한 간이 금형의 제조에서는 이 메리트를 활용하여 레이저 절단 후 열처리 시간을 생략하여 전체 제조시간의 대폭적인 단축을 도모 할 수 있다.

그러나 담금질을 피해야하는 가공도 존재한다. 레이저 절단에서 홀을 가공하고 그 홀에 탭을 내는 경우에 절단 홀의 면이 담금질되어 나사탭의 날이 뭉개진다. 여기에는 대책이 없으므로 열가공인 레이저 절단 이외에 다른 방법으로 탭용 홀을 뚫어야한다.

그림 7.2.1에는 절단홈 주위에 발생하는 열영향층의 상태를 나타낸다. 절단홈의 상부는 용융금속이 빠르게 하부로 밀려나기 때문에 가열시간이 짧아 열영향층의 폭이 좁아진다. 그러나 절단홈의 하부로 갈수록 용융금속의 체류시간이 길어져 열영향층의 폭은 증가한다. 절단홈 주위의 열영향층이 경화되기 위해서는 가열부분이 절단 후 급속하게 냉각되어야 한다. 과열된 부분의 열은 피가공물의 내부로 열전도되면서 냉각되는 자가 냉각작용을 보인다.

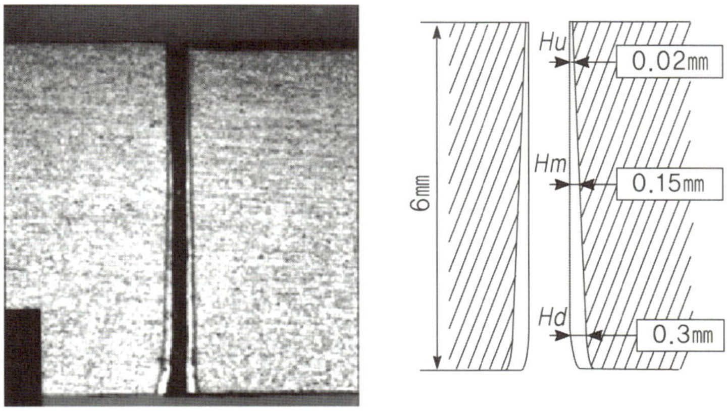

(1) 절단홈 단면　　　　(2) 경화층 폭

재질·재료두께 : SK3·6 mm
레이저 : CO_2 레이저
출력(펄스) : 350 W
속도 : 0.3 m/min

그림 7.2.1 열영향층의 발생상태

가공부에 입열을 적게 하여 열영향층의 폭을 작게 하려면 펄스절단을 사용해야 한다.

그림 7.2.2에는 경화층 폭과 경도분포의 관계를 나타낸다. 펄스 주파수와 펄스 첨두출력(pulse peak power)의 영향을 받아 주파수가 낮을수록, 펄스 첨두출력이 높을수록, 경화층의 폭은 좁아진다.

가공대상을 판두께 20 mm 이상까지 확대할 경우, 버닝의 발생을 억제하기 위해 보조가스로 질소를 이용한 무산화 절단을 적용하는 것도 효과적이다.

그림 7.2.3에는 판두께 25 mm의 SK재를 출력 4 kW로 절단한 경우의 절단면을 나타낸다. 절단속도는 0.06 m/min의 저속도로 설정되어 있다.

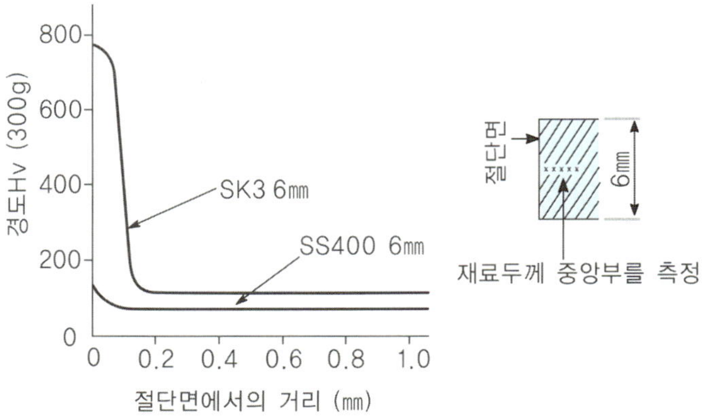

그림 7.2.2 절단면의 경도분포

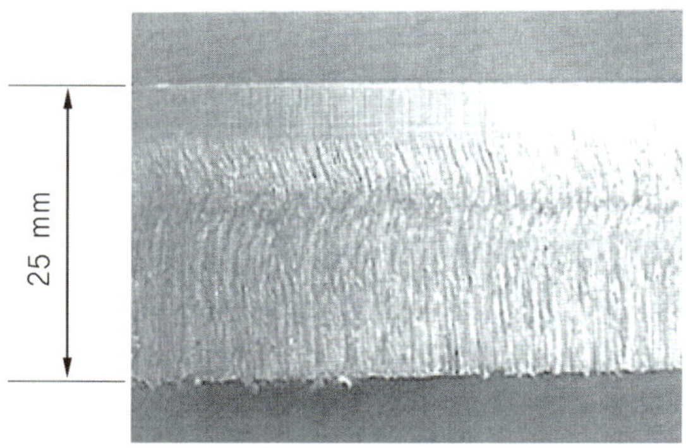

재질 : SK3
재료두께 : 25 mm
레이저 : CO_2 레이저
출력 : 4 kW
절단속도 : 0.06 m/min

그림 7.2.3 후판의 절단면

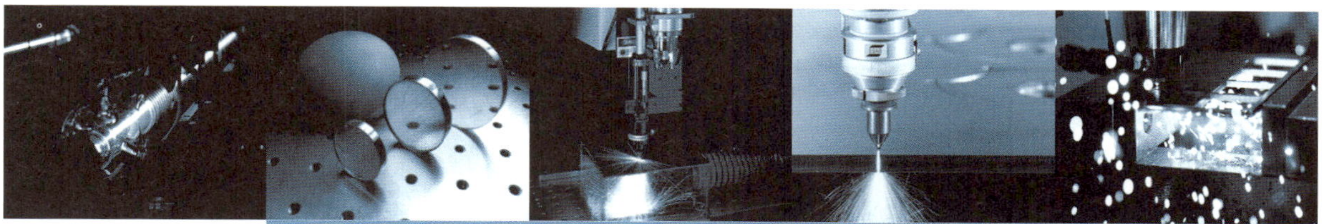

CHAPTER 8 금속재료에 적용되는 공통적인 절단 기술

여기에서는 모든 금속재료의 레이저 절단시에 공통적으로 발생하는 가공현상에 대해서 해설하고 있다. 사례의 대부분은 레이저 가공기측의 요인 및 가공조건의 설정에 의해서 영향을 받는 가공특성에 관련되어 있다. 가공현상과 이를 발생시키는 원인을 제대로 파악하여 다양한 금속재료를 고품질로 절단하는데 응용이 되기를 기대한다.

8.1 파이프 내면의 드로스 부착에 대한 대책

현 상

파이프 절단시에 발생하는 용융금속은 용융상태로 파이프 내면의 아랫면측에 부착하여 냉각되면서 응고한다. 평판절단에서는 문제가 되지 않는 드로스(dross) 부착도 파이프 절단에서는 용융금속이 파이프 내측으로 배출되기 때문에 문제가 된다.

원 인

파이프 절단 시에는 절단부와 마주보는 파이프 내면의 간격이 가깝기 때문에 고온의 용융금속이 그 상태로 파이프 내면에 부착한 이후 급속히 냉각된다. 이 파이프 내면에서 급속하게 냉각된 용융금속은 강고한 드로스로 부착되기 때문에 이후에는 제거하는 것이 어렵다.

대 책

드로스 부착을 방지하려면 그림 8.1.1에서 나타낸 것과 같이 용융상태에서의 부착을 방지하는 방법과 부착하기 전에 냉각하여 응고시키는 방법이 있다.

(1) 파이프 내의 완충재 삽입

절단부에서 배출되는 드로스를 받을 완충재를 파이프 내부에 삽입하여 완충재 표면에 드로스를 부착시키는 방법이다. 이 완충재로서는 판재나 소구경 파이프를 사용한다. 이들 완충재 삽입은 가공부의 하부로 투과하는 레이저광에 의해서 파이프의 내면이 손상되거나 변색되는 것을 방지하는데도 도움이 된다.

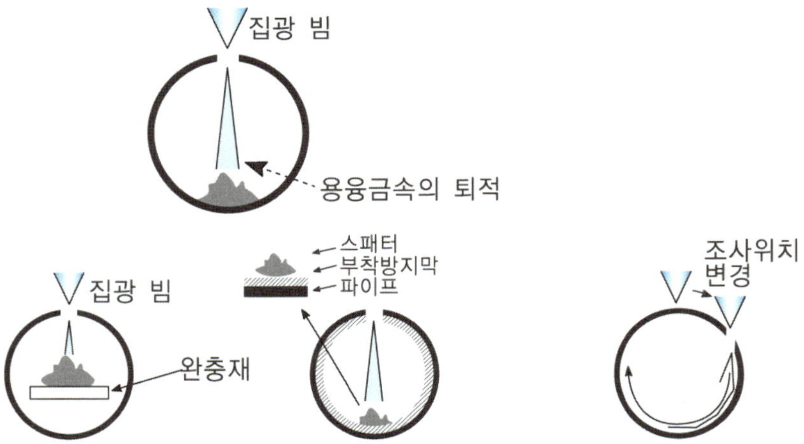

(1) 파이프내에 스패터 받침판(파이프)을 삽입하여 부착을 방지한다.

(2) 퇴적되는 스패터와 파이프 사이에 부착을 방지하는 막을 생성한다.

(3) 절단부로부터 배출되는 스패터에 파이프 내면을 이용해서 회전운동을 준다. 일반적으로는 파이프의 맨위에 헤드를 선정하지만, 그 위치를 맨위에서 약간 아랫쪽으로 위치하게 한다.

그림 8.1.1 파이프 절단의 스패터 부착대책

(2) 파이프 내면에 드로스 방지제 도포

파이프 내면에 드로스 방지제를 도포하여 파이프 내측 표면에 피막을 만들고, 그 위에 드로스가 퇴적되어 드로스를 간단히 제거하는 것이 가능한다. 파이프 내면에 드로스 방지제 피막은 용융금속과 가공 파이프 내면과의 밀착성을 방해하는 효과가 있다. 이 드로스 방지제에 요구되는 성능·사양은 ①저렴할 것, ②도포가 용이할 것, ③절단가공 후 제거가 용이할 것, ④제거가 불필요할 것(무해) 등이다. 피가공물의 재질이나 크기에 따라 다르지만 이러한 드로스 방지제로서 중성세제가 적용되는 사례도 있다.

(3) 가공 위치의 변경

일반적인 파이프 가공에서는 파이프의 최정점에 레이저광을 조사하여 가공하기 때문에 배출되는 드로스는 파이프 내측의 바닥에서 직접적으로 충돌하여 강고하게 부착하게 된다. 레이저광의 조사위치를 파이프 정점에서 의도적으로 빗맞게 하면 드로스는 파이프 내부에서 회전운동을 일으키면서 냉각되어 응고하기 때문에 부착량이 적어진다.

8.2 적층 재료의 가공

현 상

박판 절단시에는 가공효율의 향상을 고려하여 여러 장의 재료를 적층하여 한 번에 절단하고자 하는 요구가 있다. 이 요구에 대응하기 위해서는 레이저 가공시 가공대상의 판두께와 절단속도가 반비례 관계에 있다는 것을 고려해야 한다. 예를 들어 6 mm 재료를 2장으로 겹쳐서 12 mm로 절단하는 경우에 가공속도가 1/2로 감소하기 때문에 기대한 만큼의 가공능력이 향상되지 않는다. 그러나 가공형상에 따라 절단하는 경로 이외에 비가공 경로가 긴 경우나 그 횟수가 많은 경우에는 적층 가공을 적용함으로써 시간단축을 기대할 수 있다.

원 인

레이저 절단시 절단홈(kerf) 내부의 용융금속의 유체흐름이 부드럽게 이루어져 피가공물의 아랫면까지 용융금속을 배출할 수 있다면 적층절단(stack cutting)이 가능하다. 그러기 위해서는 적층된 재료의 밀착성이 중요하다. **그림 8.2.1**은 밀착성이 나쁜 경우의 가공상태와 밀착성이 좋은 상태에서의 가공상태를 나타낸다. 밀착성이 나쁜 경우 각 재료의 틈 사이로 레이저광의 다중 반사가 차단되기 때문에 불연속적인 가공현상이 일어난다. 더욱이 용융금속의 용탕도 틈 사이의 절단홈 밖으로 배출되게 된다.

대 책

적층절단은 한 장(1매)을 절단하듯이 가공품질이 나오지는 않지만, 그림 8.2.2와 같이 적층된 각 재료의 밀착성을 좋게 하면 절단품질이 향상된다. 예를 들어 후판절단의 경우에는 절단 중에 열변형으로 틈이 벌어짐으로 미리 피가공물을 중첩한 상태에서 볼트고정 등으로 변형을 억제해야한다. 중첩된 재료에 처음부터 변형이 있는 경우에는 가능한 밀착성을 좋게 하기 위해서 그 변형에 맞추어 중첩할 수 있는 방법이 필요하다.

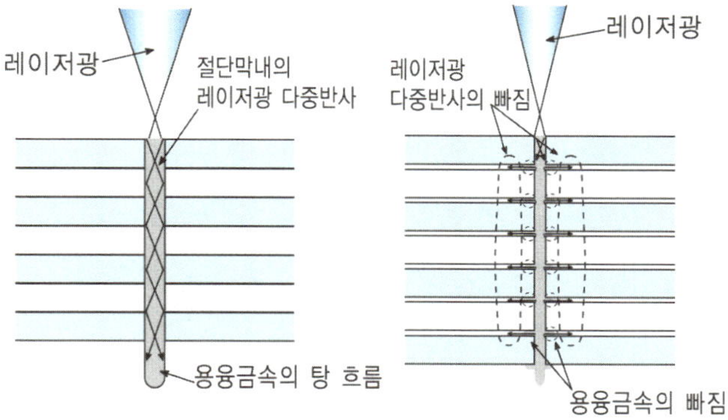

(1) 밀착성이 좋은 상태 (2) 밀착성이 나쁜 상태

그림 8.2.1 피가공물의 밀착성과 가공현상

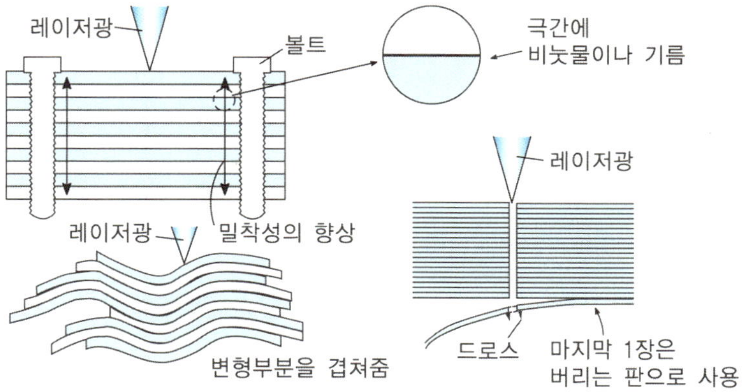

(1) 고정방법 (2) 극박판의 겹치기 절단

그림 8.2.2 겹치기 절단

박판을 대상으로 절단하는 경우에는 비눗물이나 기름을 재료 사이에 도포하여 그 표면장력으로 재료간의 틈새를 작게 하는 방법이 있다. 또한 이 방법은 절단 후에 각 판이 용착하는 현상을 방지하는 효과도 있다.

0.3 mm 이하의 극박판을 대상으로 하는 경우에는 1장 단위로 절단하는 것이 어렵기 때문에 중첩가공을 함으로써 양호한 품질을 얻을 수 있다. 이 경우는 드로스가 발생하기 쉬우므로 보조가스(assist gas) 압력 등의 가공조건의 조정이 필요하다. 이는 드로스 발생을 억제하는 것이 아니라 반대로 맨 밑의 재료에 드로스를 부착시키는 것을 전제로 하여 가공조건을 설정한다. 따라서 드로스가 부착된 마지막 1장은 버리는 판으로 생각해야 한다.

8.3 절단의 방향성 억제 방법

현 상

절단하는 방향에 따라서 절단면의 조도(roughness)가 악화되거나 드로스가 발생하는 등의 절단품질의 변화가 있을 수 있다. 특히 판두께가 두꺼울수록 또는 절단속도가 빨라질수록 이 현상은 발생하기 쉽다. 원인을 파악하기 위해서는 품질악화가 (1)가공시작과 동시에 반드시 발생하는지 (2)몇 분 단위의 짧은 시간 또는 몇 시간 단위의 비교적 긴 시간으로 발생하는지를 확인한다.

원 인

가공품질의 악화는 금속을 용융시켜 절단홈을 형성하는 과정에 있어서 레이저광과 보조가스의 두 가지 요인이 적정하지 않을 때 발생한다. 방향성의 발생은 이 두 가지가 절단방향에 의해서 변화하고 있다고 생각해야 한다. 예를 들어 X방향으로 절단한 경우에는 용융능력이 높지만, Y방향으로 절단한 경우에는 용융능력이 저하하면 방향성이 발생한다. 그림 8.3.1과 그림 8.3.2에는 방향성의 발생형태를 나타낸다.

대 책

(1) 가공시작과 동시에 반드시 발생 (가공시간에 의존하지 않음)

① 빔모드(beam mode)의 진원도가 나쁘면 가공방향에 의해서 절단홈 폭에 차이가 발생한다. 빔모드 진원도를 조정한다.

② 피가공 재료에 레이저광의 조사가 경사져 있으면, 재료표면에서의 빔 단면은 타원형으로 되어 가공방향에 의해서 절단홈 폭에 차이가 발생한다. 그림 8.3.3에 나타난 가공헤드의 상하 움직임과 2회 빔 조사로 확인한 슬로프 체크(slope check)를 이용하여 빔 수직도를 조정한다.

③ 렌즈로 집광된 빔이 통과하는 노즐의 중심이 빔의 중심과 일치하지 않으면 가공방향에 따라서 금속의 용융상태가 변화한다. 노즐의 중심을 정렬한다.

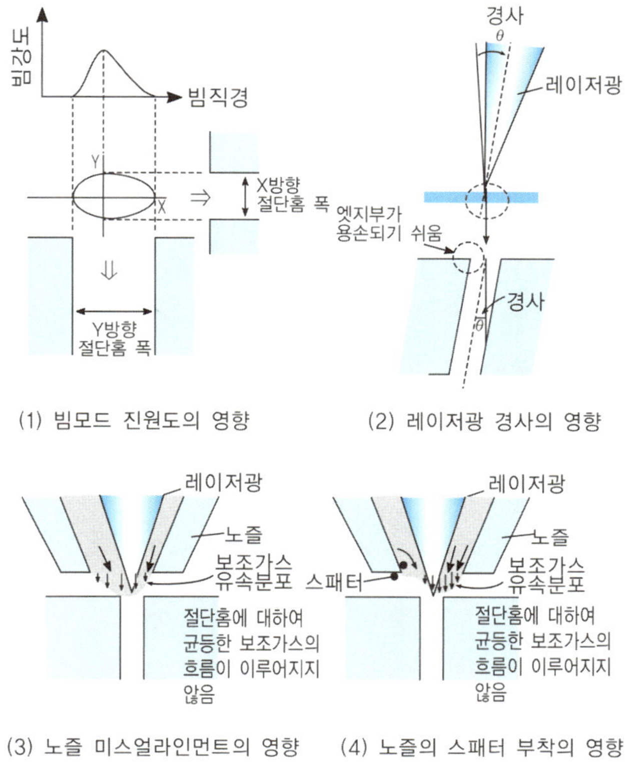

그림 8.3.1 가공시작과 동시에 발생하는 방향성

④ 노즐에 스패터(spatter)가 부착되거나 노즐형상이 변형되면 보조가스의 흐름이 흐트러져 가공방향에 따라서 금속의 용융상태가 변화한다. 노즐을 확인한다.

(2) 가공시간의 경과에 따라 발생 (단시간/비교적 긴 시간에서 발생)

① 단시간에 발생 : 광학부품의 열렌즈 작용에 의한 모드 진원도나 에너지 분포의 변화가 있을 수 있다. 광학부품의 상태를 확인한다.

② 장시간에 발생 : 레이저광의 광로 차이가 가공기의 온도상승이나 초기의 조정실수 등에 의해 발생했기 때문에 가공위치의 미스얼라인먼트(mis-alignment)가 발생할 수 있다. 광로계 부품간의 오차와 그 보존 상태를 확인한다.

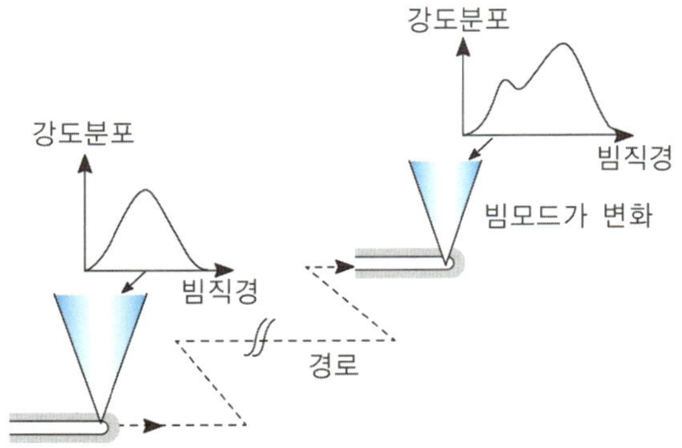

(1) 열렌즈 작용의 영향 (비교적 짧은 시간에서 발생)

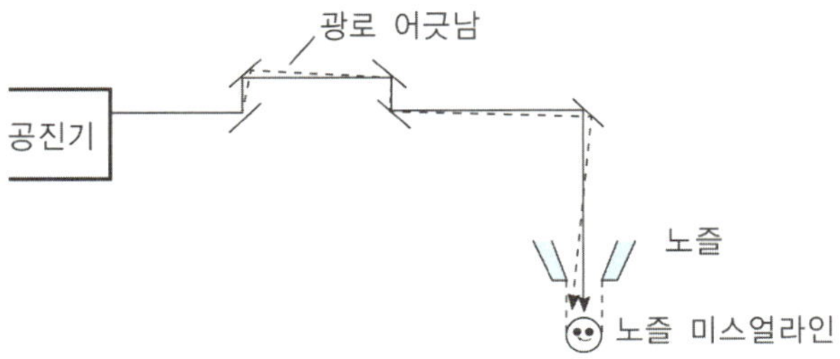

(2) 광로 차이 발생의 영향(비교적 긴 시간에서 발생)

그림 8.3.2 가공시간의 경과와 동시에 발생하는 방향성

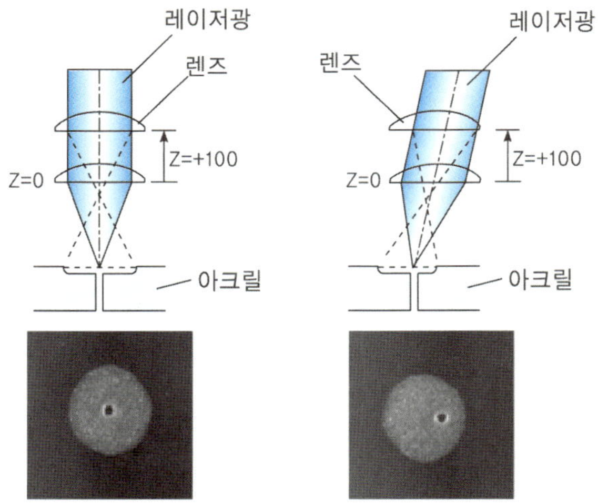

Z=+100과 Z=0의 중심이 일치함

Z=+100과 Z=0의 중심이 일치하지 않음

(1) 수직도가 어긋나지 않은 경우 (2) 수직도가 어긋나 있는 경우

그림 8.3.3 슬로프 체크에 의한 빔 수식도의 확인

8.4 가공 끝단부에서의 노즐 충돌 회피 대책

현 상

피가공물의 가공 중에 발생하는 열변형이나 가공종료 후 가공품의 낙하에 의해서 가공 끝단부가 들려올려져 가공헤드나 노즐에 접촉하는 경우가 있다. 그림 8.4.1에서와 같이 가공헤드나 노즐이 피가공물과 접촉한 채로 가공기를 움직이면 노즐의 변형이나 가공헤드의 손상을 초래할 수 있다.

원 인

가공 중에 발생하는 열변형은 알루미늄이나 스테인리스강 재료에 있어서 판두께가 얇고 길이가 긴 형태에서 발생하기 쉽다. 모두 가공 중에 발생하는 열이 원인이다.

피가공물의 낙하에 의한 가공 끝단부의 들림은 재료를 지지하는 톱니모양 지지대나 슬랫 서포트(slat support)와 가공품의 위치관계이므로 절단 가공품의 지지가 충분하지 않은 경우에 일어난다.

대 책

가공헤드가 가공 끝단부에 도달한 이후, 가공헤드를 위쪽으로 고속이동하여 대피시킴으로써 어느 정도의 접촉을 방지 할 수 있지만, 가공헤드의 상방이동 대피시간이 가공시간을 증가시키게 됩니다. 이 때문에 그림 8.4.2의 방법을 제시한다.

(1) **가공 중의 열변형 대책**

가공의 진행과 더불어 열변형은 서서히 커지기 때문에 가공 중에 노즐과 가공품이 접촉하는 경우는 거의 없다. 그러나 가공 끝단부에서는 절단 후 분리되는 순간에 큰 변형이 일어나면서 노즐과 접촉하게 된다. 대책은 두 가지로, ①단절분리를 시키지 않고 마이크로 조인트(microjoint)를 붙이는 방법과 ②가공헤드를 끝단부분에서 정지시키지 않고 통과 후 정지하는 방법(over run)이다.

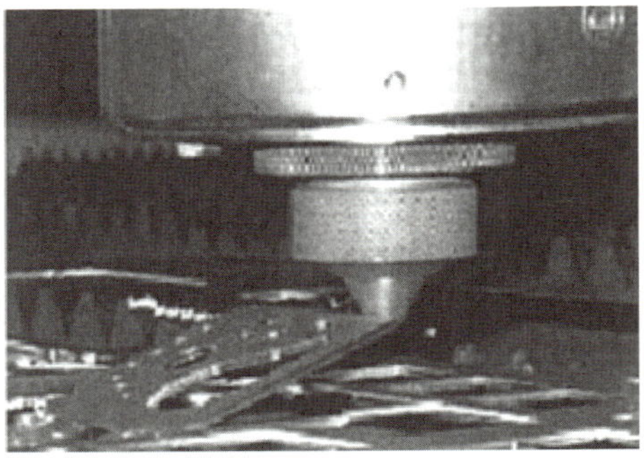

그림 8.4.1 가공품의 들뜸과 가공헤드의 접촉

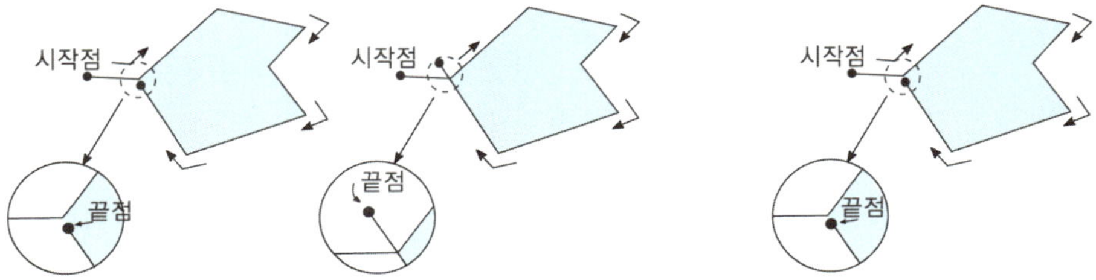

① 마이크로 조인트에 의한 대책 ② 통과시켜 정지

(1) 가공중의 열변형 대책

(2) 가공품의 낙하에 의한 들뜸 대책

그림 8.4.2 가공품과 가공헤드와의 접촉 대책

(2) 가공품의 낙하에 의한 들림 대책

가공품과 워크 서포트(work support)에 의한 지지부분과의 위치관계를 조정해서 완전히 지지가 되도록 한다.

마이크로 조인트도 효과적인 방법이며, 이 마이크로 조인트 양은 ①판두께, ②형상 ③절단폭(초점위치, 렌즈 초점거리) 등을 고려하여 결정할 필요가 있다.

다만 마이크로 조인트는 절단이 끝나기 직전에서 가공을 정지하고 약간의 절단 잔여부를 남겨둔 것이므로 가공 후에는 마이크로 조인트를 분리하는 공정이 추가된다.

8.5 작은 홀가공에서의 버닝 대책

현 상

일반적으로 가공 할 수 있는 작은 홀의 직경은 판두께와 동일한 치수 또는 판두께의 1/2이 적정기준이다. 작은 홀가공에서는 절단한 내측의 작은 홀부분이 버닝(burning) 발생의 기점이 된다. 작은 홀의 가공에는 가공부분에 입열을 가능한 최소화시키는 것이 성공의 비결이다.

원 인

그림 8.5.1에 나타내듯이 레이저광에 의한 용융에 의해서 절단홈에서 발생한 열은 피가공물 내로 전도되어 냉각되므로 양호한 절단이 이루어진다. 작은 홀가공에서 그 외측은 충분한 냉각이 이루어지지만, 내측의 작은 홀 부분은 열전도 용량이 작기 때문에 과도한 열이 축적되어 버닝을 유발하거나 드로스가 부착되기도 한다. 또한 후판 절단에 있어서는 피어싱(piercing)에서 발생하는 재료표면에서의 용융금속의 퇴적이나 열축적도 보조가스 흐름의 혼란이나 입열과다에 의한 버닝발생으로 이어진다.

대 책

그림 8.5.2 각종 재질에 따른 대책을 나타낸다.

(1) 연강의 절단

① 보조가스에 산소를 사용하는 연강절단에서는 산화반응열의 발생을 억제하는 것이 효과적이다. 피어싱을 산소가스로 실시하고, 그 후 절단에는 보조가스를 에어나 질소가스로 전환하여 가공하는 방법을 이용하면, 판두께의 1/6 정도의 작은 홀가공이 가능하다.

② 저주파와 높은 첨두출력(peak power)의 펄스절단 조건은 입열을 적게 할 수 있는 특성이 있으므로 절단조건의 적정화에 유리하다.

③ 피어싱 홀 표면의 용융금속 퇴적을 억제하는 방법 및 피어싱 중의 입열을 억제하는 방법으로서도 1 펄스당 빔 에너지 강도가 강한 높은 첨두출력과 더불어 저주파수 펄스조건이 유리하다.

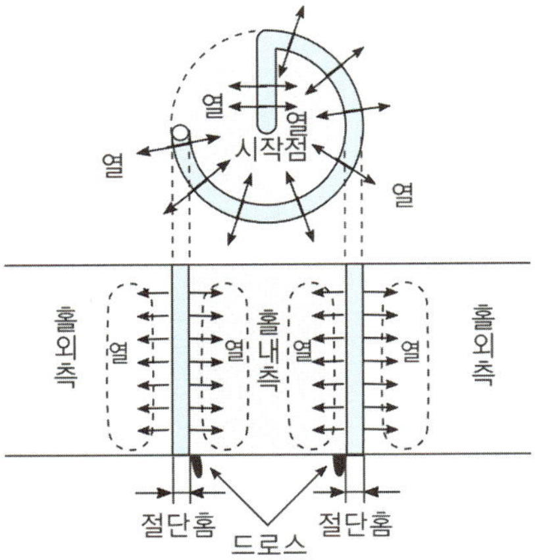

· 홀내측은 열이 도망가는 영역이 작아 온도가 올라감
· 홀외측은 열이 도망가는 영역이 커서 충분히 냉각됨

(1) 작은 홀절단에서의 열흐름

(1) 작은 홀절단에서의 열흐름

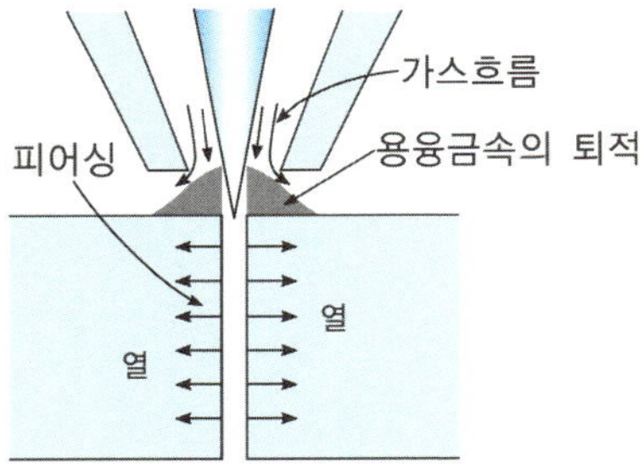

· 퇴적부에서 보조가스의 흐름이 흐트러짐
· 피어싱 중에 축열함

(2) 후판절단에서의 피어싱부 퇴적

그림 8.5.1 작은 홀절단 불량의 원인

(2) 알루미늄과 스테인리스강의 절단

① 이 가공에는 보조가스로 질소를 사용하기 때문에 절단 중에 버닝이 발생하지는 않는다. 그러나 홀 내측의 재료온도가 높기 때문에 내측에 드로스 발생이 많아진다. 대책으로는 보조가스 압력을 높게 설정하고 높은 첨두출력과 더불어 저주파수 펄스조건을 사용한다.

② 보조가스에 에어를 이용한 절단도 질소가스와 동일하게 버닝은 발생하지 않는다. 그러나 뒷면에 드로스가 발생하기 쉬우므로 높은 보조가스 압력 및 높은 첨두출력과 동시에 낮은 주파수의 펄스조건으로 설정한다.

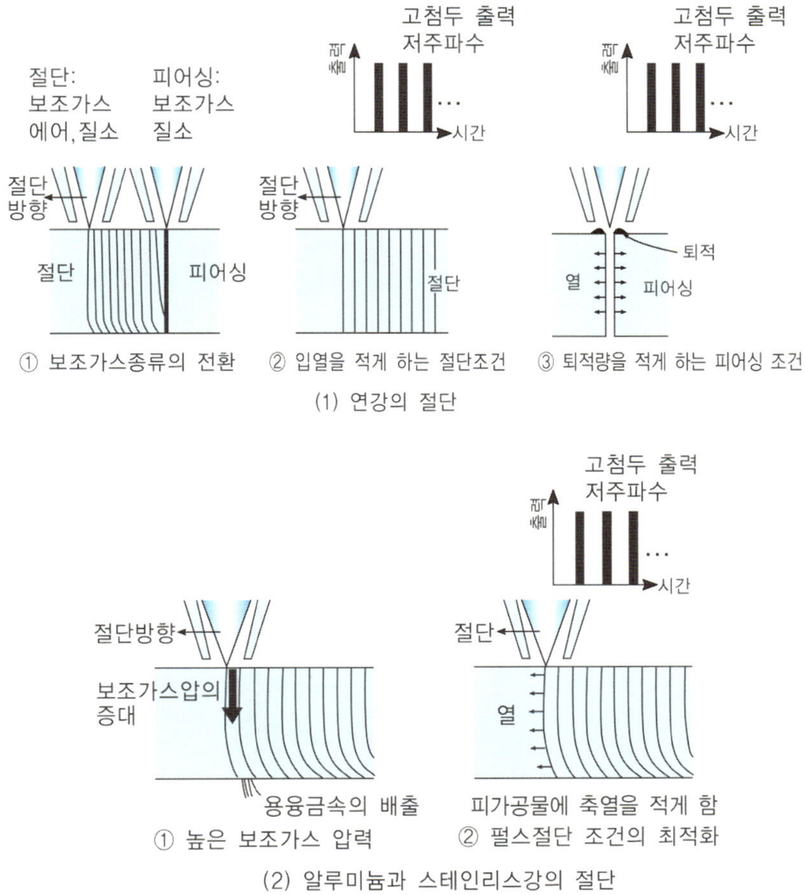

그림 8.5.2 작은 홀절단 불량의 대책

8.6 간단한 펀치 위치 결정 방법

현 상

판두께가 두꺼운 재료에서는 레이저 절단 후에 드릴로 작은 홀을 뚫는 공정이 필요한 경우가 많다. 직접 레이저로 작은 홀가공을 할 수도 있지만, 높은 진원도를 요구하는 가공에서는 드릴에 의한 추가 가공을 행한다. 레이저 절단과 동시에 추가 드릴가공을 할 위치를 정확하게 표시한다면 펀치를 치는 작업효율을 대폭적으로 향상시킬 수 있다. 더욱이 레이저 절단과 동시에 동일한 프로그램을 사용하여 가공위치를 표시하는 이 방법은 가공정도를 확보하는데도 중요한 의미가 있다.

비 교

드릴가공부의 중심위치를 레이저로 십자 마킹(각인)하는 방법이 일반적이다. 그러나 마킹에는 조건전환이나 경로변경 등의 공정이 추가되기 때문에 가공시간도 증가한다. 드릴가공의 홀수가 많은 가공형태에서는 프로그램의 작성시간 및 가공시간의 로스(loss)가 증가한다.

대 책

간단하면서도 단시간에 드릴가공 홀의 중심위치를 표시하려면, 피어싱 조건을 이용하는 방법이 유효하다. 피어싱 조건을 그대로 이용하여 피어싱 시간만을 통상의 피어싱 조건보다 수초의 짧은 시간으로 설정하여 비관통 조건이 되도록 한다. 마킹이 곤란한 알루미늄이나 구리 등의 고반사 재료의 경우에도 재료를 충분히 용융할 수 있는 출력의 피어싱 조건으로 홀의 중심부만을 집중적으로 조사하여 확실하게 위치를 결정할 수 있다.

그림 8.6.1에는 판두께 12 mm의 연강에 대하여 드릴가공한 홀의 중심위치에 저출력으로 단시간의 피어싱 조건을 사용하여 비관통 피어싱을 행한 결과를 나타낸다. 비관통을 위해 가공시간은 1개소 당 1~2초입니다. 피어싱을 시작한 직후에 가공을 종료시키기 때문에 통상적으로는 과도한 열축적에 의해서 발생하는 버닝의 위험성도 없다.

더욱이 이 비관통 피어싱 홀은 펀치를 가이드하는 역할을 수행함으로 후가공의 위치결정 정도를 향상시키는 효과도 있다.

한편, 열처리에 의해서 경화되는 재료는 피어싱 조건 및 마킹 조건에서도 레이저광의 조사 위치에서는도 피가공물이 경화하기 때문에 펀치를 칠 수 밖에 없다. 따라서 레이저 이외의 방법으로 표식을 할 필요가 있다. 레이저 절단에 의한 탭용 홀가공의 요구도 있지만, 마찬가지로 경화되는 재료에서는 절단홈 주위가 담금질되어 탭을 낼 수가 없다.

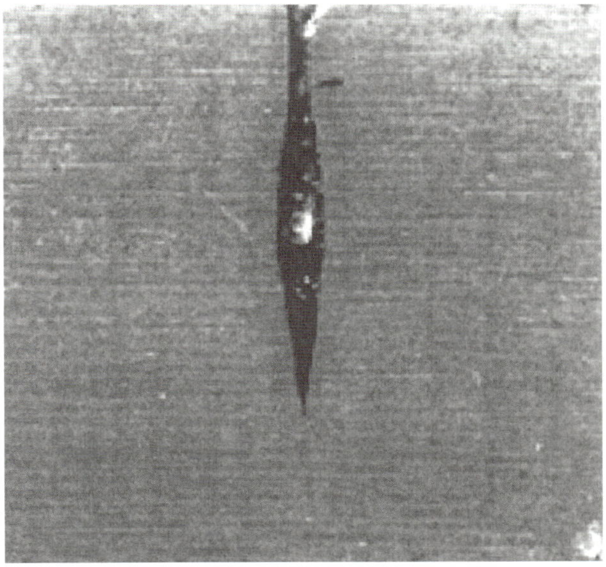

그림 8.6.1 비관통 피어싱에 의한 홀위치 결정

8.7 절단시에 발생하는 플라즈마 대책

현 상

보조가스로 질소를 이용하여 금속을 절단하는 경우에는 대상이 박판이므로 가공속도가 F10,000 mm/min 이상의 고속조건이므로 플라즈마(plasma)가 발생하여 절단면이 거칠어진다. 특히 가공하는 방향에 따라 절단면 조도의 편차가 두드러지게 된다. 또한 날카로운 엣지를 가진 형태에서는 엣지를 통과한 직후에 플라즈마가 발생하기 쉽다.

원 인

그림 8.7.1과 같이 플라즈마의 발생은 절단 중에 금속의 용융온도가 급상승하는 현상에 의해서 야기되며, 이 플라즈마 발생의 편차는 주로 용융현상의 편차에 따라 증가한다. (1)절단속도가 고속일수록 레이저광 모드에서 에너지 강도가 강한 부분이 가공에 사용된다. 이 때문에 절단 전면이 고온이 되어 플라즈마가 발생하기 쉽다. (2)예각 엣지부를 레이저광이 통과한 직후에는 드래그 라인(drag line)의 지연에 의해 엣지 선단부의 열축적과 보조가스 흐름의 날림으로 냉각부족에 의한 플라즈마가 발생한다. (3)노즐의 요인으로는 미스얼라인먼트로 용융부에 보조가스의 분사량이 적어져 냉각능력이 저하되면서 플라즈마가 발생한다. 또한 노즐 아래의 큰 공간도 플라즈마를 유발한다.

대 책

(1) 고속절단 조건에서의 발생

레이저광의 에너지 강도를 표시한 빔모드의 균일성이 중요하다. 절단속도 조건이 고속일수록 에너지 강도가 강한 부분이 가공에 사용되게 된다. 이 때문에 빔모드의 중심부분에 에너지 강도분포의 진원성(완전한 원형)을 높여서 어떤 방향으로 절단하여도 균일한 에너지 분포가 되도록 해야 한다.

(2) 엣지부 가공에서의 발생

레이저광이 엣지 선단부를 통과한 직후에 보조가스 가공조건이 안정되도록 가공속도를 낮추는 조건으로 설정한다.

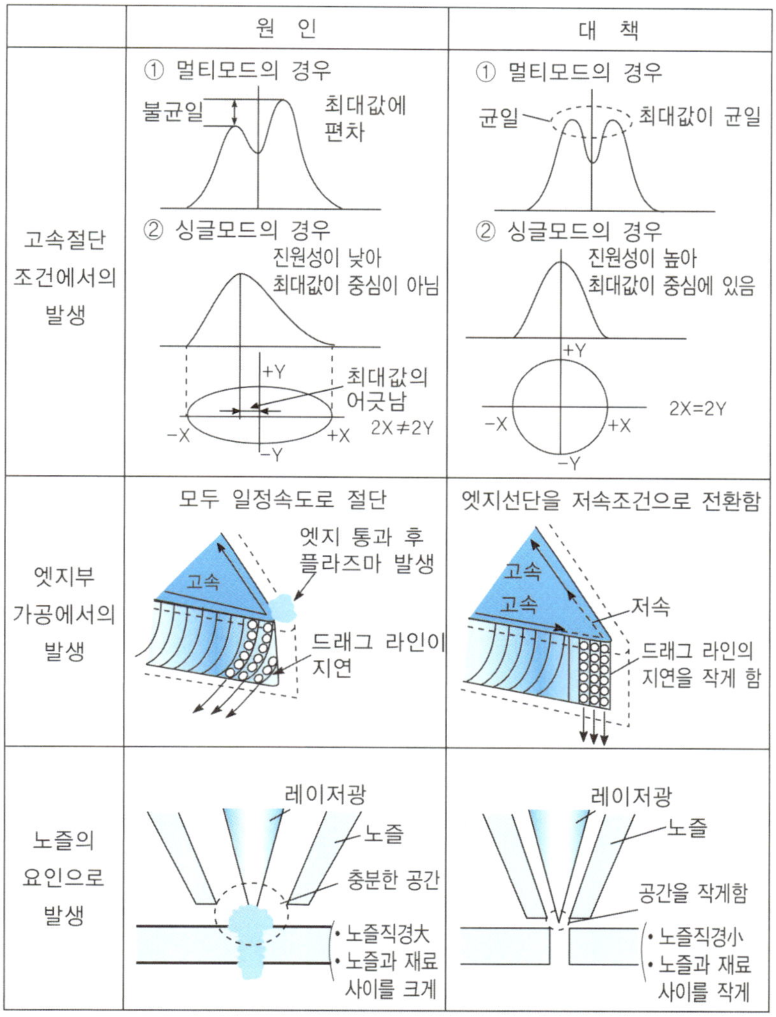

그림 8.7.1 플라즈마 발생의 원인과 대책

엣지각도가 작을수록 이 저속조건 설정이 유효하다. 더욱이 저속조건 후에 실행한 고속조건의 전환은 단계적으로 속도를 변화시키도록 한다.

(3) 노즐 요인에서의 발생

통상적인 미스얼라인먼트의 대책으로써 노즐 중심으로 레이저광이 위치하도록 조정한다. 플라즈마가 발생하는 공간을 최소화하기 위해 가능한 소구경 노즐을 채용한다.

8.8 도장재료의 절단 품질향상 방법

현 상

방청효과를 목적으로 한 징크 프라이머(zinc primer)나 위시 프라이머(wash primer)재는 강철재료의 표면에 아연을 함유한 도료가 도장되어 있다. 이러한 재료의 절단에서는 절단면의 조도가 악화되고 버닝이 발생하게 된다. 동일하게 피가공물의 표면에 페인트가 도포되어 있는 재료의 절단에서도 절단부의 면조도 악화나 버닝을 발생시킬 수 있다. 더욱이 절단부의 뒷면에는 드로스를 부착시킨다.

원 인

아연을 함유한 도료나 페인트는 레이저광을 잘 흡수하기 때문에 절단하는 에너지를 확보하는 데에는 문제가 없다. 그러나 절단홈 주위의 열영향층으로 전도된 열에 의해서 도장막이나 페인트가 증발(가스화)한다. 이들 가스가 보조가스인 산소에 혼합되어 산소가스의 순도를 저하시킨다. 산소가스의 순도가 저하되면 강재의 연소능력이 저하되어 절단면이 거칠어져 드로스가 발생하게 된다.

대 책

절단 중 재료표면의 도료가 증발할 때의 대책은 2단 절단법에 의해서 첫 번째는 도장막을 제거하고 두 번째에서는 철강재료를 절단하는 방법이다. 모두 동일한 가공 프로그램을 사용하여 도장막 제거에 초점위치를 플러스 비초점(plus defocus) 및 저출력 그리고 고속도 가공조건을 사용한다. 그 이후 철강재료 절단은 일반적인 절단조건 설정을 사용한다.

그림 8.8.1에는 두께 16 mm의 징크 프라이머를 1단 절단과 2단 절단으로 절단한 결과를 나타낸다. 1단 절단법에서는 절단홈 내부에서 증발한 가스가 진입한다. 판재 중앙부(재료 표면에서 8 mm)의 절단면 조도는 R_{max}로 86 μm에 달했다. 피가공물 뒷면의 절단홈의 주위에는 드로스가 발생한다. 2단 절단법에서는 철강재의 절단시에 절단홈에 아연가스의 진입이 없어 산소 보조가스의 순도가 높은 상태로 유지된다. 판재 중앙부

의 절단면 조도는 R_{max}로 30 ㎛가 된다. 피가공물의 뒷면에 발생하는 드로스도 감소한다.

이 2단 절단법은 피가공물의 표면 조도가 악화되어 있는 경우나 녹이 발생한 재료의 절단에 있어서도 효과를 발휘한다. 첫번째 표면용융은 피가공물 표면에 조도가 균일한 산화철의 표층을 형성함으로 레이저광의 흡수가 균일해지기 때문이다.

<table>
<tr><th></th><th>1단 절단법</th><th>2단 절단법</th></tr>
<tr><td>가공
방법</td><td>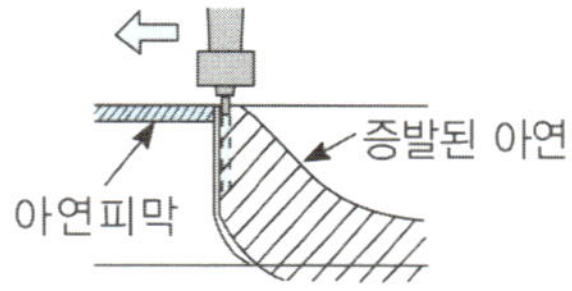</td><td>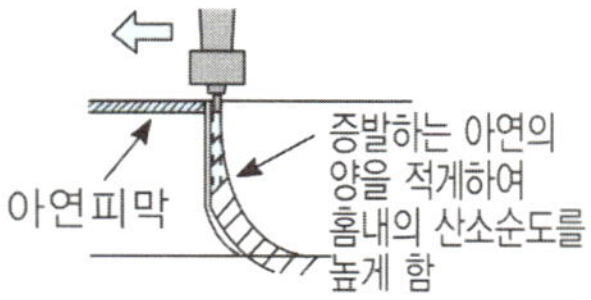</td></tr>
<tr><td>절단면
거칠기</td><td>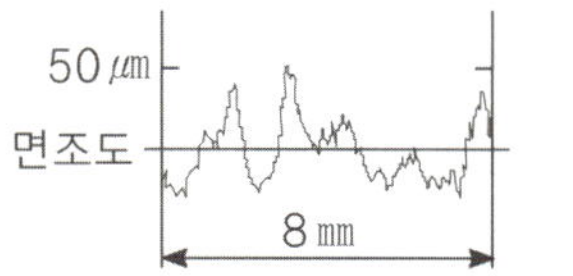
표면에서 8 ㎜위치 Rmax 86 ㎛</td><td>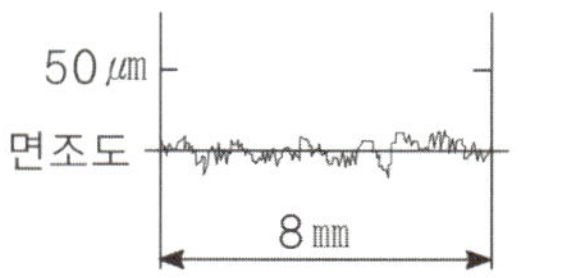
표면에서 8 ㎜위치 Rmax 30 ㎛</td></tr>
<tr><td>뒷면의
드로스
상태</td><td>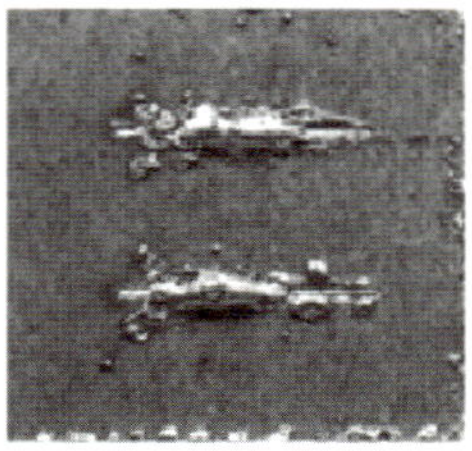</td><td>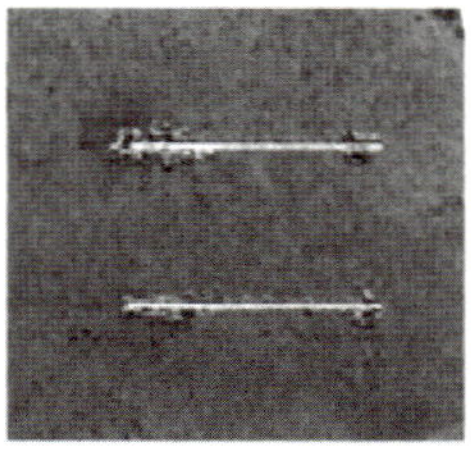</td></tr>
</table>

피가공물은 징크프라이머 *t*16 ㎜

그림 8.8.1 도장강판 (프라이머재)의 절단

CHAPTER

9 비금속재료의 절단 기술

비금속재료는 레이저광의 강도가 직접 절단부분에 전사(projection)되기 때문에 금속과는 다른 가공현상이 나타낸다. 또한 가공품질에서도 금속재료의 절단에서는 발생하지 않는 절단면의 탄화나 크랙이 발생하기 때문에 가공재료의 물성에 대한 확인도 필요하다. 가공조건에 있어서 각 파라미터가 가공품질에 미치는 영향을 잘 이해하길 바란다.

9.1 목재의 레이저 절단

현 상

목재가공에서의 레이저 적용은 CO_2 레이저를 이용한 절단과 조각으로 용도가 점차 확산되고 있다. 표 9.1.1에 나타낸 재료를 나뭇결에 수직으로 레이저 절단한 경우의 최대 절단결과를 그림 9.1.1에 나타낸다. 출력에 비례하여 절단속도는 증가하지만 산지별 및 활엽수, 침엽수별로 특유한 가공 특성은 보여지지 않는다. 목재의 밀도는 절단 능력에 영향을 미친다. 절단실험 결과에서는 밀도가 높을수록 절단속도는 느려지고 있다. 그림 9.1.2에 나타낸 것과 같이 나뭇결에 대해 평행과 수직으로 절단한 경우의 가공특성 결과를 표 9.1.2에 나타내었다. 전반적으로 나뭇결과 수직으로 가공하는 것보다 나뭇결과 평행하게 가공하는 것이 고속으로 절단할 수 있다. 그림 9.1.3은 나뭇결과 수직으로 절단 한 각종 나무의 절단면이다.

정밀도

아크릴의 절단특성과 동일하게 초점위치 설정을 적정하게 할 때에 절단홈(kerf)의 테이퍼(taper)를 작게 할 수 있다. 그림 9.1.4에는 두께 20 mm의 나왕재 절단에 있어서 초점위치와 절단홈 폭의 관계를 나타낸다. 상부 절단홈 폭을 W_u, 중앙부 절단홈 폭을 W_m, 하부 절단홈 폭을 W_l이라고 한다. 초점위치 Z의 변화에 대해 상부 절단홈 폭 W_u의 변화가 가장 크고 하부 절단홈 폭 W_l의 변화는 작아지고 있다. 초점위치 Z = +6 ~ +8의 범위에서 W_u, W_m, W_l의 차이가 작게 되며, 테이퍼 량은 가장 작아진다. 이 초점위치의 범위에서는 절단홈 폭의 편차가 0.3 mm 이내로 좁혀진다.

가공 예

그림 9.1.5에는 목재가공에 레이저 가공의 적용 예를 보여준다.

(1) 편백나무에 가문 문양을 절단 한 예입니다. 프로그램 데이터는 스캐너로 읽어 작성하였다.

표 9.1.1 레이저 절단실험에 사용한 목재

	수 종		산지	밀도 [g/cm^3]
침엽수	1	편백나무	일본산	0.46
	2	삼나무	일본산	0.38
	3	미송	북미산	0.62
	4	전나무	유럽산	0.39
	5	튜울립 나무	북미산	0.59
활엽수	6	단풍나무	북미산	0.47
	7	라민	남양산	0.70
	8	고무나무	남양산	0.64
	9	오동나무	일본산	0.27
	10	나왕	말레이산	0.44

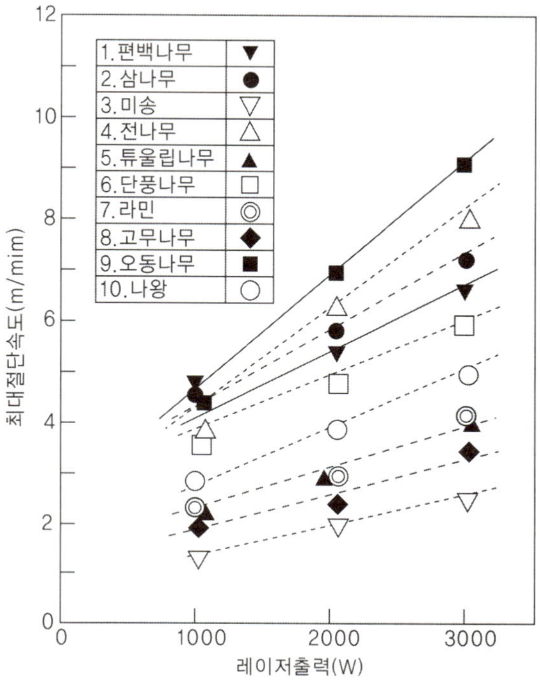

그림 9.1.1 각종 목재의 최대 절단속도

(2) 삼나무에 문자조각의 예이다. 조각은 목재표면에 레이저광을 반사하는 마스크를 배치하여 전면에 레이저광을 순차적으로 조사하여 가공한다. 마스크가 없는 부분에는 목재에 레이저광이 조사되어 가공된다.

가공의 최소 폭은 가공의 깊이와도 관계되지만 약 0.1 ~ 0.2 mm의 가공이 가능하다.

(3) 종이나 필름 절단을 하기 위한 목형 다이보도(die board)의 가공 예도 있다. 판두께 18 mm의 합판에 0.4 ~ 1.2 mm의 슬릿(slit)을 약 1/100의 정밀도로 가공 할 수 있다. 이 용도로는 일본에서 가장 일찍부터 레이저 가공이 적용되고 있으며 현재도 상당수의 가공기가 가동되고 있다.

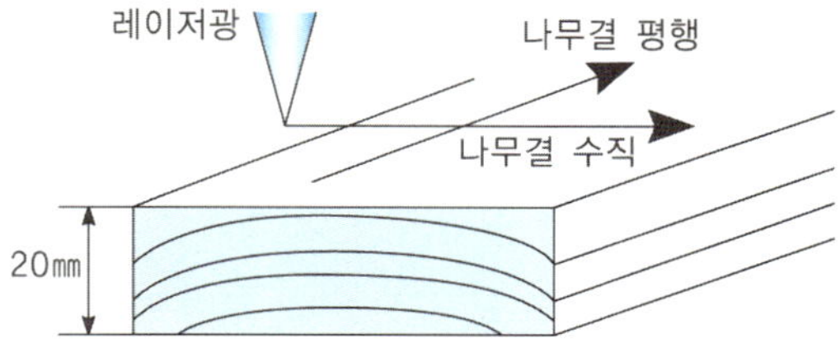

그림 9.1.2 절단방향

표 9.1.2 절단방향별 최대 절단속도

수 종	나무결에 수직시 속도 [m/min]	나무결에 수평시 속도 [m/min]
1 편백나무	5	6
2 삼나무	5.5	5.5
3 미송	2	3
4 전나무	6.5	7
5 튜울립 나무	3	5
6 단풍나무	5	5.5
7 라민	3	3
8 고무나무	2.5	2.5
9 오동나무	7	10
10 나왕	4	4

CO_2 레이저, 레이저 출력 2 kW

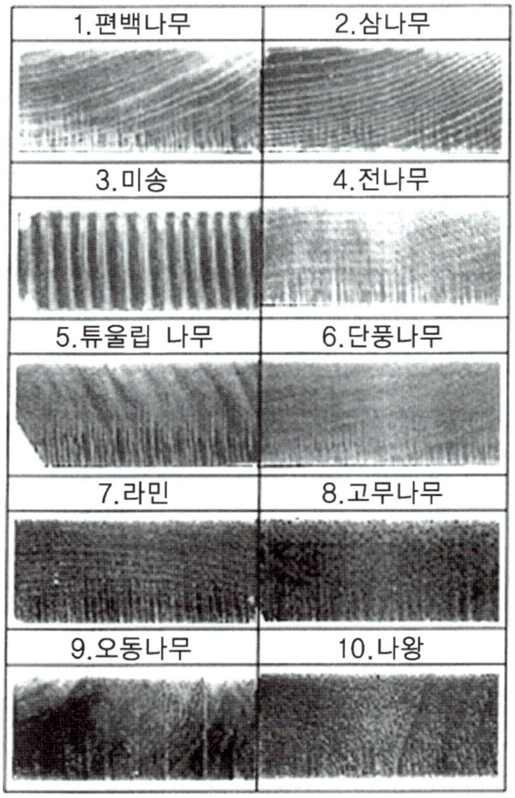

그림 9.1.3 각종 목재의 절단면

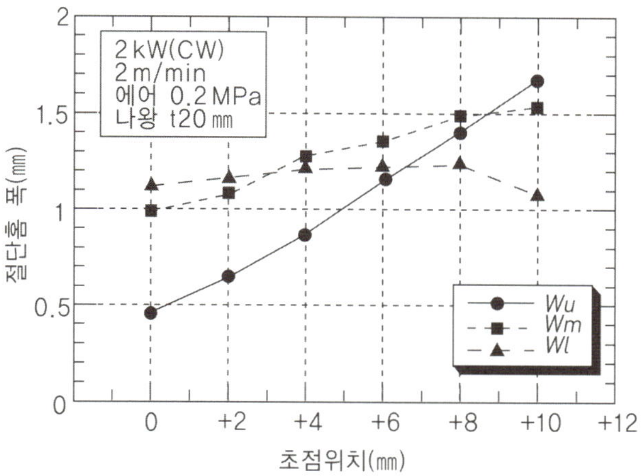

그림 9.1.4 절단홈 테이퍼와 초점위치의 관계

(1) 장식품의 절단 예

(2) 조각 예

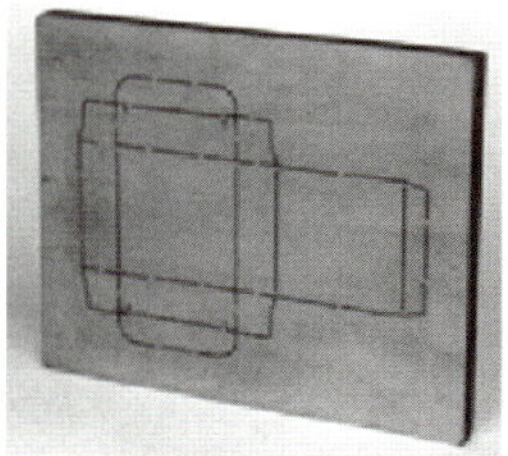

(3) 다이보드의 절단 예

그림 9.1.5 목재의 레이저 가공 예

9.2 글래스의 레이저 절단

현 상

글래스(glass)의 레이저 절단은 비교적 문의가 많은 가공법이다. 소다 글래스(soda glass)는 가공 중에 균열이 발생하기 때문에 레이저 절단이 불가능한 재료이다. 석영 글래스는 양호하게 절단 할 수 있는 유리이다. 옛날부터 CO_2 레이저가 가장 자랑하는 가공 대상이며 다수의 적용실적이 있다.

원 인

소다 글래스가 절단 중에 크랙(crack)을 발생시키는 것은 소다 글래스의 선팽창 율이 크기 때문이다. 레이저광의 조사에 의해서 가공부가 순간적으로 용융온도까지 온도가 상승하고 그에 따라 유리는 팽창한다. 그 후에 레이저광이 통과해 버리면 단숨에 냉각되어 수축한다. 레이저에 의해 용융되는 영역이 열을 방출하는 영역에 비하여 매우 좁기 때문에 냉각이 시작되면 열이 단번에 모재 중으로 방출되어 온도가 내려간다. 이들의 급속가열 및 급속냉각에 의해서 팽창과 수축의 큰 변화가 크랙을 발생시킨다.

선팽창계수가 작은 석영 글래스는 판두께 8 mm 이하의 비교적 얇은 영역에서 크랙의 발생없이 절단할 수 있지만, 판두께가 12 mm 이상이 되면 가공조건에 따라서 크랙이 발생한다. 이 후판 석영 글래스에서의 크랙발생은 절단 후 냉각기간 중에 집중되고 있다.

표 9.2.1에는 각종 유리의 선팽창계수와 주요 용도를 나타낸다.

대 책

레이저 절단 용도가 많은 석영유리에 대하여 후판절단에서의 절단면에 발생하는 크랙의 방지책에 대하여 나타낸다.

(1) 절단조건의 적정화

이 석영 글래스의 크랙방지에는 가공부에 열집중을 가능한 적게 하는 것이 중요하다. 그림 9.2.1에 표시한 것과 같이 절단홈 폭이 좁고 가공

후에 가공부가 절단홈 내에 접촉하기 때문에 가공부의 열량이 증가하여 팽창이 커지므로 크랙이 발생할 수 있다.

대책으로는 초점위치를 크게 설정하여 절단홈 폭을 가능한 넓혀 절단 중에 보조가스에 의해 냉각성능을 올리고 가공 후에 절단면의 접촉을 방지하는 것만이 크랙의 발생을 방지한다.

(2) 서냉에 의한 변형발생의 억제

레이저 절단 후에 가공품을 로(furnace)에서 서냉하는 것도 큰 효과가 있다. 서냉은 팽창과 수축의 급격한 변화를 작아지게 함으로 절단면에서의 크랙발생을 방지하는 것이 가능하다.

표 9.2.1 각종 유리의 특성과 용도

종 류	선팽창계수 [10^{-7}/℃]	용 도
소다 글라스	90 ~ 100	창 유리
붕규산 글라스	40 ~ 50	젖병용 유리
석영 글라스	4 ~ 6	반도체장치의 용기

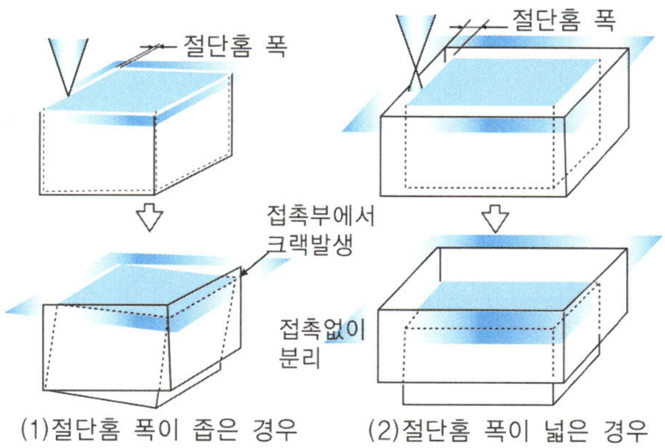

그림 9.2.1 석영유리의 크랙 방지

참고문헌

1) 金岡：機械加工現場診断シリーズ7、レーザ加工、日刊工業新聞社 (1999)
2) 金岡：レーザ切断精度におよぼすビーム集光特性の影響、日本機械学会論 文集(C編)、56巻531号278-284 (1990-11)
3) Kanaoka. Automatic Condition Setting of Materials Processing ICALEO (1996) Section C 1-9
4) 金岡ほか：厚板鋼板のレーザ切断特性と加工技術、三菱電機技報、Vo1.67 No.8、p30 (1993)
5) kanaoKa Report on Current CO_2 Laser Application in Japan. SPIE、Vo1.952、600-608 (1988)
6) 金岡、古藤： CO_2レーザの切断品質とアシストガスに関する研究、日本 機械学会論文集(C編)、59巻562号、350-356 (1993-6)
7) 金岡：レーザ切断の現状、ツールエンジニア、Vol.41 No.7、p36、大河 出版(2000)
8) 村井、金岡：(社)日本溶接学会、第24回高エネルギービーム加工委員会 (1997)
9) 金岡：軟鋼厚板のレーザ切断面品質に関する研究、日本機械学会論文集 (C編)、57巻539号、275-280 (1991-7)
10) 秋山他：緻密な酸化鉄成型体の熱伝導率、鉄と鋼、第2号、231-235 (1991)
11) 藤川：次世代レーザ加工による省エネ技術、一般社団法人KEC関西電子工 業振興センター、KEC情報、No.212、26-36 (2010 JAN.)

찾아보기(영문)

찾아보기(국문)

(하)

레이저 가공의 실무 II

CO_2 및 파이버 레이저 가공의 핵심기술

2017년 5월 20일 초판 인쇄

2017년 5월 25일 인쇄 발행

저 자	Kanaoka Masaru
역 자	김종도, 서 정, 박인덕, 이수진, 최우현, 김종신, 신민효, 이창제
발 행 인	송기수
발 행 처	도서출판 GS인터비전
편 집 처	도서출판 GS인터비전
인 쇄 처	더블비
등록번호	제 25100-2016-000050호
I S B N	979-11-5576-181-6(93550)

주 소 서울 은평구 증산로 15길 69 2층

전 화 02-976-7898, 02-3272-7898.

팩 스 02-6468-7898

홈페이지 gsintervision.co.kr

E-Mail gsinter7@gmail.com

정 가 20,000원

본 성과물은 산업통산자원부의 “레이저 가공기술 산업화 지원센터 구축” 사업의 지원으로 집필되었습니다.